用户体验度量

收集、分析与呈现

纪念版

［美］Tom Tullis　Bill Albert　著

周荣刚　秦宪刚　译

U0218231

Measuring the User Experience

Collecting, Analyzing, and Presenting Usability Metrics（Second Edition）

电子工业出版社·

Publishing House of Electronics Industry

北京·BEIJING

内 容 简 介

如何量化用户体验对有效提高产品的使用质量至关重要。本书详尽地介绍了如何有效且可靠地收集、分析和呈现典型的用户体验度量数据：操作绩效（正确率等）、用户体验问题（频率和严重程度）、自我报告式的满意度及生理/行为数据（眼动追踪等）。同时对"综合性量化度量数据"等问题进行了专门介绍，而且结合案例等形式对当前与用户体验相关的新内容（如用户体验对 NPS 的影响）进行了说明。

本书内容翔实，是一本值得用户体验从业人员研读的指导性图书，同时可以作为相关课程的参考教材。

Measuring the User Experience:Collecting, Analyzing, and Presenting Usability Metrics, Second Edition,Tom Tullis, Bill Albert
ISBN: 978-0124157811, Copyright © 2013 by Elsevier Inc. All rights reserved.
Authorized Simplified Chinese translation edition published by Publishing House of Electronics Industry.
《用户体验度量：收集、分析与呈现》（纪念版）（周荣刚，秦宪刚译）ISBN: 9787121385353

版权贸易合同登记号　图字：01-2015-3994

图书在版编目（CIP）数据

用户体验度量：收集、分析与呈现：纪念版 /（美）汤姆·图丽斯（Tom Tullis），（美）比尔·艾博特（Bill Albert）著；周荣刚，秦宪刚译. —北京：电子工业出版社，2020.5
书名原文：Measuring the User Experience: Collecting, Analyzing, and Presenting Usability Metrics（Second Edition）
ISBN 978-7-121-38535-3

Ⅰ. ①用… Ⅱ. ①汤… ②比… ③周… ④秦… Ⅲ. ①软件设计 Ⅳ. ①TP311.5

中国版本图书馆 CIP 数据核字（2020）第 031667 号

责任编辑：孙学瑛
文字编辑：张　晶
印　　刷：天津千鹤文化传播有限公司
装　　订：天津千鹤文化传播有限公司
出版发行：电子工业出版社
　　　　　北京市海淀区万寿路 173 信箱　邮编：100036
开　　本：787×980　1/16　印张：21.25　字数：417 千字
版　　次：2020 年 5 月第 1 版（原著第 2 版）
印　　次：2023 年 3 月第 6 次印刷
定　　价：118.00 元

凡所购买电子工业出版社图书有缺损问题，请向购买书店调换。若书店售缺，请与本社发行部联系，联系及邮购电话：（010）88254888，88258888。

质量投诉请发邮件至 zlts@phei.com.cn，盗版侵权举报请发邮件至 dbqq@phei.com.cn。

本书咨询联系方式：010-51260888-819　faq@phei.com.cn。

献给

Tom：

我的妻子 Susan，以及我的女儿 Cheryl 和 Virginia

Bill：

我已故的父亲 Lee Albert 和已故岳母 Gita Mitra

译者序

如何提升产品的用户体验（User Experience）逐渐受到各相关方的重视。在"以用户为中心的设计"整个过程中，都会涉及用户体验的评估和度量。用户体验本质上是一种主观感知，具有明显的不确定性和模糊性，随着产品生命周期的演变，用户在产品认知和使用方面的需求也会发生相应的变化。用户体验自身所固有的这些属性注定了对其进行评估离不开经验型的评估方法。这种方法通常的做法就是邀请一定数量的真实用户或潜在用户，请他们根据对产品的认知和使用经验对产品的用户体验质量进行反馈。这些反馈由用户体验从业人员根据具体的目的整理成绩效数据（如任务完成率、求职次数和任务完成时间）、自我报告数据（如满意度）和用户体验问题数据（如出现频率和优先级别），有时候还会包括认知神经和生理方面的数据（如眼动追踪和情绪反应）。这样，通过对这些数据进行分析，就可以整理出产品设计中存在的问题及后续改进的方向。不过，也正是因为用户体验评估的方法多是经验型的方法，不同的人在数据收集、分析和解释上会存在差异，起到的效果也会有所不同。针对这样的问题，本书作者系统地进行了梳理，他们就用户体验度量方法中的方方面面进行了说明和解释，这可以有效地帮助从业人员更加规范地对用户体验进行评估。本书的两位作者都受过严格的人因工程和心理学训练，在用户体验方面也积累了丰富的实践经验，本书第 2 版依然体现了三个特色：第一，围绕用户体验评估，对几种典型的度量数据的收集和分析进行了全面整理；第二，操作性强，这是一本面向用户体验从业人员的书，作者提供了大量可读性很强的说明性样例和案例研究；第三，为度量数据的选择、分析和呈现提供了适当的极具针对性的理论基础，保证了用户体验评估的科学性。

近年来，作为一个实践导向的专业，用户体验越来越受到业界和学校教育的重视，其自身也在发展和更新，比如：（1）随着精益创业／创新的推进，用户体验要与客户发展和客户全流程体验结合起来，实践过程中要考虑如何基于用户的角度呈现产品的价值，甚至还要与运营和营销结合起来考虑用户体验在提升产品成功转化中的作用；（2）随着移动互联网的发展，"大数据"为我们收集、分析和评估用户行为也提供了重要的途径，在用户体验实践中需要考虑"大数据"和"小数据"（如小样本的评测数据）的综合使用；（3）就用户体验所基于的心理学基础来看，以往我们往往多以认知心理学的观点去考虑解释、评估和设计用户体验。目前心理学中"具身认知"的思想越来越受到关注，就用户体验来说，这一理论取向强调人对产品的主观体验感知会受到大脑、身体和环境的综合影响，比如：用户点头或摇头这样的身体动作和所处环境的物理特征（如温度、空间、软硬等）都会影响用户对产品体验感知的评价。这些都可以是我们在用户体验评估中需要关注的话题，本书虽然没有专门就此进行讨论，但所涉及的基本内容依然适用。

与第 1 版一样，现在读者看到的第 2 版依然由多位译者共同完成，初稿由周荣刚、秦宪刚、吴峰、李阳阳和薛立成完成，之后由周荣刚和秦宪刚进行校正，最后由周荣刚完成统稿和最终审校。在此感谢参与第 1 版翻译的其他几位译者，以及对第 1 版译稿予以指正的读者。本书作者在第 2 版更新的内容较多，翻译中的不妥之处，恳请读者批评、指正。

周荣刚

第2版前言

欢迎翻阅《用户体验度量：收集、分析与呈现》第2版。用户体验（User Experience）（经常被简称为UX）自本书第1版出版以来已发生了相当多的变化。以iPhone、iPad、Twitte等为代表的硬件和应用形成了人们对类似日常技术的使用体验和期望。用户期待随手拿起一个新的应用或硬件就可以正确地使用起来。确保这些技术可以实现这样的目标正是本书的出发点。

UX涵盖了用户与产品、设备或系统交互时所涉及的所有内容。很多人似乎都把用户体验认为是一些不可被测量或量化的模糊特性。但我们认为UX是可以被度量或量化的。用来测量用户体验的工具可对下列内容进行度量（metrics）。

- 用户能否使用智能手机成功地找到他们健康计划中距离最近的医生？
- 在旅行网站上预订一个航班需要用多长时间？
- 用户在尝试登录一个新系统时犯了多少错误？
- 有多少用户可以成功地使用他们平板计算机上新安装的应用控制数字录像机去录制所有他们喜爱的电视节目？
- 有多少用户在进入一个"直奔终点"的直梯时没有首先选择自己要去的楼层，然后才发现直梯中根本就没有选择面板。
- 有多少用户在注册新业务时由于看不清被新手机电池盖着的很小的序列号而倍感受挫？
- 有多少用户在没有文字说明的情况下能够很轻易地把他们的新书架组装起来，并因此感觉愉悦？

这些都是可以通过测量获得的行为和态度方面的示例。其中，有的可能比其他的要容易测量，但它们都是可以测量的。任务成功率、任务时间、鼠标点击或敲击键盘的次数、挫折或愉悦感的自我报告式评分，甚至注意网页上某个链接的注视点个数都是UX度量的例子。这些度量可以使你对用户体验形成非常有价值的见解。

　　为什么需要测量用户体验呢？答案很简单：这有助于提升用户体验。对今天的多数消费类产品、应用和网站来说，如果不提升用户的体验，就会落后。UX 度量可以帮助你确定你相对于竞争对手所处的位置，也可以帮助你准确定位，以集中力量对需要提高的地方进行改进（即用户感觉最困惑、低效或受挫的地方）。

　　这是一本操作性的指导图书，而不是一本理论专著。我们主要就实际中的应用提供一些建议，比如：在什么情境下收集哪些度量，如何收集这些度量，如何使用不同的分析方法对数据进行梳理，以及如何以一种最清晰、最吸引人的方式呈现结果？我们也将会与你分享实践中的一些教训，这些教训源于我们在该领域内 40 多年的经验总结。

　　这本书适合对提高任何类型产品用户体验有兴趣的任何人，无论这些产品是消费类产品、计算机系统、应用程序、网站，还是其他任何类型的物品。只要是人使用的产品，那么你就可以测量与使用该产品有关的用户体验。那些关注如何提高用户体验的人和那些可以从本书获益的人可以来自许多不同的专业和领域，包括可用性和用户体验（UX）专业人员、交互设计师、信息架构师、产品设计师、Web 设计师和开发者、软件开发人员、图形设计师、销售和市场研究从业人员，以及项目和产品管理人员。

　　与第 1 版相比，本书（第 2 版）有哪些更新呢？下面是一些最突出的内容。

- 测量情绪体验的新技术，包括手环和面部表情的自动分析。
- 眼动追踪技术的进展，包括远程基于摄像头的眼动追踪。
- 新的案例，包括 UX 领域目前正在做的事情（第 10 章案例研究全部更新）。
- 收集和分析 UX 数据的新方法和工具，包括多种在线工具。
- 通贯全书的诸多新示例。

　　我们希望这本书在探求如何提高产品的用户体验等方面对你有所帮助。我们很想听到你的成功（和失败！）。我们真的很重视许多读者针对第 1 版所给予的反馈和建议。大部分反馈都有助于促成我们在这一版本中所进行的内容上的调整和新增。你可以通过我们的网站与我们取得联系：www.MeasuringUserExperience.com。在那里，你也可以找到一些补充性材料，比如：本书多数例子中所提到的真实电子数据表格和图形，以及可以帮助你测量用户体验的相关工具等方面的信息。

致谢

首先，我们要感谢 Elsevier 的 Meg Dunkerley，我们感谢你所做的卓越工作和适时的敦促。我们也要感谢 Joe Dumas、Bob Virzi 和 Karen Hitchcock 对文稿的审阅，你们的建议使本书的内容更加聚焦。我们也要感谢贡献案例研究的所有作者：Erin Bradner、Mary Theofanos、Yee-Yin Choong、Brian Stanton、Tanya Payne、Grant Baldwin、Tony Haverda、Viki Stirling、Caroline Jarrett、Amanda Davis、Elizabeth Rosenzweig 和 Fiona Tranquadaorgan。因为你们乐意与我们的读者分享你们的经验，使这本书更有价值。另外，我们也要感谢 Daniel Bender、Sven Krause 和 Ben van Dongen 分享你们所在机构的相关信息及目前正在使用的技术和工具。最后，我们要非常感谢富达投资和本特利大学（Bentley University）设计和可用性中心的同事，我们从你们那里学习了很多，与这样一个奇妙的 UX 研究团队共事使我们倍感荣幸。

Tom：

我要感谢我的妻子 Susan，你所给予我的支持和帮助不胜枚举，是你帮助我成为一名更好的写作者。我要感谢我的女儿 Cheryl 和 Virginia，谢谢你们一直以来的鼓励，谢谢你们对我的乏味笑话开怀大笑。

Bill：

我要感谢我的家人。Devika，你对写作的喜爱鼓舞了我；Arjun，你对数字的迷恋使我以新的方式考虑数据和度量指标。感谢我的妻子 Monika，谢谢你在我撰写本书期间所给予的支持和鼓励，没有你，我完成不了这项工作。

Thomas S. (Tom) Tullis 是富达投资公司（Fidelity Investments）用户体验研究部门（User Experience Research）的高级副总裁，同时也是本特利大学信息设计学院人因工程方向的兼职教授。他 1993 年加入富达投资公司，对该公司用户体验部门的发展起了重要作用，该部门的资源包括一个技术发展水平（state-of-the-art）可用性研究实验室。在加入富达投资公司之前，Tom 曾在佳能信息系统（Canon Information Systems）、麦道（McDonnell Douglas）、优利系统公司（Unisys Corporation）和贝尔实验室（Bell Laboratories）任职。他和富达的可用性研究团队曾被多家出版物专题介绍过，包括《新闻周刊》（*Newsweek*）、*Business 2.0*、*Money*、《波士顿环球报》（*The Boston Globe*）、《华尔街日报》（*The Wall Street Journal*）和《纽约时报》（*The New York Times*）。Tuillis 在莱斯大学获得学士学位、在新墨西哥州立大学获得实验心理学硕士学位以及在莱斯大学获得工程心理学博士学位。他有 35 年以上的人机界面研究方面的经验，在诸多技术期刊上发表了 50 多篇文章，他曾在国内和国际会议上做特邀报告。同时，Tom 拥有8 项美国专利。合作完成（与 Bill Albert 和 Donna Tedesco 合著）的 *Beyond the Usability Lab: Conducting Large-Scale Online User Experience Studies* 在2010 年由 Elsevier/Morgan Kauffman 出版。Tullis 是 2011 年用户体验行业协会（User Experience Professional Association，UXPA）终身成就奖的获得者，2013 年被 SIGCHI（ACM 人机交互特别兴趣组）遴选为人机交互学会会士（CHI Academy）。可通过 @TomTullis 关注 Tom。

William (Bill) Albert 目前是本特利大学设计和可用性研究中心的执行总监（Executive Director），也是本特利大学信息设计学院人因工程方向的兼职教授。在加入本特利大学之前，他是富达投资公司用户体验部的总监，Lycos 公司的高级用户界面研究员，也曾是 Nissan Cambridge Basic Research

的博士后研究人员。Albert 曾在 30 多个国内和国际会议上发表和报告过他的研究。2010 年，合作完成（与 Tom Tullis 和 Donna Tedesco 合著）*Beyond the Usability Lab: Conducting Large-Scale Online User Experience Studies*，并由 Elsevier/Morgan Kauffman 出版。他是 *Journal of Usability Studies* 的共同主编（co-Editor in Chief）。因为他在人因学和空间认知（spatial cognition）领域内的研究，Albert 获得了加州大学圣塔芭芭拉分校和日本政府所授予的奖项。他从华盛顿大学获得学士和硕士学位（地理信息系统），在波士顿大学（地理 – 空间认知）获得博士学位。他在 Nissan Cambridge Basic Research 完成了博士后研究。可通过 @UXMetrics 关注 Bill。

读者服务

微信扫码回复：38535
- 获取博文视点学院 20 元付费内容抵扣券。
- 获取免费增值资源。
- 加入设计读者交流群，切磋读书感想。
- 获取精选书单推荐。

目录

第 7 章 行为和生理度量 / 176

第1章
引言

本书的目的主要是向读者介绍用户体验度量（UX Metrics）这一强大工具是如何对产品进行有效用户体验评估与提升的。在考虑用户体验度量时，有人往往会被复杂的公式、似是而非的研究结果和高级的统计方法所"吓倒"。我们希望能通过本书的介绍将很多研究"去神秘化"，并把重点集中在用户体验度量的实践应用上。所以，我们将通过逐步分解的方法引导读者了解如何收集、分析和呈现用户体验度量；帮助读者掌握如何根据不同的具体情境和应用场景选择合适的度量，并在预算范围内使用这些度量获得可靠且可控的结果。我们还会介绍一些新的度量方法，读者可以用来丰富自己的工具箱。同时，我们还会告诉读者一些用来分析各种用户体验度量的准则和技巧，并通过许多不同类型的实例来说明如何以简捷而有效的方式向他人呈现用户体验度量的结果。

我们致力于使这本书成为实践类的工具书，以帮助读者掌握如何对产品的用户体验进行测量。我们不会介绍太多的公式，事实上，这个领域中的公式本来就不多。书中所涉及的统计知识也是相对有限的，相应的计算用 Excel 或其他常见的软件包 /Web 工具就可以轻松地完成。所以，我们的目的仅在于给读者提供一些评估产品用户体验时所需要的工具，而不是罗列那些让读者"望而生畏"的不必要的细节。

这本书兼具产品和技术导向，我们所阐述的用户体验度量在实践中可用于任何类型的产品和任何类型的技术，这是用户体验度量最显著的特性之一：它们不仅适用于网站或任何其他单一的技术。比如，无论你评估的是网站、脚踏车还是烤箱，任务成功率（task success）和满意度都是同样适用的。

用户体验度量的"半衰期"（half-life）比任何一个特定的设计或技术都要长久得多。

无论在技术上发生了多大的变化，这些度量本质上并没有随之变化。随着用于测量用户体验的新技术的发展，有些度量也会跟着变化，但被测现象的本质是没有变化的。眼动追踪就是很好的例子。许多研究者希望有一个方法能获知用户注视屏幕的精确位置。如今，随着眼动追踪技术的发展，测量变得越来越简单，也更准确。对情绪卷入的测量也同样如此。情感计算的新技术可以使我们通过非侵入式的皮肤电导监测仪以及面部表情识别软件来测量情绪唤醒的水平。这让我们能够了解到用户在与不同类型产品的交互过程中的情绪状态。毫无疑问，这些新的测量技术是非常有用的。但是，我们一直试图解答的根本问题并未发生改变。

那么为什么我们要写这本书呢？毕竟并不缺少人因学（Human Factors）、统计、实验设计和可用性方法等方面的书籍，而且其中甚至包括一些更常用的用户体验度量。那么出版一本专门聚焦于用户体验度量的书有意义吗？显然，我们认为是有意义的。以我们（谦卑）的观点来看，这本书对丰富用户体验研究领域的出版物来说有如下五方面独特的贡献。

- 我们以**全面的**视角来审视用户体验度量。目前，还没有其他类似的书能汇总这么多种不同的度量。对于读者可能使用到的几乎所有类型的用户体验度量，我们在（数据）收集、分析和呈现等方面都进行了详细的介绍。
- 本书采取**实用的**方法。我们假设读者有兴趣把用户体验度量作为工作的一部分。在行文时，我们不会纠缠于细节而浪费读者的时间。我们希望读者每天都能很轻松地使用这些度量。
- 在有关用户体验度量方面的**正确决策**上，我们会提供一些帮助。在用户体验专业的相关工作中最困难的一方面是决定是否需要收集度量的数据，如果是，那么需要收集哪些度量数据。我们会指引读者通过一个合适的决策过程找到适合测量情境的正确度量。
- 我们提供了不少示例或**实例**，这有助于我们理解用户体验度量如何被应用于不同的组织，以及这些度量又如何被用来对用户体验问题进行诠释。我们也提供了深度的案例研究，以帮助读者确定如何更好地使用用户体验度量所揭示出来的信息。
- 我们阐述了可用于**任何产品或技术**的用户体验度量。这让我们在处理问题时有更宽广的视野，因此，这些用户体验度量也有助于读者的职业发展，即便是在技术和产品发生了变化的情况下，也同样如此。

本书主要由三部分组成。第 1 部分（第 1~3 章）介绍了了解用户体验度量所需要的背景信息。

- 第 1 章对用户体验的概念和用户体验度量做了一个**概述性**的介绍。我们对用户体验进行了定义，对用户体验度量的价值进行了讨论，分享了一些最新的发展趋势，同时还"铲除"了一些有关用户体验度量的常见"诟病"或误解，并介绍了用户体验度量的一些最新概念。

- 第 2 章包括用户体验数据和一些基本统计概念方面的**背景**信息。我们会介绍不同用户体验方法所常用的统计流程。

- 第 3 章则集中介绍如何**规划**一项研究，包括定义参与者目标和研究目标，以及为各种情境选择合适的度量。

第 2 部分（第 4~9 章）对 5 种常见的用户体验度量类型以及一些专门的不属于任何某种单一类型的专题进行了回顾。对于每一种度量，我们介绍了应该度量什么、什么时候该用和什么时候不该用等问题。我们介绍了多种收集、分析和呈现这些数据的方法。同时还提供了一些例子来说明每一种度量在实际用户体验研究中是如何被应用的。

- 第 4 章涵盖了多种**绩效度量类型**，包括任务成功率（task success）、任务时间（time on task）、错误（errors）、效率（efficiency）和易学性（ease of learning）。这些度量由于测量的是用户行为的不同方面，因此被放在了绩效度量的"伞下"。

- 第 5 章着眼于**可用性问题的测量**上。通过测量频次、严重程度和问题类型，可用性问题也容易得到量化。对诸如多大的样本量才合适，以及如何可靠地获取可用性问题等这样一些有争议的问题，我们也进行了讨论。

- 第 6 章集中介绍了**自我报告度量**（self-reported metrics）。如满意度（satisfaction）、期望（expectations）、易用性等级评分（ease-of-use ratings）、信任（confidence）、有用性（usefulness）和知晓程度 / 意识（awareness）。自我报告度量基于用户自身经验的分享，而不是用户体验专家测查用户的真实行为。

- 第 7 章专注于**行为和生理度量**。这些度量包括眼动追踪、情绪卷入、面部表情和多种负荷（Stress）测量。所有这些度量获取的是个体与用户界面发生交互时机体所表现出来的行为反应。

- 第 8 章讨论的是**如何将不同类型的度量融合成新的度量**。有时这有助于获得产品用户体验的总体性评价。总体性评价可以这样来操作：把不同类型的度量合成一个单一的用户体验分数，或以用户体验计分卡的形式总结这些度量，或把这些度量结果和专家绩效进行比较。

- 第 9 章介绍的是**专题**，即我们认为重要但不能简单归为上述 5 种度量中任何一种的主题。这些主题包括针对在线网站所进行的 A/B 测试、卡片分类（card-sorting）

数据、可及性数据（accessibility data）和投资回报（return on investment，ROI）等。

第 3 部分（第 10、11 章）介绍了如何将用户体验度量用于实践。在这部分中，我们着重介绍的是：用户体验度量在不同类型的组织内是如何被实际应用的，以及如何在一个组织内提升和推广用户体验度量。

- 第 10 章介绍了 5 个**案例研究**。每个案例研究都介绍了如何使用不同类型的用户体验度量、如何收集和分析数据，以及研究结果是什么。这些案例来自不同行业的用户体验专业人士，他们的背景包括咨询、政府、工业和非营利机构 / 教育。
- 第 11 章列举了 10 个可以帮助**读者在组织内推广使用用户体验度量的步骤**。在这章中，我们讨论了如何使用用户体验度量适合于不同类型的组织，如何才能让用户体验度量在组织内发挥作用的实用技巧，以及一些获得成功的"秘诀"。

1.1 什么是用户体验

在试图测量用户体验之前，我们应该弄清楚什么是用户体验和什么不是用户体验。尽管很多用户体验专业人士对什么是"用户体验"都有自己的看法，但我们认为在定义用户体验时需要考虑到下面三个主要特征：

- 有**用户**的参与
- 用户与产品、系统或者有界面的任何物品进行交互
- 用户的体验是用户所关注的问题，并且是可观察的或可测量的

如果用户什么也没做，我们可以只测量态度和喜好度，例如，选举投票或者调查用户最爱什么口味的冰淇淋。在考虑用户体验是什么时，需要看用户的行为表现，或至少是潜在的行为。例如，我们或许会给用户呈现一张网站的截图，并询问用户：如果这张图是可交互的，他们**会点击**什么。

读者可能也注意到了，我们从不定义产品或系统的任何特征。我们认为，任何产品或系统都能从用户体验的角度予以评估，只要这种产品或系统与用户之间存在着某种形式的交互界面。我们难以想象会存在一种没有任何形式的人机界面的产品。我们认为这是一件好事，这意味着我们可以从用户体验的角度来研究几乎所有的产品或系统。

有人会区分**可用性**和**用户体验**这两个概念。**可用性**通常关注的是用户使用产品成功完成某任务时的能力，而**用户体验**则着眼于一个更宏观的视角，强调的是用户与产品之间的整体交互，以及交互中形成的想法、感受和感知。

在非正式场合谈论可用性时，大部分人都会同意这样的说法：重要的是使用的产品能正常工作及使用起来也没什么困惑不解的地方。另一方面，一些公司也可能会故意设计使用起来令人困惑、沮丧的一些产品[1]。这种情况非常少见。基于本书的初衷，我们有些理想化，并认为用户和设计者们都偏爱好用、有效以及有吸引力的产品。

有时用户体验会攸关生死。比如，健康行业并没有对低劣的可用性产生免疫力而不受影响。可用性问题充斥于医疗设备、流程甚至诊断性的工具中。Jakob Nielsen（2005）引用了一项研究，该研究发现了 22 个不同的可以导致病人获取错误药物的可用性问题。更麻烦的是，平均每年有 98 000 名美国人死于医疗错误（Kohn 等，2000）。尽管这个事实背后无疑存在着多种影响因素，但有些人推断可用性以及人为因素至少需要承担一部分责任。

在一项令人印象深刻的研究中，Anthony Andre 详细研究了自动外用除颤器（automatic external defribulators，AED）的设计（2003）。AED 装置主要用于急救心跳停止的病人。在很多公众场所，如购物中心、机场和运动场所，都放置有 AED 装置。它的设计初衷就是没有任何医疗知识背景或急救经验（比如心脏复苏，CPR）的普通人也可以使用。AED 的设计至关重要，真正使用 AED 的人多数情况下都是在极大的压力下第一次使用它。因此，AED 的使用说明必须要简单明了，用户能在很短的时间内就知道如何使用，即便操作出错也不会导致严重的后果。Andre 的研究对来自四家生产商的AED 做了对比分析。他关心的问题是用户在特定的时间范围内，成功地进行一次撞击操作时不同 AED 的绩效，以及发现用户使用不同机器时影响操作绩效的特定可用性问题。

在 2003 年的研究中，他招募了 64 名参与者使用这四款不同的 AED 装置中的一款。参与者需要进入一个房间，使用指定的一款 AED 抢救一名病人（躺在地上的人体模特），实验结果令人震惊（这不是双关语！）。有两款装置表现出了预期的水平（即 16 名参与者使用每部机器时一个错都没犯），另外两款装置则不尽如人意。例如，在使用其中某款装置的过程中，25% 的参与者都无法成功地给病人进行一次撞击，造成这一结果的原因有很多，比如：对如何去除撞击垫的包装以便将它固定到病人裸露的胸腔部位的相关操作说明，参与者看不明白；在何处放置电极的相关说明也令人困惑。

在 Andre 将研究结果与其客户分享后，他们承诺会在重新设计产品时解决这些问题。

类似的情况也会不定期或定期发生在工作场所和家中。我们很容易就能想到很多与

1　比如一些游戏产品中的关卡设计。——译者注

书面说明书相关的类似的操作案例，比如：打开炉子上的标示灯、安装一个新的照明设备或者填写纳税申报表格等。如果这些说明书被误解或误读，则很容易导致财产损失、人员受伤甚至死亡。用户体验在我们生活中的作用远比人们想象的重要。用户体验并不仅仅是使用最新的科技：它影响着每个人的每一天；它跨越了文化、年龄、性别和经济水平；它同样还产生了很多有趣的故事！

当然，对好的用户体验而言，挽救生命不是唯一的动机。从商业的角度看，维护用户体验往往会带来收入的增长和／或成本的降低。有不少企业由于新产品的用户体验差而造成了损失；而有的企业则将易用性作为他们区别于其他品牌的关键因素。

本特利大学设计与可用性研究中心（Bentley University Design and Usability Center）曾经与一个非营利性组织合作，为他们的慈善捐助网站进行再设计。他们想知道，访问网站的用户在找到并向某一个慈善机构捐款时是否存在困难。他们格外关注再次捐款的人数，这是与捐助者建立长久联系的绝佳方法。我们的研究将针对现有及潜在的捐助者进行一项综合的可用性评估。我们不仅着眼于如何优化导航，还简化了捐助表格，并强调了再次捐助的益处。新网站一经使用，我们就获知这项再设计项目取得了成功。整体捐款额度提升了 50%，再次捐款率也从 2% 涨至 19%。这真是一个成功的可用性研究的故事，同时也成就了一项伟大的事业。

随着产品越来越复杂，用户体验在我们生活中的作用越来越重要。随着技术的发展和成熟，使用的人群会越来越趋于多样化。但是技术日益递升的复杂和革新并不一定意味着技术变得更容易使用。事实上，除非我们密切关注技术所带来的用户体验问题，否则事情会朝着相反的方向发展。随着技术复杂性的提升，我们认为必须给予用户体验更多的关注和重视，在开发高效、易用和有吸引力的复杂技术的过程中，用户体验度量会成为其中一个关键部分。

1.2 什么是用户体验度量

度量（metrics）是一种测量或评价特定现象或事物的方法。我们可以说某个东西较远、较高或较快，那是因为我们能够测量或量化它的某些属性，比如距离、高度或速度。这一过程需要在如何测量这些事物方面保持一致，同时也需要一个稳定可靠的测量方法。一英尺，不管谁来测量，都是一样的长度；一秒钟，无论是什么时间计时器，记录的都是相同量的时间。此类测量标准在一个社会中会有整体的规定，并且对每个测量都有一个标准的定义作为依据。

度量存在于我们生活的许多领域。我们熟悉很多度量，如时间、距离、重量、高度、速度、温度、体积等。每一个行业、活动和文化都有自身的一系列度量。比如，汽车行业对汽车的马力、油耗和材料的成本等感兴趣，计算机行业则关心处理器速度、内存大小和功耗需求。在家里，我们对类似的测量也会感兴趣：我们的体重如何变化（当我们踩上放在浴室里的体重秤时）、夜间恒温器应该设置成什么值，以及如何说明每个月的水费账单。

用户体验领域也不例外。我们有一系列的专业所特有的度量：任务成功率、用户满意度、错误及其他。本书集中了所有的用户体验度量，并阐释了如何使用这些度量为你和你的组织带来最大的收益。

因此，什么是用户体验度量？又如何区别于其他类型的度量？与其他所有的度量一样，用户体验度量建立在一套可靠的测量体系上：使用同一类的测量手段对事物进行测量时，得到的结果是可以相互比较的。所有的用户体验度量都可以通过某种方式**观测**到，无论是直接的观测还是间接的观测。这种观测可以只是一些简单记录，例如，某任务是否顺利完成，或者完成该任务所需要的时间。所有的用户体验度量必须是可**量化**的——它们必须能变成一个数字或能够以某种方式予以计算。用户体验度量也要求被测对象应能代表用户体验的某些方面，并以数字形式表示出来。比如，一个用户体验度量可以说明 90% 的用户能够在 1 分钟内完成一组任务，或者 50% 的用户没有成功发现界面上的关键元素。

什么因素可以使用户体验度量区别于其他度量呢？用户体验度量揭示的是用户体验——人使用产品或系统时的个人体验。用户体验度量可揭示用户和物件之间的交互，即可揭示出**有效性**（effectiveness）（是否能完成某个任务）、**效率**（efficiency）（完成任务时所需要付出的努力程度）或**满意度**（satisfaction）（操作任务时，用户体验满意的程度）。

用户体验度量和其他度量之间的另一个区别在于用户体验度量测量的内容与**人**及其行为或态度有关。因为人和人之间的差别是非常大的，而且人的适应能力也很强，所以，在我们的用户体验度量中会碰到一些与此相关的困难。基于这个原因，对我们所涉及的大部分用户体验度量，我们会讨论**置信区间**（confidence interval）的问题，以体现数据的效度。此外，我们还将讨论在特定情境中哪种度量方式更适用或不适用。

有些度量不能看作是用户体验度量，比如与使用产品时的真实体验不相关的总体偏好和态度。还有一些诸如总统支持率、消费者物价指数或购买特定物品的频率等标准性的度量。虽然这些度量都是可量化的，也能反映出某种行为，但是它们都不是根据使用物品的真实行为来反映数据变异性的。

用户体验度量的最终目标不在于度量本身，度量只是一种途径或方法，可以帮助使用者获得很多信息，以便做出决策。用户体验度量可以回答那些对使用者所在组织来说至关重要的问题以及其他方法回答不了的问题。比如，用户体验度量可以回答这些关键性的问题。

- 用户会推荐这个产品吗？
- 这个新产品的使用效率会高于当前的产品吗？
- 与竞品相比，这个产品的用户体验如何？
- 用户使用产品之后，不管是对产品还是自己是否都感觉很好？
- 这个产品中最明显的可用性问题是什么？
- 从前期的设计迭代中所汲取的经验有没有体现在后期的改进上？

1.3　用户体验度量的价值

我们认为用户体验的度量非常奇妙。度量用户体验所能提供的信息要远远多于简单地观察所能提供的信息。度量使设计和评价过程更为结构化，对发现的结果能给予更加深入的洞察和理解，同时给决策者也提供了重要的信息。如果缺少用户体验度量所提供的信息，决策者可能就要根据不正确的假设、"直觉"或预感做出重要的商业决策。因而，在这种情况下做出的一些决策就不是最好的决策。

在典型的可用性评估中，很容易就能发现很明显的可用性问题。但是很难估计这类问题的数量和严重级别。比如，如果一项研究中的所有 8 名参与者都碰到了同样一个问题，那么可以确信这确实是一个很常见的问题。但如果这 8 名参与者中只有 2 名或 3 名碰到了这个问题呢？对于比较大的用户群来说，这又意味着什么呢？用户体验度量提供了一种方法可用来估计可能碰到这个可用性问题的用户数量。要知道问题的大小或严重程度可能意味着需要采用不同的处理方案：推迟某个重点产品的发布，或者只需要在问题列表中增加一个优先级较低的问题项。若没有用户体验度量，用户体验问题的多少或严重程度只能靠猜测。

用户度量可以说明设计者是否真正提高了从这个产品到下一个产品的用户体验。敏锐的管理者需要尽可能准确地知道新产品是否真的优于当前产品。要想明确知道所期望的提高是否得到了实现，用户体验度量是唯一的方法。通过新（也即"提高"了的产品）旧产品之间的测量和比较，以及对可能提高程度的评估，可以获得一个双赢的局面。用户体验度量会产生三种可能的结果。

- 新版本的测试要好于当前的产品：获知取得了这样的提高后，每个人晚上都可以好好地睡一觉了。
- 新版本的测试比当前产品还要差：需要着手解决相应的问题或者实施修正计划。
- 新产品和当前产品的差别不明显：用户体验的影响没有造成新产品的成功或失败。但是产品其他方面的改进可以弥补用户体验提升上的缺失。

用户体验度量是计算投资回报（ROI）的一个重要组成部分。作为商业计划的一部分，设计者可能被要求确定新产品的设计能节省多少钱或能增加多少收入。没有用户体验度量，这样的任务是不可能完成的。有了用户体验度量，就可以确定内部网站中数据输入区域的一个简单改变可以带来：减少 75% 的数据输入错误，降低完成客户服务任务所需要的时间，增加每天处理的交易量，使未完成的客户订单量减少，缩短客户货运时间上的延迟，提升客户满意度和增加订单，从而从总体上给企业带来收入上的增加。

用户度量有助于揭示一些很难或者甚至不可能看出来的问题。用一个非常小的样本（不收集任何度量）对产品所进行的评价通常会发现最明显的问题。但是，也有许多更细微的问题，需要借助度量的力量才能发现。例如，有时很难觉察出一些小的低效操作，比如，某个交易无论何时呈现在一个新的屏幕时，都需要再次输入用户数据。用户可以完成他们的操作（或许甚至还会说他们喜欢这种方式），但是一堆小的低效事例汇集起来，最终会影响用户的体验及拖慢进程。用户体验度量有助于设计者获得新的洞察并更好地理解用户行为。

1.4　适用于每个人的度量方法

近十年间，我们一直在以不同的方式教授用户体验度量的课程。在这期间，我们遇到了很多用户体验的业内或非业内人士，他们很少甚至没有统计学相关的背景，有些人甚至对看起来像数字的东西都会感到胆怯。尽管如此，他们在短时间内轻松地掌握了收集、分析和呈现用户体验度量的基本方法，我们对此印象深刻并深受鼓舞。用户体验度量是一种强大的工具，同时也很容易被所有人掌握。关键在于尝试，并不断从错误中学习。收集和分析的度量数据越多，就会越来越熟悉如何进行用户体验度量。事实上，我们也见过很多人以本书为指导为他们的组织或者项目寻找最合适的用户体验度量方法，之后寻找他人承担数据收集或分析之类的苦活。因此，即使读者不想亲自参与度量的每个流程，仍可以将用户体验度量整合到工作中。

本书旨在以简单易懂的方式呈现给尽可能广泛的读者。事实上，我们并不会花大量篇幅来深入介绍复杂的统计分析方法，而是会将相关部分的内容做简化处理。我们觉得这能够吸引到尽可能多的用户体验从业者或者非从业者。当然，我们非常鼓励读者能够基于本书，创造出适合于各自组织、产品或者研究实践的新的度量方法。

1.5 用户体验度量的新技术

之前我们提到，用户体验度量广泛适用于各种产品、设计和技术。事实上，即使新技术层出不穷、日新月异，用户体验度量的指标还是一脉相承。不过，日益变化（而且非常迅速）的新技术本身也有助于我们更好地收集和分析用户体验数据。在本书中，读者将会接触到一些最新的技术，它们能够简化工作，同时也一定会让工作更加有趣。其中，我们将会着重介绍几种近几年涌现出来的新技术。

当前，眼动追踪技术取得了激动人心的进展。数十年来，眼动追踪技术一直局限于实验室研究。所幸的是，这种状况终于有所改观。在过去的几年里，两个主要的眼动仪供应商（Tobii 和 SMI）推出了眼镜式眼动仪，使眼动技术可以应用于现场研究。因此，即使用户走在超市里，也可以收集相关的眼动数据（例如，他看向哪里，看了多久等）。比较棘手的是，当不同的物体出现在大致相同的位置上但处于不同的深度时，会影响眼动数据的采集。当然，供应商们正在逐步完善这些不足。

更值得欣喜的是，眼动追踪研究已经摆脱了受制于硬件条件的时代。例如，EyeTrackShop 研发了一种技术，能够通过用户的网络摄像头收集眼动数据。这也意味着在使用眼动技术做研究时不用像以前那样用户在哪儿，就得跟到哪儿。理论上，现在可以随心所欲地收集世界上任何人的眼动数据，只要他们能够连入网络并有一台网络摄像机。这项技术令人十分激动，它也将为那些没有或无法支付眼动仪硬件费用的用户体验从业者们打开使用眼动数据进行用户体验度量的大门。

除此之外，情感计算技术的发展也同样鼓舞人心。数十年来，用户体验人员通过聆听和观察用户，并向用户提出问题，来了解用户的情绪状态。这些定性的数据当然是非常宝贵的，但是情感计算技术的出现给测量情绪卷入带来了新的度量维度。例如，

Affectiva 公司就将皮肤电导数据与表情分析数据（用表情识别软件对不同面部的表情进行分析）相结合，这两种数据不仅能帮助研究者了解用户情绪唤醒的水平，还可以发现情绪的效价（负性或正性情绪）。

其他还有很多非引导式的可用性测试工具能够简化数据收集的过程，降低其成本。如通过 UserZoom 和 Loop11 都能有效并低成本地收集大量的可用性数据；Usabilla 和 Userlytics 在整合定性与定量数据方面也非常出色，同时价格也非常合理；Usability Testing.com 提供便捷、快速的服务，用以进行定性的自动式的可用性研究。此外，还有一些专业的工具能够追踪鼠标的移动和点击行为。令人感到兴奋的是，用户体验研究者们可以运用的工具和技术是如此丰富。

分析开放式用户反馈是一项非常辛苦且不太精确的工作，研究者们最常用的做法是放弃逐字分析用户评论，随机选取其中一小部分样本进行引用。随着词义分析软件在过去几年中的发展，现在研究者们对开放式反馈的结果也可以进行分析了。

1.6　十个关于用户体验度量的常见误解

人们对用户体验度量存在许多误解，其中有一部分是缺少度量使用方面的经验造成的，也有可能是由于负面体验（比如市场部门的人员对样本量提出了尖锐的质疑），或者甚至是其他用户体验专业人员就有关使用度量的争论和费用进行抱怨而引起的。我们无须对这些误解追根溯源，重要的是把真相与不实之词区分开。我们列举了 10 个有关用户体验度量最常见的误解以及几个消除这些误解的例子。

误解 1：度量需要花太多的时间而难以收集

在最理想的情况下，用户体验度量可以加速设计进程，在最坏的情况下，至少应该不会影响整个时间表。作为正常迭代式可用性评估的组成部分，我们可以快速轻松地收集度量指标。项目团队成员可能认为即便收集非常基础的用户体验度量数据都需要做一个充分的调查研究，或者做一个两周的实验室测试。事实上，可以在日常测试中加入一些非常简单的用户体验度量。在每个可用性（测试）单元的开始或结尾，增加几个额外的问题不会影响该单元的时长。作为典型背景问卷或测试后续活动安排的一部分，参与者可以很快回答几个重要的问题。

在每个任务或所有的任务结束后，研究者也可以要求参与者就易用性或满意度进行评价。如果研究者有简单的途径可以联络到一大批目标用户或一个用户组，可以群发一封邮件请他们回答几个关键性的问题，这些问题或许可以结合截屏的形式。而有些数据没有用户参与也可以被快速收集到。比如，研究者可以简单快速地汇报每个新的设计迭代中特定问题的频率和严重程度。所以收集度量的时间不一定必须要几天甚至几个星期，有时只需要额外的几个小时甚至几分钟就可以完成。

误解 2：用户体验度量要花费太多的钱

有些人认为获得可靠的用户体验数据的唯一途径是把研究外包给市场调研公司或用户体验 / 设计咨询机构。虽然在有些情况下这是有帮助的，但相应的成本也会很高。不过有不少可靠的度量，其花费并不会太多。作为日常测试的组成部分，在不同的可用性问题的频率和严重程度方面，甚至可以收集到价值程度难以置信的数据。通过向同事或一组目标用户发送简短的 E-mail 进行调查，也可能获得大量的定量数据。同时有一些好的分析工具在网上实际是免费的。虽然钱在特定的情况下可以起到作用，但绝对不是获得一些重要度量的必要条件。

误解 3：当集中在细小的改进上时，用户体验度量是没有用的

项目成员有时只想做一些相当细微的改进，这时就会质疑度量是否有用。他们会说最好的做法是集中精力改进一些小细节，并不关心用户体验度量的问题。他们可能也没有任何额外的时间或预算去收集任何类型的用户体验度量。他们还会说在快速迭代设计过程中根本来不及做度量。事实上，分析可用性问题的价值显而易见且无可估量。例如，关注可用性问题的严重程度和频率及其出现的原因是一个在设计过程中集中资源解决关键问题的极好途径。这种方法可以同时节省项目的经费和时间。而且，通过分析以往的研究，也可以轻松地获得一些用户体验度量数据，从而回答一些关键性的可用性问题。因此，不论项目大小，用户体验度量同样都是有用的。

误解 4：用户体验度量对我们理解原因没有帮助

有些人会说度量无助于我们理解用户体验问题发生的原因。他们认为（不正确的）度量只会过分强调问题的严重性。如果只关注成功率或完成时间等数据，就能轻易地理解为什么这些人会有这种感觉了。但是，度量可以揭示很多可用性问题背后的原因，而且比人们一开始所认为的要多得多。通过逐句分析（用户的）评论，我们可以揭示问题

的来源以及有多少用户碰到该问题，可以发现在系统的什么地方用户会碰到问题，也可以使用度量来判断一些问题在哪里会出现甚至为什么会出现。通过采用不同的数据编码与分析方法，我们可以获得大量的用户体验数据来解释众多用户体验问题发生的原因。

误解 5：用户体验数据的噪声太多

对用户体验度量的强烈批评之一是认为度量数据的"噪声"太多：太多的变量对追根溯源造成了阻碍。"噪声"数据的经典例子是：在一个自动化的可用性研究中，测试参与者已经出去喝咖啡或者回家过周末（更糟糕）了，程序还在继续测量任务完成时间。尽管有时的确会出现这种问题，但这不应该成为妨碍我们收集任务完成时间的数据或其他类型的可用性数据的理由。有一些简单可行的办法可以被用来减小甚至剔除数据中的噪声。通过对用户体验数据进行整理，可以将极端值从分析中去除。同时，根据数据的特点精心选择对应的分析方法也可以减少噪声数据带来的影响。严格设定的度量流程也可以保证在评估任务或可用性问题时具有较高的一致水平。还可以采用一些已经被很多研究人员所广泛验证过的标准化问卷来开展研究。总之，通过慎重的思考并借助一些简单的技术方法，我们可以大大减少用户体验数据中的噪声，以还原真实的用户行为和态度。

误解 6：只能相信自己的直觉

许多可用性决策都是基于"直觉"而做出的。项目团队中总会有人声明"这个决定只是感觉起来是合适的"。度量的一个魅力之处就是在做可用性决策时有可以参照的数据，从而避免了各种猜测混淆视听的情况。在设计方案定稿时会遇到一些难以抉择的情况，而决策的结果又很有可能实实在在地影响到一大批用户。有时正确的设计方案是不符合直觉的。比如，某设计团队想使所有的信息在页面加载后的第一个窗口中都能呈现出来，因而页面就不需要滚动浏览。但这样的设计会使不同的视觉元素之间没有足够的空白，可用性数据（或许以任务完成时间的形式）显示需要更长的任务完成时间。直觉固然重要，但用数据说话更好。

误解 7：度量不适用于新产品

有的人在评估新产品时会避开度量的方法。他们认为对新产品而言没有东西可以做参照来比较，因此度量就没有意义。我们的观点应恰恰相反。当评价某个新的产品时，建立一套基线度量是很重要的，这样在以后做迭代设计时就有了可以比较的参照点。这是了解新设计是否真正有改进的唯一途径。另外，这也有助于为新的产品确定度量的目标。在某产品发布之前，它应该满足这个基本的用户体验度量（即度量目标），诸如任务成功率、满意度和效率。

误解 8：没有度量适用于我们正在处理的问题

有的人认为没有任何度量适用于他们正在进行的特定产品或项目。无论该项目的目标是什么，或多或少会有一些度量适用于该项目的商业目标。比如，有人说他们感兴趣的仅仅是用户的情感反应，而不是实际的任务操作。在这种情况下，有几个已建立起来的测量情感反应的方法是可用的。在其他情况下，有人可能只关心用户对产品的知晓度（awareness），也有几种测量知晓度的简单方法可以利用，甚至无须购置眼动追踪设备。还有的人会说他们只关注用户更为细微的反应，比如他们的受挫程度。同样，也有办法不通过询问用户就可以测量他们的压力水平。在我们多年的用户体验研究中，我们还没有遇到过一个无法被测量的商业目标或用户目标。在收集数据时，可能需要做一些前人没做过的事，但总会找到解决方案的。

误解 9：度量不被管理层所理解或赞赏

虽然有管理者认为用户体验研究只提供了关于某设计或产品的定性反馈，但是大多数管理者已看到了测量的价值。以我们的经验，用户体验度量不但能被上层管理者所理解，还深受他们赞赏。他们能理解度量。度量可以给产品设计的团队、产品和设计过程提供真实的情况。度量可以被用来计算 ROI（投资回报）。大多数管理者喜欢度量，用户体验度量将是一种他们很快就能接受的度量。可用性度量也能引起管理层的注意。说在线结账过程有一个问题是一回事情，但是有 52％的用户一旦碰到这个问题就不能成功地在线购买产品就是另一件完全不同的事情了。

误解 10：用小样本很难收集到可靠的数据

人们普遍认为大样本是收集任何可靠的用户体验度量所必需的。许多人认为需要至少 30 个参与者才能开始对用户体验数据进行分析。虽然大样本肯定有助于提高置信水平，但是 8 个或 10 个这样稍小一点的样本容量依然是有价值的。我们会向读者介绍如何计算置信区间，其计算要考虑到样本大小，而且是做出任何结论时都需要的。我们还会向读者展示如何确定所需要的样本量大小以发现可用性问题。本书中的大多数实例所基于的样本量都相当小（少于 20 名参与者）。因此，以很小的样本量来分析度量不但是可能的，而且是通常的做法！

第2章
背景知识

本章包括适用于任何用户体验度量中的数据、统计、图表等相关背景信息。尤其强调了如下几方面的内容。

- 用户体验研究中的基本**变量与数据类型**，包括：因变量与自变量，称名数据、顺序数据、等距数据和等比数据。
- 基本的**描述性统计**，如：平均数、中数和标准差；还有**置信区间**，可用于说明对诸如任务时间、任务成功率和主观评分等数据估计的准确程度。
- 用于比较平均数和分析各种变量之间的关系而进行的简单**统计检验**。
- 将数据有效地进行**视觉化呈现**的小技巧。

本章所有的例子均使用 Microsoft Excel 2010 来计算（其实本书的大部分章节也是这样处理的），因为 Excel 是一个普及度非常高且常用的工具。当然，多数的分析也可以使用其他如 Google Docs 或 OpenOffice.org 等现成的电子数据工具来完成。

2.1 自变量和因变量

从广义的角度来看，在可用性研究中有两个变量：自变量和因变量。自变量是由研究者所操纵与控制的变量，比如需要测试的设计或测试参与者的年龄。而因变量是指研究者要测量的东西，比如成功率、错误数、用户满意度、完成时间等。本书讨论的度量大多都是因变量。

当设计一个可用性研究的时候，研究者必须清楚自己计划操控什么（自变量）和测量什么（因变量）。最有意思的研究结果是因变量与自变量的交互关系，如一个设计是否会比其他设计更容易带来更高的任务成功率。

2.2　数据类型

自变量与因变量都可以使用下列四种基本的数据类型中的任何一个进行测量：称名数据（nominal）、顺序数据（ordinal）、等距数据（interval）和等比数据（ratio）。每种数据类型都有独一无二的特性，更重要的是，也只能用特定的方法予以分析和统计。当收集和分析可用性数据时，研究者应该知道自己所处理的数据类型是什么，以及每种类型的数据能使用和不能使用的处理方法。

2.2.1　称名数据

称名数据（nominal data）也叫类别数据，是指一些简单无序的群组或者类别。因为类别间没有顺序，所以只能说它们是不同的，但不能说其中一个好于另一个。例如，苹果、橘子和香蕉，它们只是不同，但不能说其中哪种水果本质上要好于其他种类的水果。

在用户体验领域，称名数据可以用来表示不同类型用户的特征，例如，Windows 用户还是 Mac 用户、不同地域的用户或者不同性别的用户。这些都是典型的自变量，我们可以依据不同的组别来分割这些数据。称名数据也包括一些常用的因变量，如任务成功率（task success）。称名数据还可以表示为点击链接 A 而非链接 B 的参与者数量，或者选择使用遥控器，而不是 DVD 播放器上自带控制键的参与者数量。

称名数据的编码

处理称名数据时，需要考虑的一个重点就是如何对这些数据进行编码。在统计分析程序（如 Excel）中，通常使用数字表示个体的组别归属。例如，将男性编码为组"1"，将女性编码为组"2"。但请记住，这些数字是不能作为数值进行分析的：这些数字的平均值是没有意义的（我们只是可以简单地将它们编码为"男"和"女"）。软件不能把这些被严格地用于某种目的的编码的数字和具有真正意义的数值区别开来。但在这一点上，任务成功率是个例外。如果将任务成功编码为"1"，失败编码为"0"，那么计算出的平均值将与成功用户的比例是相等的。

适用于称名数据的统计方法是一些简单的描述统计，如计数和频率。例如，45%的参与者是女性，或者 200 名参与者的眼睛是蓝色的，或者 95%的参与者完成了某个特定的任务。

2.2.2　顺序数据

顺序数据（ordinal data）是一些有序的组别或者分类。正如其名字所表述的，数据是按照特定方式组织的。但是，测量值之间的距离是没有意义的。有些人认为，顺序数据就是等级数据。在美国电影学会评选的前 100 名的电影列表中，处于第 10 位的电影《雨中曲》好于处于第 20 位的电影《飞越疯人院》。但是，这些评价并不代表《雨中曲》比《飞越疯人院》优秀两倍。这只表明一部电影的确好于另一部电影，至少根据美国电影学会的评选是这样的。由于等级之间的距离是没有意义的，所以不能说其中一个等级是另一个等级的两倍。顺序数据的排序可以是：较好或较坏、更为满意或比较不满意、更为严重或比较不严重。相对等级（等级的顺序）是最重要的。

在用户体验领域，最常见的顺序数据是来自问卷中的自我报告数据。例如，一个参与者可能将网站评定为"极好、好、一般或差"。这些是相对的等级："极好"与"好"之间的距离并非等于"好"与"一般"之间的距离。或者在可用性研究中，要求参与者对四个不同的网页设计按爱好程度进行排序，这也是顺序数据。没有理由认为：排在第一和排在第二的页面之间的距离等同于排在第二和第三的页面之间的距离。

对顺序数据来说，最常用的分析方法是频率统计。例如，40%的参与者评定为"极好"，30%的参与者评定为"好"，20%的参与者评定为"一般"，10%的参与者评定为"差"。计算平均等级可能是一种吸引人的想法，但是它在统计上是无意义的。

2.2.3　等距数据

等距数据（interval data）是没有绝对零点的连续数据，而且测量值之间的差异是有意义的。我们最熟悉的等距数据的例子是摄氏或华氏温度。将水的结冰点称为 0 摄氏度或华氏 32 度是人为定的。因为零度并不意味着没有热度，只是表示温度量表上一个有意义的点。但是计算差值是有意义的：10°到 20°之间的差值与 20°到 30°之间的差值是一样的（无论用哪种温度测量方法）。日期是另一个常见的等距数据的例子。

在可用性领域，系统可用性量表（SUS）是一个等距数据的例子。SUS（详见第 6

章）包含一些关于系统总体可用性的题目，通过自我报告产生数据。它的分数范围从 0 到 100，SUS 分数越高，表示可用性越好。在这种情况下，量表上各点之间的距离是有意义的，它表示感知可用性（perceived usability）上的递增或递减程度。

等距数据允许在一个大的范围内计算描述性统计（包括平均值、标准差等）。而且，等距数据可以进行多种推断统计，从而可以将结果推论到一个较大的样本。与称名数据和顺序数据相比，适用于等距数据的统计方法更多。本章将介绍的统计方法大部分都适用于等距数据。

对于收集和分析主观评价的数据，人们一直在争论：这些数据应被当作纯粹的顺序数据还是可以作为等距数据。请看这样两种评分标度：

○差 ○ 一般 ○ 好 ○ 极好

差 ○ ○ ○ ○ 极好

乍一看，除了表达形式上的差异外，这两个量表是相同的。第 1 个标度给每个项目赋予了外显的标签，使得数据具有顺序特征。第 2 个标度除去了选项之间的标签，仅给两个端点（end points）赋予标签，使得数据更具有等距特征。这就是为什么大多数主观评分量表仅给两个端点赋予标签或锚点，而不是给每个数据点都提供标签。请看经细微变化后的第 2 种标度的不同版本：

差 ○ ○ ○ ○ ○ ○ ○ ○ 极好

在这种标度中，用 9 点标记方法呈现，使其更加明显地表示此数据可以被当作等距数据处理。使用者对这种标度的合理理解是：标度上所有数据点之间的距离都是相等的。当研究者犹豫能否将类似这样的数据作为等距数据处理时，需要考虑一个问题：任意两个被定义的数据点的中间点是否有意义。如果这个中间点有意义，那么这种数据就可以作为等距数据进行分析。

2.2.4 比率数据

比率数据（ratio data）与等距数据相似，而且具有绝对的零点。这种数据的零点值不同于等距数据中人为定义的零点值，它有其内在的意义。对于比率数据，测量值之间的差异可以解释为比率。年龄、身高和体重都是比率数据的例子。在每个例子中，零点值即表示没有年龄、身高或体重。

在用户体验领域中，任务完成时间是最明显的比率数据的例子。在任务进行过程中，剩余零秒钟表示设定的时间结束或持续时间没有剩余。比率数据可以表示一事物比另一事物快两倍或慢一半。例如，一个用户完成任务的速度是另一个用户的两倍。

在可用性中，与等距数据相比，适用于比率数据的统计方法并没有增加多少。计算几何平均数是一个例外，它能够有效地测量时间上的差异。除了这种计算方法，比率数据和等距数据适用的统计方法基本没多少差别。

2.3　描述性统计

描述性统计（descriptive statistics）对任何等距或比率数据来说都是最基本的统计分析。顾名思义，描述性统计仅对数据进行描述而不对较大的群体进行任何形式的推论。推论统计用于对一个远大于样本的较大群体做出一些结论或推论。

常见的描述性统计包括对集中趋势的测量（如平均值）、对变异性的测量（如标准差），以及综合以上两个测量指标后计算出的置信区间。接下来会用表 2.1 中的样例数据说明这些统计量。表中的数据呈现为任务时间（以秒为单位），表示某可用性研究中的 12 名参与者中每人完成相同任务所用的时间。

2.3.1　集中趋势的测量

简单地说，集中趋势的度量就是以某种方式选择单个数值来代表一组数值。最常见的三种集中趋势的测量是平均数（mean）、中数（median）和众数（mode）。

平均数就是多数人认为的均值：用所有数值的总和除以数值的数量。大多数用户体验度量的平均数都能提供非常有用的信息，也是可用性报告中最常采用的统计值。就表 2.1 中的数据来说，平均数是 35.1 秒。

表 2.1　样例数据：在一个可用性研究中，12 名参与者的任务完成时间

参与者	任务时间（秒）
P1	34
P2	33
P3	28
P4	44
P5	46

续表

参与者	任务时间（秒）
P6	21
P7	22
P8	53
P9	22
P10	29
P11	39
P12	50

Excel技巧

在 Excel 中，任何一组数值的平均数都可以用"=AVERAGE"函数来计算。中数则可以使用函数"=MEDIAN"来计算；众数可以使用函数"=MODE"来计算，如果无法计算（当每个数值出现的次数相同时会出现这种情况），Excel 会输出"#N/A"。

中数是指把数据从小到大排列后，位于中间的那个数字，数据中一半数值低于中数，一半数值高于中数。如果没有中间数，可以取最中间的两个数的平均值作为中数。在表 2.1 中，中数为 33.5 秒（33 和 34 的平均值）：一半参与者完成任务时间快于 33.5 秒，而另一半慢于 33.5 秒。在有些情况下，中数比平均数能揭示更多的信息。举个例子，假设第 12 个参与者的完成任务时间是 150 秒而不是 50 秒，那么平均值就会变为 43.4 秒，但是中数没有发生变化，仍旧为 33.5 秒。判断哪个数值更有代表性取决于研究者，但这也说明了为什么中数有时会被使用，尤其是在那种因某些数值偏差太大（或者叫作异常值）而使得整体数据分布呈现偏态的时候更适用。

众数是一组数据中出现次数最多的那个数值。在表 2.1 中，众数是 22 秒：有两个参与者以 22 秒的时间完成了任务。在可用性测试的结果中，众数并不经常被报告。当数据是连续的而且分布范围很广时（如表 2.1 中的任务时间），众数一般不是很有用。在数据所包含的数值范围有限（如主观评分量表）时，众数会更有价值。

报告数据时保留多少位小数

许多人在报告可用性测试数据（平均时间、任务完成率等）时，常犯的一个错误是采用了远高于实际需要的精确程度。例如，表 2.1 中的平均时间是35.08333333 秒。这是报告平均数的合适方式吗？显然不是。保留多位小数可能在数学上是没错的，但是，从实践角度看，这样的做法显得有些荒谬。谁会在意平均数是 35.083 秒还是 35.085 秒？当被测量的任务需要大概 35 秒完成时，几毫秒或几百分之一秒的差异是微不足道的。

所以，我们应该使用多少位小数呢？这个问题没有统一的答案，但具体操作时需要考虑原始数据的精确度要求、量级和变异性等因素。表 2.1 中的原始数据精确到秒。一个基本原则是：报告一个统计值（如平均数）所使用的有效数的位数不超过原始数据有效位数的一位。因此，在这个例子中，可以将平均数报告为 35.1 秒。

2.3.2　变异性的测量

变异性测量（measures of variability）显示数据总体中数据的分散或离散程度。比如，这些测量能够帮助回答"大多数用户的任务完成时间都相近，还是分布于一个宽广的时间范围内？"如果研究者要知道数据的置信水平，确定其变异程度是很关键的。在大多数可用性研究中，测量间的变异程度往往是由参与者之间的个体差异造成的。有三种最常见的变异程度测量指标：全距（range）、方差（variance）和标准差（standard deviation）。

全距是最小数值与最大数值之间的距离。就表 2.1 中的数据来说：全距是 32，最小时间是 21 秒，最大时间是 53 秒。取决于不同的度量，全距的数值变化范围可能会很大。例如，在许多评分量表中，全距通常限于 5 或 7，这取决于量表所使用的评价等级的数目。当研究采用完成时间时，全距非常重要，因为它能用来确定"极端值"（全距中的极高或极低的数据点）。查看全距也是检验数据编码是否正确的一个好方法。如果全距从 1 到 5，但数据中包含 7，就表示数据存在问题。

Excel技巧

在 Excel 中，通过使用"=MIN"函数可以算得任意数据集中的最小值，而求最大值则可以使用"=MAX"函数。全距则可以通过 MAX–MIN 来确定。方差可以通过函数"=VAR"计算，标准差则可以通过函数"=STDEV"计算。

方差可以说明数据相对于平均数或均值的离散程度。在计算方差的公式中，首先求各数据点与平均数的差，然后算得每个差值的平方，把得到的平方值进行求和，最后用样本数量减 1 之后的差值去除该求和，其结果即为方差。在表 2.1 中，方差是 126.4。

标准差是最常用的变异测量，一旦知道了方差，就能够很容易地计算它。标准差其实就是方差的平方根。表 2.1 所示的这个例子中的标准差为 11.2 秒。理解标准差比理解方差稍显容易，因为它的单位与原始数据的单位是相同的（在这个例子中为秒）。

Excel技巧：描述性统计工具

一个有经验的 Excel 使用者也许会奇怪我们为什么不直接推荐使用 Excel 中的描述性统计工具（可以通过使用 "Excel Options" > "Add-Ins" 来添加数据分析工具）。这个工具可以计算平均值、中数、全距、全距标准差、方差以及其他我们希望计算的数据。这是一个非常好用的工具。然而，这个工具有一个明显的局限：它计算出来的数值是静态的。原始数据更新后，通过这种方法计算出的数值不会相应地更新。我们有时会想在收集数据之前就把分析可用性研究的数据表做好，这样数据表会随着数据的不断更新而持续更新。这意味着我们需要使用可以自动更新的公式，比如 MEAN(平均数)、MEDIAN（中数）和 STDEV（标准差），而不是 "描述性统计" 工具。但在一次性计算出所有的统计量时，它是一个非常有用的工具。请记住，更新数据后，该工具计算出的数值并不会随之更新。

2.3.3 置信区间

置信区间是对数值范围的估计，用来说明某个样本统计值的总体真值。例如，假设我们需要估计如表 2.1 所示的任务时间的总体真值，那么可以围绕平均值构建一个置信区间，来表示有充足理由确信一个可以涵盖该平均数总体真值的数值范围。"有充足理由确信"是指我们需要选择的确信程度，换句话说，就是犯错的可能性。这就是所谓的置信水平，或者反过来说，也就是我们可以接受的错误水平。举个例子，一个样本置信度为 95%，或者 α 水平为 5%，说明该样本平均值有 95% 的概率是正确的，而只有 5% 的概率是错误的。

下面是决定平均值的置信区间的三个变量。

- 样本大小或是样本中的数值数量。对于表 2.1 所示的数据，样本量为 12，表示有 12 名参与者。
- 样本数据的标准差。表 2.1 中的标准差是 11.2 秒。
- 研究者要选择的 α 水平。最常见的 α 水平（按照惯例）为 5% 和 10%。在这个例子中，我们选择了 5% 的 α 水平，相应的置信水平为 95%。

95% 的置信区间可以用如下公式进行计算：

平均值 ± 1.96 × [标准差 / 样本量的平方根]

其中，"1.96" 是反映 95% 的置信水平的一个数值。其他置信水平也有其他的数值。这个公式表示置信区间会随着标准差（数据变异）的减小或样本量（参与者的数量）的增大而减小。

Excel技巧

Excel 的 "CONFIDENCE" 函数可以快速计算置信区间。计算公式非常容易建立：

= CONFIDENCE（ α 系数、标准差、样本大小 ）

α 值表示显著性水平，典型的值是 5%（0.05）或 10%（0.10）。标准差可以通过 Excel 的 "STDEV" 函数很容易地被计算出来。样本大小是要检验的样本数量或数据点的数目，通过 "COUNT" 函数能够容易地计算出这个值。图 2.1 是一个示例。Excel 中的 "CONFIDENCE" 函数与描述统计函数中的置信水平计算有些差别，如图 2.1 所示。通过这种计算方法对表 2.1 中的数据进行计算的结果是 6.4 秒。因为平均数是 35.1 秒，因此这个平均数的 95% 置信区间是 35.1±6.4，或从 28.7 至 41.5 秒。也就是说，这个任务的总体平均完成时间在 28.7 至 41.5 秒之间的概率是 95%。

置信区间非常有用。我们建议在进行可用性研究时将置信区间的计算和报告当成汇报平均值的一个常规项。我们可以在平均值图形上标注对应的误差线，它们会很形象、直观地展现出测量的准确程度。

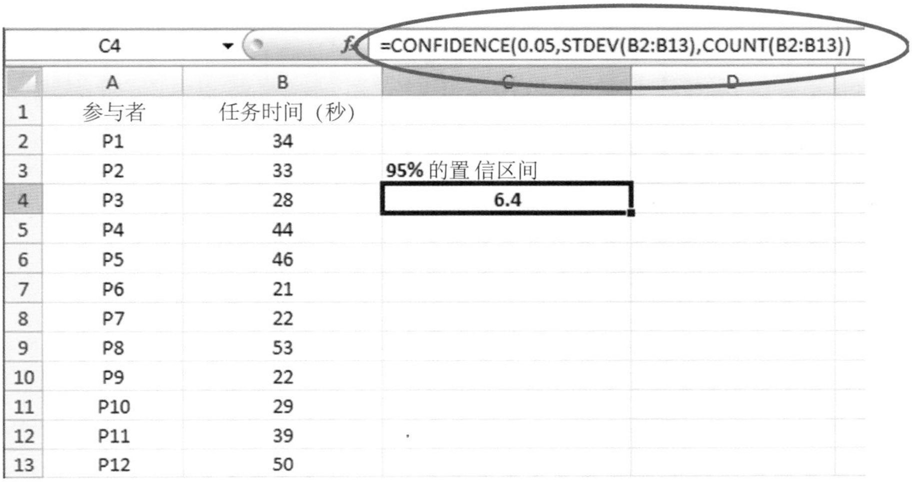

	C4	▾	fx	=CONFIDENCE(0.05,STDEV(B2:B13),COUNT(B2:B13))	
	A	B	C	D
1	参与者	任务时间（秒）		
2	P1	34		
3	P2	33	**95%** 的置信区间	
4	P3	28	6.4	
5	P4	44		
6	P5	46		
7	P6	21		
8	P7	22		
9	P8	53		
10	P9	22		
11	P10	29		
12	P11	39		
13	P12	50		

图 2.1　利用 Excel 的 "CONFIDENCE" 函数计算 95％的置信区间。

选择什么样的置信水平？

如何确定使用哪种置信水平？从传统的角度说，通常使用的三种置信水平为 99％、95％ 和 90％（或者它们对应的 α 水平为 1％、5％ 和 10％）。关于使用这三个水平的历史，可以追溯到计算机与计算器诞生之前。那时，人们不得不在打印的表格上查看置信水平数值。人们在打印表格时不希望有太多不同的版本，因此只选择了这三个。今天的计算机发展水平允许人们选择任何水平的置信区间，但是因为这三种置信水平被长期使用，所以许多人在做数据分析时都从这三种进行选择。

需要选择多大的置信水平，取决于研究者对涵盖平均值的置信区间需要或希望有多大的把握。如果研究者尝试去估计一个人需要多长时间在除颤器的冲击下才能复苏，会希望对自己的答案非常有把握，所以至少会选择 99％ 的置信度。但是，如果只是估计一个人上传一张新的照片到他的 Facebook 上需要多长时间，那么也许对 90％ 的置信度就很满意了。在常规使用置信水平时，我们发现大多数时候我们都选择使用 90％ 的水平，偶尔使用 95％ 的水平，很少使用 99％ 的水平。

2.3.4　通过误差线来呈现置信区间

现在让我们来看一下图 2.2 中的数据，这些数据描述了某原型网站的两种不同设计所能支持的付款时间。在这项研究中，10 个参与者使用设计 A 完成付款任务，而另外 10 个参与者使用设计 B 完成付款任务。所有的参与者被随机安排在某个组中。两组的平均值和 90% 的置信区间都是通过 AVERAGE 和 CONFIDENCE 函数进行计算的。平均值通过柱状图表示，而置信区间表示为图上的误差线。只需要简单看一眼柱状图，就可以发现两个平均值的误差线没有重合的部分。当情况属实时，我们有理由认为这两个平均值存在显著的差异。

Excel技巧

一旦研究者创建了一个用于表示均值的柱状图（如图 2.2 所示），那么接下来，在添加误差线来代表置信区间时，可以这么进行。首先，单击图表并选中它；然后，在 Excel 菜单栏中，选择"图表工具"下的"布局"选项，进而选择"误差线 > 其他误差线"选项。在出现的对话框中，选择对话框底部位置的"自定义"选项，接下来单击"指定值"按钮。在弹出的窗口中，可以为误差线提供正负错误值，正负错误值可以是相同的。单击用于指定"正错误值"的按钮，然后选择表格中表示为 90% 水平置信区间的那两个数据（图 2.2 中的 B13 和 C13 单元格）。之后单击用于指定"负错误值"的按钮，再次选择完全相同的单元格。关闭窗口后，误差线就呈现在图中了。

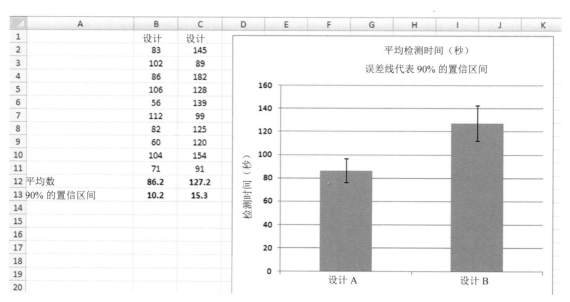

图 2.2　图例：在柱状图上用误差线呈现置信区间。

2.4 比较平均数

对等距或比率数据而言，最有用的处理就是比较不同的平均数。如果想知道用户对一种设计的满意程度是否高于对另一种设计的满意程度，或者想知道一组参与者的错误率是否高于另一组的错误率，最好的方法是进行统计。

比较平均数有多种方法，但是，在进行统计之前，研究者首先应该回答以下两个问题。

1. 是同一组参与者内的比较还是不同组参与者之间的比较？例如，如果比较来自男性和女性参与者的数据，这很可能是不同组参与者之间的比较。像这种比较不同样本的情况，我们称之为独立样本（independent samples）。但是，如果比较的是同一组参与者在两种不同产品或设计上的数据，则需使用配对样本（paired samples）进行分析。

2. 有多少样本需要进行比较？如果比较的是两个样本，可以使用 t 检验；如果比较三个或更多的样本，则使用方差分析（也叫作 ANOVA）。

2.4.1 独立样本

也许比较独立样本平均值的最简单的方法就是使用置信区间，像前面章节所描述的那样。在比较两个平均值的置信区间时，我们可以得出如下结论。

- 如果置信区间**没有重叠**，可以有把握地认为两个平均值之间存在差异显著（在所选择的置信水平上）。
- 如果置信区间有**少量重叠**，则两个均值之间仍然可能存在显著的差异。这时可以使用 t 检测来确认它们是否不同。
- 如果置信区间的**重叠范围大**，那么这两个均值之间的差异就不再显著了。

下面以图 2.3 中的数据为例，介绍如何进行独立样本的 t 检验。这些数据表示两组参与者（参与者被随机分配至其中一个组）对两个不同设计进行使用舒适度的评分（1~5 之间）。我们已经计算了平均值和置信区间，并且用图形进行了表达。但注意两个置信区间有少部分的重合：设计 1 的区间上限为 3.8，而设计 2 的区间下限是 3.5。这种情况下，我们需要进行 t 检验来确认两者之间的差异是否显著。

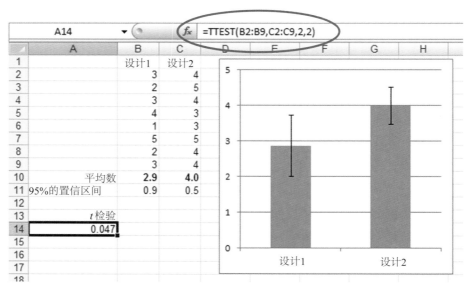

图 2.3　样例数据：独立样本的 t 检验。

Excel技巧

如图 2.3 所示，我们可以使用 TTEST 函数来进行 t 检验：

=TTEST（Array 1，Array 2，Tails，Type）

数列 1（arry 1）和数列 2（arry 2）是我们希望比较的两组数据。在图 2.3 中，数列 1 是用户对设计 1 的评价数据，数列 2 是用户对设计 2 的评价数据。尾（tails）表示检验（中的 p 值）是单尾的还是双尾的。这与正态分布的尾（极端值）和考虑分布的一端还是两端有关。从实践的角度来说，这其实想问的是：在理论上，这两个平均数在某个方向上（即设计 1 高于或低于设计 2）是否可能存在差异。但是，在几乎所有我们处理的情况中，这一差异可以是任一方向的，所以正确的选择是"2"，以进行双尾检验。Type 指 t 检验的类型。对独立样本（非配对的）来说，Type 是 2。

这一 t 检验的返回值是 0.047。那么，如何解释这一结果？它告诉我们这两个平均数存在的差异仅源于随机概率。所以，有 4.7% 的概率可以说明这个差异是不显著的。由于我们是在 95% 置信区间或 5% 的 α 水平上处理的，而这一结果小于 5%，所以可以说这两个平均数的差异在这一水平上存在统计学上的显著差异。

2.4.2　配对样本

当我们要比较同一组参与者的平均数时，应使用配对样本进行 t 检验。例如，比较两个原型设计之间是否存在差异。假如让同一组参与者先使用原型 A 完成任务，然后使用原型 B 完成类似的任务，并且测量的变量是主观报告的易用程度和任务时间，就可以使用配对样本进行 t 检验。

在针对这类配对样本的数据进行统计分析时，关键是将每个人与他们自己做比较。从技术上说，就是关注每个人的数据在两个对比条件下的差异。让我们看一下图 2.4 所示的数据，这些数据表示在用户首次使用某个应用时，以及研究结束前再次使用这个应用时对舒适度的评分。一共有 10 个用户，每个人都分别做了前后两次评分。均值和90% 的置信区间用图形表示出来。可以看出二者间的置信区间重合得较多。如果这些是独立样本，我们就可以得出二者之间无显著差别的结论。然而，这两组数据源于配对样本，因此对其做了配对样本的 t 检验（即类型 type 为 1），结果是 0.0002，表示二者之间的差异很显著。

我们稍微转换一下视角来看图 2.4 中的数据，结果如图 2.5 所示。这次我们加入了第三列数据，即用每个人最后的评分减去首次评分，结果可以看出：10 个参与者中有 8 个参与者的评分增长了 1 分，而剩下的两个参与者的前后得分没有变化。柱状图呈现了这些前后评分差值的平均值（0.8）及其置信区间。针对一个这样的配对样本，最基本的检验方法就是看均值差异的置信区间是否包含 0。如果不包括 0，则可以说明差异显著。

在配对样本检验中要注意的是，所比较的来自两个数列的样本量要相等（虽然可能会有缺失值）。在独立样本条件下，样本量无须相等。其中某一组的参与者可以比另一个组的参与者多。

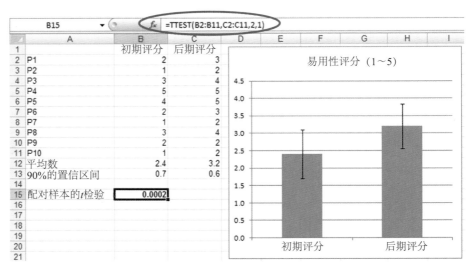

图 2.4 样例数据：一个配对样本中的 10 个参与者，每个人在任务初期和研究后期都对一个应用的易用性评分（1 ～ 5 分的量表）。

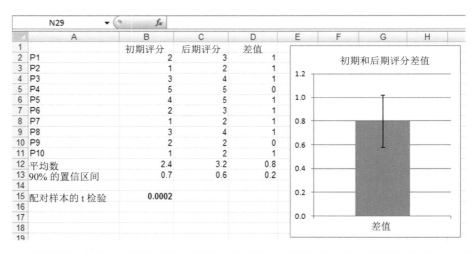

图 2.5 样例数据：与图 2.4 相同的数据，但增加了初期和后期评分的差值、差值的平均值及其 90% 的置信区间。

2.4.3 比较两个以上的样本

我们不总是只比较两个样本，有时候想要比较三个、四个甚至六个不同的样本。幸运的是，有一种方法不需要费太多的力气就可以进行这种比较。方差分析（通常叫作 ANOVA）便可以确定两个以上的组别之间是否有显著的差异。

Excel 可以进行三种类型的方差分析。这里仅给出一种方差分析方法的例子，叫作单因素方差分析。单因素方差分析适用于仅需要对一个变量进行检验的情况。例如，比较参与者在使用三个不同的原型时，在任务完成时间上是否存在差异。

让我们看一下图 2.6 所示的数据，它展现了三个设计的任务完成时间，共有 30 个人参加了这项研究，每一个人只能使用三个设计中的一个。

Excel技巧

在 Excel 中进行方差分析需要使用统计分析包（Analysis ToolPak）。单击"数据"标签，选择"数据分析"选项，它可能位于工具条右端的位置。然后选择"方差分析：单因素"（ANOVA: Single Factor）。这表示只检验一个变量（因素）。然后，确定数据范围。在我们的样例中（见图 2.6），数据呈现在 B、C 和 D 列中，我们将 α 水平设置为 0.05，在第一行中给相应的数列设置了标签。

	A	B	C	D	E	F	G	H	I	J	K	L
1		设计 1	设计 2	设计 3		方差分析：单因素						
2		34	49	22								
3		33	54	28		汇总						
4		28	52	21		组	计数	求和	均值	变异		
5		44	39	30		设计 1	10	335	33.5	43.16667		
6		21	60	32		设计 2	10	490	49	63.33333		
7		40	58	36		设计 3	10	302	30.2	38.62222		
8		36	49	27								
9		29	34	40								
10		32	46	37		ANOVA						
11		38	49	29		变异源	平方和	自由度	均方	F	P-value	F crit
12	平均数	33.5	49.0	30.2		组间	2015.267	2	1007.633	20.83003	0.000003	3.354131
13	90% 的置信区间	3.4	4.1	3.2		组内	1306.1	27	48.37407			
14												
15						总数	3321.367	29				

图 2.6　样例数据：三个不同设计的任务完成时间（三个设计分别由三组不同的参与者使用）及单因素方差分析的结果。

结果包括两部分（见图 2.6 的右半部分）。上部分是数据的结果汇总。正如我们所看到的，设计 2 的平均完成时间明显慢很多，而设计 1 和设计 3 的完成时间较快。设计 2 的方差较大，而设计 1 和设计 3 的方差相对较小。结果的第 2 部分说明了差异是否显著。p 值为 0.00003，表明该结果的差异在统计上是显著的。准确地理解结果所表示的含义很重要：结果表明"设计"这一变量的效应是显著的。这一结果不一定表示每种设计的均值都与其他两种设计的均值在两两之间存在显著的差异，它仅仅表示设计这一变量的总效应是显著的。为了了解任意一对平均数之间是否存在显著差异，可以对两组数值进行两样本 t 检验。

2.5　变量之间的关系

有时候，知道不同变量之间的关系是很重要的。我们见过很多这种情况，有些人第一次观察可用性测试时就会注意到，参与者所说的和所做的并不总是一致的。很多参与者使用原型完成一个简单的任务都很费力，但是，当要求他们评价原型的易用性时，他们经常会给予很高的评价。在本节中，我们提供了例子以说明如何使用一些分析方法去考察这些类型的关系（或许不存在）。

当检验两个变量之间的关系时，很重要的一点是观察数据可视化后的样子。利用 Excel 能够轻松地绘制出两个变量的散点图。图 2.7 就是一个散点图的例子，该例源于一个在线可用性研究的实际数据。横坐标表示平均任务时间（分钟），纵坐标表示平均任务评分（1~5，数值越高，体验越好）。可以看到，平均任务时间越长，其评分越低。这种关系被称为负相关，因为随着一个变量（任务时间）的增加，另一个变量（任务评分）逐渐下降。这条贯穿数据的直线被称为趋势线（trend line）。在 Excel 中，用鼠标右键单击任意一个数据点，选择"添加趋势线"，就能够轻松地将其添加到散点图上。趋势线能够帮助研究者更好地视觉化两个变量之间的关系。在 Excel 中也可以显示 R^2 值（相关强度的测量值），具体做法可以是：用鼠标右键单击趋势线，选择"设置趋势线格式"，然后在弹出的窗口中勾选"显示 R 平方值"。

Excel技巧

我们可以使用 Excel 中的 CORREL 函数来计算任意两个变量关系的强度（如任务时间和任务评分）。

$$= CORREL（Array 1，Array 2）$$

其中，数列 1（Array 1）和数列 2（Array 2）是两列要进行相关分析的数据。分析后会得到一个相关系数，或是"r"。对如图 2.7 所示的数据，r=-0.53。相关系数测量的是两个变量之间的关联强度，这个值离 -1 和 +1 越近，关系越强，离 0 越近，则关系越弱。负的 r 值则表示两个变量存在负相关的关系。相关系数的平方就是散点图中的 R^2 值（0.26）[1]。

1　原文有误，图中是0.26，并不相同。——译者注

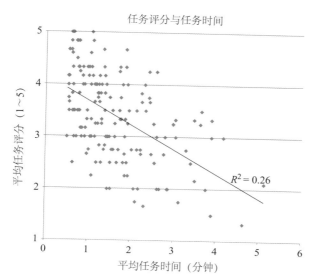

图 2.7   样例数据：Excel 中的散点图（赋有趋势线）。

2.6   非参数检验

非参数检验用于分析称名数据和顺序数据。例如，研究者可能需要知道：针对某些任务的成功和失败，男性与女性之间是否存在显著差异。或者，了解专家（experts）、中等水平参与者（intermediates）和新手（novices）三者之间在对不同网站的排序上是否存在差异。为了回答与称名和顺序数据相关的这些问题，需要使用某些类型的非参数检验。

非参数统计对数据做出的假设不同于先前介绍的平均数比较和描述变量之间关系时所做出的假设。例如，当我们进行 t 检验和相关分析时，假设数据为正态分布，而且数据的方差接近齐性。但是，称名数据和顺序数据的分布并不是正态的。因此，在非参数检验中，我们不会对数据做出同样的假设。例如，就任务成功率（二分式成功）来说，数据基于二项式分布，取值只有两种可能性。一些人喜欢将非参数检验称为"分布无关性（distribution-free）"检验。非参数检验包括多种不同的类型，但我们仅介绍卡方（x^2）检验，因为它会是最经常用到的。

x^2（读作"卡方"）检验用来比较称名（或类别）数据。让我们看一个例子，假如我们想知道：在任务成功率上，三个不同的组别（新手、中等水平参与者和专家）之间是否存在显著差异。一共测试了 60 名参与者，每组 20 人，记录了他们在某一任务上的成功或失败情况。还计算了每组参与者中成功的人数。在新手组中，20 人中有 6 人成功；在中等水平组中，20 人中有 12 人成功；在专家组中，20 人中有 18 人成功。我们需要知道不同组在任务成功率上是否存在统计意义上的显著差异。

Excel技巧

在 Excel 中，我们可以使用 CHITEST 函数来进行卡方检验。该函数计算的是观测值（observed value）与期望值（expected value）之间的差异是否仅由随机因素所致。该函数使用起来很简单：

= CHITEST（actual_range，expected_range）。

实际范围（actual_range）指每组参与者中成功完成任务的参与者人数。预期范围（expected_range）指每组参与者中成功完成任务的平均人数。在这个例子里，总成功人数为 33，除以组别数 3，即预期范围等于 11。期望值是指在三组参与者之间没有任何差异的条件下所预期的成功人数的值。

图 2.8 展示了数据格式和 CHITEST 函数的输出结果。在这个例子中，造成这种结果的数据分布由随机因素决定的概率约为 2.9%（0.028856）。因为这一数值小于 0.05（95% 置信水平），我们就有理由认为：三组参与者的成功率之间在统计上存在显著差异。

C7 =CHITEST(B2:B4,C2:C4)

	A	B	C	D
1	**Group**	**Observed**	**Expected**	
2	Novice	6	11	
3	Intermediate	9	11	
4	Experts	18	11	
5	**Total**	**33**	**33**	
6				
7		Chi Test	0.029	

图 2.8 样例数据：Excel 中卡方检验的输出结果。

在这个例子中，我们仅检验了成功率在单一变量（经验水平）下的分布情况。在另外一些情况下，我们可能需要检验多个变量，例如，不同经验水平和设计原型。可以按照同样的方法进行这种类型的检验。图 2.9 展示了基于两不同变量的数据：组别和设计。第 9 章介绍了一个更详细的卡方检验的例子，考察某在线网站两个备选网页所产生的数据（所谓的 A/B 测试）之间是否存在差异。

	C13	▼	f_x	=CHITEST(B3:C5,B9:C11)	
	A	B	C	D	
1		*Observed*	*Observed*		
2	Group	**Design A**	**Design B**		
3	Novice	4	2		
4	Intermediate	6	3		
5	Expert	12	6		
6					
7		*Expected*	*Expected*		
8	Group	**Design A**	**Design B**		
9	Novice	5.5	5.5		
10	Intermediate	5.5	5.5		
11	Expert	5.5	5.5		
12					
13		Chi Test	0.003		

图 2.9 样例数据：Excel 中两个变量的卡方检验的输出结果。

2.7 用图形化的方式呈现数据

即使我们收集和分析的一组可用性数据是当前最好的，但如果不能就这些数据与他人进行有效的交流，那么这些数据的价值就无法得以体现。在某些情况下，数据表当然有用；但在大多数情况下，我们需要用图形化的方式呈现数据。介绍如何设计数据图的优秀著作有很多，其中包括 Edward Tufte（1990，1997，2001，2006）、Stephen Few（2006，2009，2012）和 Dong Wong（2010）的著作。在本节中，我们的目的是简单地介绍一些在设计数据图时需要遵循的重要原则，特别是与用户体验数据相关的。

本节将围绕绘制下列五种基本数据图的技巧和技术来展开介绍。

柱形或条形图（Column or bar graphs）
折线图（Line graphs）
散点图（Scatter plots）
饼图（Pie charts）
堆积柱形图（Stacked bar or column graphs）

在接下来的内容中，我们将通过举一个正例（good example）和反例（bad example）的方式来介绍不同类型的数据图。

关于数据图形化的一般建议或技巧

为坐标轴和单位添加标签。研究者很清楚数据中的0%至100%表示的是任务完成率，但他的读者或许不清楚这一点，或者研究者知道图中显示的时间单位是分钟，但是他的受众却可能认为这个单位是秒或小时。有时候，坐标轴上的标签已经能够清晰地标识刻度的含义（如"任务1"和"任务2"）。在这种情况下，给坐标轴本身加标签（如"任务"）将是多余的。

不要过分地强调数据的精确性。将时间数据标识为"0.00"秒至"30.00"秒，或者将任务完成率标识为"0.0%"至"100.0%"是不恰当的。在大多数情况下，整数是最好的形式。当然也有例外，包括一些严格限定在一点范围内的度量和一些几乎总是以小数形式出现的统计值（如相关系数）。

不要单独使用颜色传达信息。当然，这一点对任何信息显示的设计来说都是通用的原则，但它仍然值得强调。颜色常常被用于数据图的设计，但是请确保要辅以位置信息、标签或其他线索信息，以帮助那些不能清晰分辨颜色的人理解数据图。

尽可能呈现置信区间。这一点主要适用于使用条形图和折线图呈现参与者数据平均值的时候（时间、评分等）。通过误差线（error bars）呈现平均数的95%或90%置信区间是一个以视觉化表示数据变异性的好方法。

不要使图表承载过多的信息。即使能够将新手与老手参与者在20个任务上的任务完成率、错误率、任务时间和主观评定都整合到一张数据表中，也不意味着就应该这么做。

慎用三维图。如果研究者非常想用三维图，请仔细考虑它是否真的有帮助。在很多情况下，使用三维图将会使人难以看清标识上的数值。

2.7.1 柱形图或条形图

柱形图和条形图（见图2.10）是基本相同的，唯一的差别就是它们的朝向不同。从技术上说，柱形图是竖直的，而条形图是水平的。在实际使用中，大多数人会把两种类型的数据图统称为条形图，我们也会这么做。

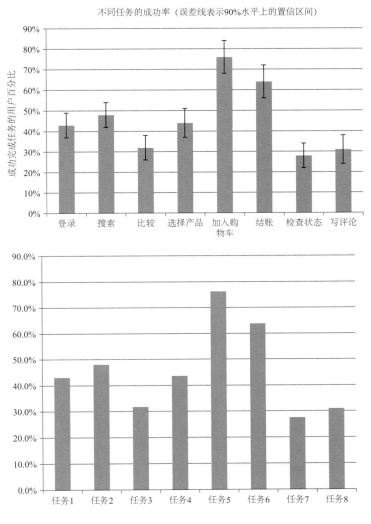

图 2.10　样例数据：使用条形图来呈现相同数据时的正例和反例。反例（位于下方的图）存在的问题有：没有添加数据标题；没有显示置信区间；纵轴刻度使用了过高的精确度。

　　条形图可能是呈现可用性数据时最常用的方式。在我们所见过的可用性测试数据的呈现中，几乎至少都要包括一个条形图，无论用其来呈现任务完成率、任务时间、自我报告数据还是其他内容。下面是使用条形图的一些原则。

- 条形图适用于呈现离散变量或类别（如任务、参与者、设计等）上的连续数据数值（如时间、百分比等）。如果两个变量都是连续的，那么折线图更适合。
- 连续变量的坐标轴（见图 2.10 的纵轴）通常需要从 0 开始标识。条形图背后的整体逻辑是：条形的长短表示数值大小。如果坐标轴不以 0 为起点，就可以任意选择条形的长短尺寸。图 2.10 中的反例给人这样一种假象：任务间的差异较大，大于它们之间实际的差异。一种做法可能摒弃这种假象，在图中标注误差线，这样能够使人分清哪些差异是真实的，而哪些不是。

- 不要让连续变量的坐标轴高于其理论上可能的最大值。举例来说，如果你要呈现出成功完成每个任务的用户百分比，理论上的最大值为 100%。如果某些值接近最大值，特别是在呈现误差线的条件下，Excel 和其他软件包会自动提高刻度（高于最大值）。

2.7.2　折线图

折线图（见图 2.11）常用于显示连续变量的变化趋势，特别是随时间变化的趋势。在呈现可用性数据中，虽然折线图不如条形图常用，但是它也有自己的作用。以下是使用折线图的一些关键原则。

- 折线图适用于呈现这样的数据：一个连续变量（如正确率、错误数等）是另一个连续变量（如年龄、实验试次等）的函数。如果其中一个变量是不连续的（如性别、参与者、任务等），那么采用条形图则更适合。

- 呈现数据点。真正重要的是实际的数据点，而不是线条。线条的意义只是把数据点连接起来，以使数据所表现出来的趋势更明显。在 Excel 中，可能需要增大数据点的默认尺寸。

- 使用适当粗细的线条使之更清晰。太细的线条不仅难以看清，而且难以分辨颜色，并且还有可能暗示数据的精确度比实际的精确度要高。在 Excel 中，可能需要提高线条的默认宽度（磅数）。

- 如果线条数量大于 1，请为每条线条添加图例说明。在一些情况下，手工将图例的各标签移进数据图形中并将其放在各自对应的线条上，会使图形更清晰。要做到这一点，必须借助 PowerPoint 或其他绘图软件。

- 与条形图类似，折线图的纵轴通常也从 0 开始，但是在折线图中，这一点并不是必要的。条形长度对条形图来说是十分重要的，折线图中没有使用这样的条形，因此，纵轴有时以一个较高值为起点可能更适合。在这种情况下，需要恰当地标记纵轴。传统的方法是在坐标轴上做出"中断"标记（⌇），这也需要在绘图软件中进行。

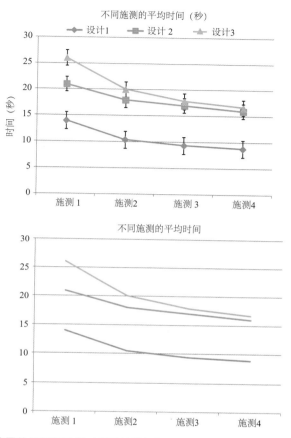

图 2.11　样例数据：折线图的正例与反例（所用的数据相同）。反例（位于下方的图）存在如下问题：没有标注纵轴；没有标识出数据点；没有包含图例；没有显示置信区间；所用线条宽度（磅数）太小。

折线图与条形图的对比

有些人可能碰到这种情况：呈现一组数据时，很难决定是使用折线图合适还是使用条形图合适。我们见过的数据图形化的例子中，最常见的错误是在使用条形图更合适的时候却使用了折线图。如果考虑使用折线图呈现数据，可以先问自己一个简单的问题：数据点之间的连线有意义吗？换句话说，即使在这些连线位置中添加了数据，它们就会有意义了吗？如果它们没有任何意义，那么使用条形图更合适。

例如，从技术上讲，以折线图的形式呈现图 2.10 中的数据是可能的，如图 2.12 所示。然而，我们要思考诸如"1½ 任务"或"6¾ 任务"是否有意义，因为连线线条暗示它们应该有意义。很显然，它们是无意义的，因此，条形图是更合适的呈现方式。折线图可能会让图形的变化趋势引起读者的兴趣，但这种标识方式是有误导性的。

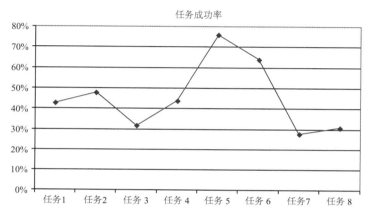

图 2.12　对图 2.10 所示的数据所做的一种不恰当的折线图。线的走势似乎说明不同的任务是连续的，但实际不是。

2.7.3　散点图

散点图（见图 2.13）也被称为 X/Y 图，用来显示成对的数值。虽然它们在可用性报告中并不常见，但在某些特定的情况下，它们是非常有用的。以下是使用散点图的一些关键原则。

- 要图形化的数据必须是成对的。一个经典的例子是一组人的身高和体重。每个人显示为一个数据点，而两个轴则可以分别是身高和体重。
- 在通常情况下，两个变量是连续的。在图 2.13 中，纵轴表示 42 个网页视觉吸引度评价的平均值（来自 Tullis & Tvullis，2007）。虽然标度最初只有四个值，但其平均值接近于连续。水平轴表示网页上最大非文本图片的大小（单位为 k 像素），是真正的连续变量。
- 使用适当的刻度。在图 2.13 中，纵坐标轴上的值不能低于 1.0。因此，合适的做法是以这一点为起点，而不是以 0 为起点。

- 以散点图的方式呈现数据通常是为了显示两个变量之间的关系。因此，在散点图上添加趋势线通常是有帮助的，就如图 2.13 中正例所显示的那样。研究者可能需要加入 R^2 值以表示拟合度（the goodness of fit）。

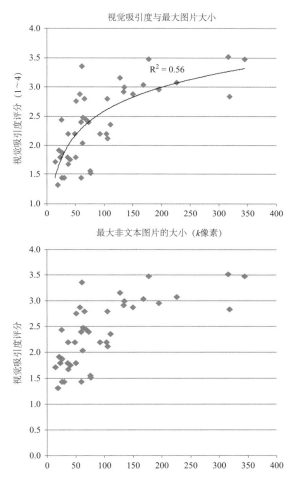

图 2.13　基于相同数据而绘制的散点图正例（上方）与反例（下方）。反例中存在如下问题：不合适的纵轴刻度，没有标示视觉吸引度评价的评分范围（1~4），没有标示趋势线，没有标示拟合度（R^2）。

2.7.4　饼图或圆环图

饼图或圆环图（donut charts）（见图 2.14）显示了整体的各部分或相应的百分比。当要显示整体中各部分的相对比例（比如，在可用性测试中，有多少参与者成功完成、失败或者直接放弃某个任务）时，这两种图形是非常有用的。以下是使用饼图和圆环图的一些关键原则。

- 饼图或圆环图仅适用于各部分相加为 100% 的数据。研究者需要考虑各种情况，在某些条件下，这意味着要创造一个表示"其他"的类别。
- 使饼图或圆环图中分割的块数最小。即使反例（见图 2.14）的做法在技术上是正确的，但是它几乎没有带来任何实际的意义，因为它分割的块数过多。使用时，请尽量不要超过六个组块，就像正例中所做的一样，逻辑化地组合各组块，可以使结果更加清晰。
- 在几乎所有的情况下，都要提供每个组块的百分比和标签。通常，它们应与各块相邻近，有必要的话可以用导引线连接。为了避免重叠，有时候研究者还必须手动调整相关标签。

页面可达性错误数（accessibility errors）的百分比

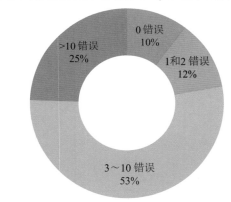

页面可达性错误数（accessibility errors）的百分比

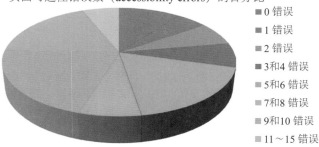

图 2.14　基于相同数据而绘制的饼图或圆环图正例（上方）与反例（下方）。反例的错误包括：组块或模块过多，图例放置位置较差，没有显示各组块的百分比，使用了 3D 图（在这种情况下绘制这种图形的人应该"挨打"）。

2.7.5 堆积条形图

堆积条形图（stacked bar graphs）（见图 2.15）本质上是多个显示为条形图的饼图。假如有一系列的数据集，且每一个数据集都代表总体数据的一部分，那么使用这种类型的图形是合适的。在用户体验数据中，最常见的是呈现每个任务不同的完成情况。以下是使用堆积条形图的一些关键原则。

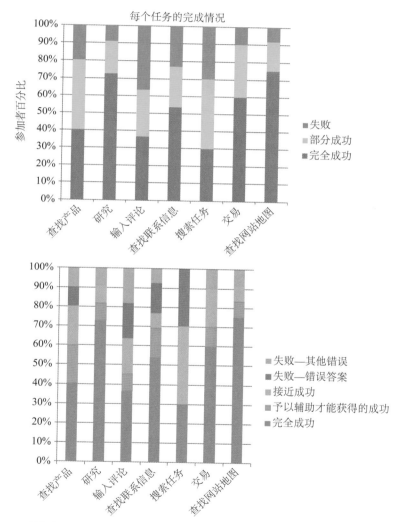

图 2.15 基于相同数据而绘制的堆积条形图正例（上方）和反例（下方）。反例存在如下问题：分割的组块过多、颜色编码糟糕、没有标示纵轴标题。

- 与饼图类似，堆积条形图仅适用于每个条目的各部分相加为 100% 的情况。

- 系列中的条目通常是分类别的（如任务、参与者等）。

- 使每个条形中的分割组块数最小化。如果每个直条分割的组块数超过三个，就会给解释带来困难。恰当的做法是合并某些部分。

- 尽可能使用受众熟悉的颜色编码习惯。对许多美国读者来说，绿色是好的，黄色表示临界状态，红色是不好的。如图 2.15 所示的正例，利用这些用户习惯的编码方式会有帮助，但是不能单纯依赖它们。

2.8 总结

综上所述，本章主要介绍的是如何了解数据。对数据越了解，就越可能清晰地回答自己的研究问题。以下是本章一些关键点的小结：

1. 了解数据对分析结果是至关重要的。研究者手头上数据的具体类型决定了能（与不能）使用的统计方法。

2. 称名数据是使用类别性质的，例如：二分式任务成功/失败，或男性/女性。称名数据通常用频率或百分数来表示。可以用卡方检验来了解频率分布是否是随机的，或用来了解这种分布模式是否具有一些潜在的意义。

3. 顺序数据是排序形式的，如可用性问题的严重等级评价。顺序数据分析时也要使用频率，并且也能用卡方检验来分析其分布模式。

4. 等距数据是连续数据，各点之间的距离大小是有意义的，但没有绝对零点。SUS 分数就是一个例子。等距数据可以用平均数、标准差和置信区间来描述。同一组用户内（配对样本 t 检验）或不同组用户间（独立样本 t 检验）的平均数，都可以进行比较。方差分析（ANOVA）用于比较两组以上的数据。相关分析用于检验变量之间的关系。

5. 比率数据与等距数据类似，但具有绝对零点。完成时间就是一个例子。本质上，适用于等距数据的统计方法同样也适用于比率数据。

6. 在可以计算平均数的任何时候，都可以计算这个平均数对应的置信区间。在表示平均数的图形上可以呈现置信区间，这可以帮助读者了解数据的准确性，而且使他们很快了解平均数之间的差异性。

7. 当使用图形化的方式呈现数据时，需要选择适当的类型。条形图适用于类别数据，而折线图适用于连续数据。饼图或堆积条形图适用于数据之和为 100% 的数据。

第3章
规划

充分准备是任何成功的用户体验研究的关键。即使在本章中没有其他收获，我们也希望读者能记住进行一个用户研究时要提前做准备，尤其是在涉及数据收集的环节更应如此。

在规划任何用户体验研究时，都必须明确几个宏观的问题。首先，研究者需要确定想通过研究达成哪些目标。例如，是否想尝试优化一项新功能的用户体验，或者是否打算给一个已有产品确定一个用户体验基线？其次，需要了解用户的目标。用户是否只是想简单地完成一个任务，然后就停止使用此产品，还是他们会在日常活动中多次使用该产品？了解研究的目标和用户的目标可以引导我们选择正确的度量。

许多实际操作的细节也是同样必要的。比如，研究者必须决定一种最有效的评估方法：多少个参与者就足够获得可靠的反馈，收集度量会如何影响时间安排和预算，以及如何选取最合适的方法去收集和分析数据等。通过回答这些问题，研究者将为开展任何与度量相关的用户体验研究做好充分的准备。最终，将有可能节省时间和费用，并使产品具有更大的影响力。

3.1 研究目标

在规划用户体验研究时，首先需要做的决定是数据最终如何在产品开发生命周期中使用。本质上有两种方式可用于用户体验数据的使用：形成式（formative）和总结式（summative）。

3.1.1 形成式可用性

当进行一个形成性研究时，用户体验专家很像一个厨师，在菜肴的准备过程中定期检查并做出对最终结果有积极影响的调整。厨师可以加一点盐，然后多放一点香料，最后在上桌前加少量辣胡椒。厨师定期评估、调整，然后再次评估。而形成式可用性研究与此如出一辙，用户体验专家，在形成产品或设计的整个过程中，在理想的情况下，要定期评估一个产品或设计，发现其中的缺点、提供修改建议，然后重复此评估、修改的过程，直至最终完成的产品尽可能地接近完美方案。

形成式可用性研究区别于其他类型可用性研究的是其迭代式的测试及其应用的阶段。其目标是在发布产品之前对设计进行改进，即发现或分析问题、提出修改建议，然后待完成修改后再次评估。形成式可用性研究总是在设计最终确定之前进行。事实上，越早进行形成式可用性研究，可用性研究对设计的影响就越大。

以下是通过形成性研究可以解答的几个重要问题。

- 有哪些最重大的可用性问题让用户无法完成他们的使用目标或导致效率低下？
- 产品的哪些方面使用户用起来感觉良好？哪些方面让他们觉得沮丧？
- 用户通常犯哪些最常见的失误或错误？
- 产品在经过一轮设计评估迭代后是否有所改进？
- 产品上市后可能还存在什么可用性问题？

最适合进行形成式可用性研究的条件，就是当一个明显能够改进设计的机会自己出现的时候。在理想情况下，设计流程允许多次的可用性评估。如果没有机会通过评估结果去影响设计，那么进行形成式测试很可能是浪费时间和金钱。虽然让大家认可形成式可用性研究的价值通常并不是一个问题。大多数人能明白它的重要性。最大的障碍常常是有限的预算或时间，而不是看不到形成式可用性研究的价值。

3.1.2 总结式可用性

继续我们关于烹饪的比喻，总结式可用性是在菜肴出炉后对其进行评估。可用性专家进行总结式可用性研究就像是一个美食评论家在一家餐馆对几款菜肴的样品进行品评，也许是在多个餐馆对同一款菜肴进行品评。总结式可用性的目标是评估一个产品或者一项功能与其目标结合得有多好。总结性测试也可以用于对多款产品的比较研究。形成性测试关注发现改进产品的方式或途径，而总结性测试注重的是根据一系列的原则标准进行评估。总结式可用性评估可以回答下列问题。

- 我们是否满足了这个项目的可用性要求？
- 我们产品的整体可用性如何？
- 我们的产品与竞争对手的产品相比如何？
- 跟上一版已发布的产品相比，新版产品是否有进步？

一次成功的总结式可用性测试通常会有一些后续活动。仅仅知道结果通常对大多数组织来说是不够的。总结式可用性测试可能发挥的作用或许是争取到经费以提升产品的功能，或许是发起一个新项目解决突出的可用性问题，或者甚至是对高层管理者将要进行评估的用户体验改动进行基线设定。我们建议在计划任何总结式可用性测试时都要同时考虑后续的活动。

形成式与总结式可用性测试

形成式与总结式这两个术语是从教学环境中演变而来的。教师基于正进行的课程，在课堂上进行测验（类似非正式观察和"突击考试"）被称为形成性评估，而总结性评估则是在某个时间段结束之后进行的（例如"期末考试"）。这两个词语最早用于可用性测试，源于英国约克大学一次会议上由 Tom Hewett 报告的一篇论文（Hewett，1986）。那也是我们中的一人（Tullis）第一次遇见 Tom Hewett，因为我们是会议上仅有的两个美国人！至今我们仍是很好的朋友。

3.2 用户目标

当计划一个可用性研究时，研究者需要了解用户和他们使用产品的目的。例如，用户是否因为工作要求被迫每天使用该产品？用户可能只使用此产品一次或仅仅数次？他们是否经常使用此产品作为一种娱乐活动？了解用户在意什么是至关重要的。用户是否仅仅只想完成一项任务，还是完成任务的效率是最主要的？用户是否在意产品设计的美观？所有的这些问题都可以归结到测量用户体验的两个主要方面：绩效和满意度。

3.2.1 绩效

绩效与用户使用产品、与产品发生交互所做的所有工作都有关。它包括测量用户能成功完成一个任务或完成一系列任务的程度。许多关于任务绩效的测量也是非常重要的，包括完成每个任务的时间、完成每个任务所付出的努力（比如鼠标的点击数或认知努力的程度）、所犯错误的次数及成为熟练用户所需的时间（易学性）。绩效测量对很多产品和应用都至关重要，尤其是对那些用户无法选择其使用方式的产品（比如公司的一些内部应用软件）。如果用户们在使用一个产品时无法完成一些关键任务，那么这个产品很可能会失败。第 4 章会介绍不同类型的绩效度量。

3.2.2　满意度

满意度与用户接触和使用某产品时所说和所想的一切有关。用户也许会报告说产品使用起来很容易、很让人迷惑，或者超出了他的预期。用户也许会觉得产品在视觉上很吸引人或不太可信赖。用户的满意度包含许多方面。满意度（以及许多其他用户自我报告式的度量）对那些用户有很多使用选择的产品来说是非常重要的。对大多数网站、应用软件和消费类产品尤其如此。满意度度量会在第 6 章中介绍。

绩效与满意度是否总是相互关联的？

也许挺让人吃惊的，绩效和满意度并非总是紧密相关的。我们曾经看到很多类似的例子，一个用户在完成一个产品的一些关键任务时非常困难，但是最后却给出了相当高的满意度评分。相反，我们也曾看到过用户对一个产品的满意度评分很低，但是这个产品却非常好用。所以，在获得用户体验的总体和准确评估时，绩效和满意度度量两方面都需要考虑，这是很重要的。我们对两种绩效指标（任务成功率与任务完成时间）和满意度指标（任务容易度评分）之间的关系很感兴趣。因此，我们观察了曾经进行的 10 项可用性研究的数据。每项研究的参与者从 117 名到 1036 名不等。与预期的一样（时间越长，满意度越低），大多数任务完成时间与任务评分之间呈负相关，不过相关系数从 -0.41 到 0.06 不等。而任务成功率与任务评分之间基本都呈正相关的，相关系数从 0.21 到 0.65 不等。以上数据展示了绩效与满意度之间的关系，但也并非总是如此。

3.3　选择正确的度量：10种可用性研究

在为可用性研究选择度量时，需要考虑很多方面的问题，包括研究目标、用户目标、现有收集和分析数据的方法技术、预算以及交付结果的时间。因为每一个可用性研究都有其特有的属性，我们无法为每一个类型的可用性研究精确地指定度量。作为替代的是，我们鉴别出 10 种主要的可用性研究类型，并针对每种类型提出了与度量相关的建议。我们提供的建议仅仅供读者在进行一个具有一系列类似特性的可用性研究时参考。相反，一些也许对读者的研究非常重要的可用性度量可能没有列入其中。同样，我们也强烈建议读者深入挖掘原始数据，并发展出新的对项目目标更有意义的度量。十种常用的可用性研究场景见表 3.1。通常使用的或适合每个可用性研究场景的度量也在其中列出来了，后续部分将分别详细讨论这 10 种场景。

表 3.1　10 种常用的可用性研究场景和最适用的可用性度量

可用性研究场景	任务成功率	任务完成时间	错误	效率	易学性	基于问题的度量	自我报告式的度量	行为和生理度量	组合与比较式度量	在线网站的度量	卡片分类数据
1. 完成一个业务	X			X		X	X			X	
2. 比较产品	X			X			X		X		
3. 评估同一产品的使用效率	X	X		X	X		X				
4. 评估导航和／或信息架构	X		X	X							X
5. 增加产品知晓度							X	X		X	
6. 问题发现						X	X				
7. 使关键产品的可用性最大化	X		X	X							
8. 创造整体正面的用户体验							X	X			
9. 评估微小改动的影响										X	
10. 比较替代性的设计	X	X				X	X		X		

3.3.1 完成一个业务

许多可用性研究旨在使业务进行得尽可能顺畅。这些业务的形式可能是用户完成一次购买交易、注册一个新的软件或者重置密码。一次业务通常有清晰界定的开始和结束状态。例如，在一个电子商务网站上，一次业务可以开始于用户将选择的货物放在他的购物车内，结束于他在确认界面上完成这次购买。

也许研究者所关注的第一个度量是任务成功率，每一个任务都被标记为成功或失败。显然，所有的任务都需要有一个可清楚定义的结束状态，比如确认业务已成功完成。

报告成功完成任务的参与者百分比是测量业务整体有效性的一种非常好的方式。如果业务发生在网站上，一些在线网站的度量（例如，源于某个业务的流失率）是非常有用的。通过了解用户是在哪个环节流失的，研究者就能将注意力集中在业务流程中问题最严重的步骤上。

计算问题严重性有助于缩小一次业务完成中存在的特定可用性问题的范围。通过对每一个可用性问题确定严重性等级，研究者就能集中关注业务实施中高优先级的问题。两类自我报告式的度量也十分有用：再次使用的可能性和用户期望。如果用户能选择在哪里进行业务的操作，在这种情况下，了解他们有什么样的体验就很重要了。最好的了解方式之一就是问参与者他们是否会再次使用这种产品，以及该产品是否达到或超过了他们的期望。当用户必须多次重复完成同一种任务时，效率是一种合适的度量。效率通常用于衡量单位时间内的任务完成率。

3.3.2 比较产品

与竞品或上一版产品相比，目标产品表现如何？了解这一信息通常是很有用的。通过进行比较，可以确定目标产品的优点和缺点，以及这一版产品与上一版相比是否有改进。比较不同产品或同一产品不同版本的最佳方式是运用各种度量。所选择的度量类型需要基于产品本身。有的产品目标是效率最大化，而其他产品则要设法创造超凡的用户体验。

对多数产品而言，我们都会推荐三类常规度量来获知整体的用户体验。第一，我们建议关注一些任务成功率相关的测量。能够正确地完成一个任务对绝大多数产品而言是至关重要的，关注效率也十分重要。效率可以是完成任务时间、页面浏览的数量（就一些网站而言）或者是进行操作的步骤数。通过了解效率，我们可以对此产品使用起来的难易程度有一个很好的认识。一些关于满意度的自我报告式度量能提供给用户对该产品的整体使用体验。满意度测量对那些用户有多种选择的产品是最有意义的。最后，比较不同产品用户体验的最佳方式之一是组合与比较式的度量。这能让我们对不同产品的用户体验有一个清晰全面的了解。

3.3.3 评估同一种产品的使用效率

许多产品会被频繁或较频繁地使用，这样的产品包括微波炉、移动电话、工作场所使用的网络应用系统，甚至还有我们用来写这本书的软件程序。这些产品使用起来需要既简单又高效。发送一条短信或下载一个应用，完成这些任务所需的努力应该尽量最少。大多数人都没有时间和耐心去对付那些难用的产品。

我们首先推荐的度量是任务时间。测量完成一系列任务所需要的时间可以显示完成这些任务所需的努力程度。对绝大多数产品而言，完成任务的时间越短越好。由于有些任务本身就很复杂，因此比较参与者的任务完成时间与专家的任务完成时间是很有用的。其他效率方面的度量，比如完成任务步骤数或页面浏览量（就一些网站而言），也是有用的。在这类度量中，也许完成每一步骤的时间很短，但是在完成一个任务时却需要做很多相应的决策。

易学性度量评估的是达到最高效率需要多少时间或付出多少努力。易学性可以采用以上所讨论的各种效率度量的形式表示出来。在某些情形下，也可以用自我报告式的度量，比如知晓度（awareness）和有用性（usefulness）。通过比较用户对产品知晓程度和感知有用性之间的差距，将能够发现产品中需要提升或重点突出的方面。例如，用户也许对产品的某些部分知晓度较低，但是一旦他们使用了，他们会发现它非常有用。

3.3.4 评估导航和／或信息架构

许多可用性研究关注于改进产品的导航和／或信息架构。这对网站、软件程序、手机应用、消费类电子产品、交互式话音响应系统或者装置来说可能最常见。这可以包括如何确保用户可以快速和轻易地找到他们需要的内容、轻松地在产品模块间进行切换、知道他们当前在整个菜单结构中的哪个部分，以及清楚有哪些可选项。通常，这类研究都要使用到线框图或已实现部分功能的原型，因为导航、信息工作系统及信息架构对产品设计是如此重要，几乎在任何其他设计工作开展前都必须完成这部分工作。

评估导航的最佳度量之一是任务成功。让参与者完成一系列寻找某些关键信息的任务（类似寻宝 / 清障游戏），你就能了解产品的导航和信息架构设计是否合适了。所给的任务必须涉及产品的各个部分。有一个有用的用于评价导航和信息架构的效率度量被称为迷失度（lostness），它关注的是用户完成一个任务（如网页浏览）所用的实际步骤数（要与完成该任务所需的最小步骤数进行比较）。

卡片分类（card sorting）是一种非常有用的了解用户如何组织信息的方法。有一种卡片分类研究叫作闭环分类（close sort），就是让参与者将信息条目放入已定义好的类别中。从闭环分类研究中演化出的一种有用的度量是被放进正确类别中的信息条目占总条目数的百分比。这种度量反映的是产品信息架构设计是否直观。一些在线工具，如 Optimal Sort 和 Treejack（由新西兰的 Optimal Workshop 设计），可以帮助收集、分析此类数据。

3.3.5　提高知晓度

不是所有的设计进行可用性评估的目的都是让其更好用或效率更高。某些设计的改进是为了增加用户对某些内容或功能的知晓度（awareness）。这种改进对在线广告无疑是必要的，但是对那些某些功能重要但使用率很低的产品也同样是正确的。为什么产品有的部分没有被注意或使用，这可以有很多原因，包括视觉设计、标记或位置等。

首先，我们建议监测用户与产品中我们所关注的那些元素发生交互的次数。不过这不会是绝对准确无误的，因为参与者有可能注意到了我们所关注的元素，但是却没有去点击或者与之发生某种形式的交互。而相反的情况倒是不太可能发生的，即：没有注意到，却发生了交互。因此，这些数据能帮助研究者确认知晓度，但却无法证明缺少知晓度。有时候用自我报告式的度量让用户报告是否注意到或清楚某个特定的设计元素，是非常有用的。测量关注度（noticeablity）通常会向参与者指出某些元素，然后问他们是否在完成任务的过程中注意到这些元素。测量知晓度是在事后问参与者在研究开始前他们是否知道某个功能。然而，数据并不总是可靠的。所以，我们不建议把这种方式的知晓度作为唯一的测量手段，应该用其他来源的数据去补充。

记忆是另一种有用的自我报告式的度量。例如，可以给参与者展示多个不同的元素，其中只有一个他们在之前看到过，然后让他们选择哪一个是他们在完成任务时看到过的。如果他们在任务中注意到了这个元素，他们记得的可能性会大于随机猜测。不过，也许最好的测量知晓度的方法是借助现有的科技手段，通过使用行为和生理度量（如眼动追踪数据）来进行测量。运用眼动追踪技术，研究者能知道用户关注某个特定元素的平均时间、多少比例的参与者关注了该元素，甚至还可以知道用户平均用了多少时间才首次注意到此元素。另一个可以考虑的度量是在线网站数据的变化（就网站而言）。通过了解不同设计方案下网站流量模式的变化，可以帮助研究者确定相对知晓度。在线网站两种方案的同步测试（A/B 测试）正成为一种越来越普遍的测量小设计改动如何影响用户行为的方法。

3.3.6 问题发现

问题发现的目标是确定主要的可用性问题。在有些情况下，研究者也许对产品中有哪些严重的可用性问题没有任何先入之见，想知道什么让用户感觉到困扰。这种方法经常运用于那些以前没有经过可用性评估的现有产品。一个问题发现式的研究也可以用于定期检查用户是如何使用产品的。问题发现式的研究与其他可用性研究有一些不同，它通常是开放式的。问题发现式研究的参与者也许会自己制定任务，而不是被给予一系列指定的任务。使用这种方法很重要的一点是力求使用的真实性。这种研究经常会利用正在使用的产品和用户自己的账号去完成一些只与他们自己有关的任务。这种研究还包括在参与者自己的环境（比如家或工作地点）中评估产品。

因为完成的任务可能会不同，使用的情境也可能不同，所以在参与者之间进行横向比较也有困难。基于问题的度量也许最适用于问题发现了。假设研究者发现了所有的可用性问题，这样就很容易将这些数据转换为频次和类型。例如，研究者也许会发现 40% 的可用性问题属于高层级的导航及 20% 的可用性问题属于术语使用方面的问题。即使每个参与者发现的问题可能都不同，研究者依然能够总结出这些问题的大概分类。通过计算特定问题的发生频率和严重程度，就会知道有多少重复的问题被发现了。是发生一次的问题还是经常发生的问题？通过对所有的问题进行分类并给出严重性评分，研究者就可以迅速制定一个设计改进点的列表。

3.3.7 使应急产品的可用性最大化

有些产品是尽可能要使用起来简单高效的，比如手机或洗衣机，应急产品（critical product）是必须要使用起来简单高效的，比如心脏除颤器、投票机或飞机上的紧急出口指示。区分应急产品与非应急产品的标准是：应急产品的存在目的完全是为了让用户去完成一项十分重要的任务，不能完成这项任务将会导致非常严重的负面后果。

对任何应急的产品而言，测量可用性都是至关重要的。只是在实验室里进行少量用户测试还远远不够。重要的是用户绩效要能超过一个预定目标。任何不符合预定可用性目标的应急产品都必须进行重新设计。因为研究者必须对数据有相当的把握，所以可能得进行相对大量的用户测试。一项十分重要的可用性度量是用户错误，这可以包括用户在完成一个具体任务时所犯错误或失误的次数。错误并非总是可以很简单就能界定的，所以对如何定义一个错误需要特别注意，最好是可以很确切地界定什么构成了错误及什么没有构成错误。

任务成功也是重要的。对于应急产品，我们建议使用二分式成功。例如，对便携式心脏除颤器进行真实测试的目标就是用户可以自己成功地使用该产品。在某些情形下，研究者也许会希望将任务成功与多个度量结合起来，比如在特定时间范围内成功地完成任务且没有误操作。其他关于效率的度量也是有用的。在心脏除颤器的例子里，仅仅正确地使用是一回事儿，而在有限的时间内正确地使用就完全是另外一回事儿了。自我报告式的度量对应急产品来说相对不是那么重要。在这个情境下，用户自己认为怎么使用这个产品远不及他们实际的成功来得重要。

3.3.8 创造整体的正向用户体验

有些产品努力争取创造一种超凡的用户体验，而不是简单的好用。这些产品需要吸引人、激发情感、有趣，甚至还要能有点儿上瘾，美学和视觉吸引力通常也发挥了重要的作用。向朋友说起这些产品或者在聚会上提起这些产品，是不会感到跌份儿的。这些产品的受欢迎程度通常以惊人的速度在增长。即使构成非凡用户体验（great user experience）的因素是非常主观的，但依然还是可以测量的。

虽然一些绩效度量可能是有用的，但真正重要的是用户如何认为、如何感知、如何描述他/她的体验。在某些方面，这与测量关键产品的可用性相比正好是相反的角度。如果用户在开始费点劲儿，也不算糟糕得不得了，关键是用户在使用了一天以后是如何感觉的。在测量整体用户体验时，许多自我报告式的度量是必须考虑的。

满意度也许是最常见的自我报告式的度量，但不一定总是最好的。感觉"满意"通常是不够的。我们曾经使用过的最有价值的自我报告式度量之一是用户期望（user expectation）。最佳的用户体验是那些超越用户期望的产品。当参与者说一个产品使用起来比期望的更简便、更高效或更愉快时，你就会知道这个产品有门路了。

另一种类型的自我报告式度量与将来使用（future use）有关。例如，你也许会问一些关于购买的可能性、向朋友推荐的可能性或在将来使用的可能性的问题。净推荐值（Net Promoter Score）是一种广泛使用的，用以测量将来使用可能性的指标。另一种有趣的度量与用户可能有的下意识反应（subconscious reactions）有关。例如，如果想知道目标产品是否引人入胜，可以使用生理度量。瞳孔直径的变化可以用来测量唤醒水平；或者如果尝试尽可能地减少压力，可以测量心率或皮肤电阻率。

3.3.9　评估微小改动的影响

并非所有设计的改动都会对用户的行为有显著的影响。有些设计改动相对较小，对用户行为的影响也不那么容易被发现。但是只要有足够多的用户，微小的倾向对更大的群体用户来说也能有巨大的参考价值。微小的改动可以包括视觉设计的多个不同方面，比如字体选择、字体大小、界面元素放置的位置、视觉对比度、颜色以及图片的选择。非视觉设计的元素（比如对内容或术语的微小改动）也能对用户体验造成影响。

或许，源于 A/B 测试的实时现场度量（live-site metrics）是测量微小设计改动是否带来影响的最佳方法。A/B 测试是用一个控制设计方案去比较另一个替代方案。对网站来说，通常是分一部分网站流量到替代方案上，然后比较二者的流量或购买率。大样本的在线可用性研究也同样很有用。如果你不具备进行 A/B 测试或在线研究的技术条件，我们建议你使用 E-mail 和在线调查的方式从尽可能多的有代表性的参与者中获得反馈。

3.3.10　比较替代性的设计方案

最常见的可用性研究之一就是比较多种替代设计方案。典型的情况是，这些类型的研究通常都发生在设计过程的早期，在任何一种设计详细方案完成之前进行。（我们通常把这种方式叫作"设计烹饪比赛"。）不同的设计团队将有部分功能的原型放在一起，然后我们根据定义好的度量评估每一个设计方案。准备这样的研究可能需要一点技巧。因为这些设计方案常常十分相似，在测试不同设计方案的过程中，（对用户来说）很可能存在学习效应。让同一个参与者在所有的设计方案上完成同一个任务通常无法揭示有价值的信息，即使对设计方案和任务的测试顺序进行了平衡。

对这个问题有两种解决方式。一种方式是把这个研究设为纯粹的组间设计，即让每个用户只使用一种设计。这样能获取不受干扰的反馈数据，但是这明显需要更多的参与者。另一种方式就是，让参与者只使用一种主要的设计方案（设计方案在参与者之间进行平衡）完成给定的任务，然后展示其他替代的设计方案，让参与者给予喜好评价。这样就能从每个参与者那里得到对所有设计方案的反馈。

比较不同的设计方案时，最合适的度量也许是基于问题的度量。比较在不同设计方案上发生的高严重性问题、中严重性问题和低严重性问题的频次，能有效地帮助我们发现哪一个或哪一些设计方案更好用。在理想情况下，最终选择的方案是整体上发生问题较少且发生高严重性问题较少的设计。诸如任务成功和任务时间的绩效度量也是有用的，但是由于样本量通常较小，这些数据的价值通常比较有限。有两种自我报告式的度量在这里也是特别适用的。一种是让参与者选择他们将来更倾向于使用（作为一种迫选比较）哪一种设计原型。另一种是让参与者根据不同的维度（比如易用性、视觉吸引力等）对不同的设计原型进行评分，这也有助于发现问题。

3.4　评估方法

收集可用性度量最显著的特点之一就是不必拘泥于某一种特定类型的评估方法（比如，实验室测试、在线测试）。可用性度量几乎可以用任何一种评估方法获得。这也许很让人惊讶，因为通常有一种误解是可用性度量只能通过大规模的在线测试获得，其实不是这样的。

3.4.1　传统（引导式）的可用性测试

最常用的可用性测试方法是实验室测试，这需要相对较小的样本量（通常是 5 到 10 个参与者）。实验室测试是一对一的一种形式，即一个引导人员（moderator）（可用性测试专家）与一个参与者。引导人员对参与者提问，并让参与者在相应的产品上完成一系列既定任务。参与者通常在完成这些任务的过程中进行出声思维（thinking aloud）。引导或测试人员记录下参与者的行为和对问题的反馈。实验室测试在形成性研究中使用最适合，因为形成性研究的目标是进行迭代式的设计改进。所要收集的最重要的度量是关于可用性问题的，包括问题发生频次、类型和严重性。而且，采集诸如任务成功率、错误和效率等绩效数据也会有帮助的。

通过让参与者针对每个任务或在整个测试结束后回答问题的形式，也可以收集到自我报告式的度量。然而，我们建议在处理绩效数据和自我报告式数据时要十分小心，因为很容易在没有足够样本量的情况下将结果泛化到更大的用户群体上。事实上，我们通常只报告成功任务的频次或错误频次。我们甚至不会将这些数据以百分比的形式呈现出来，防止有的人（那些不熟悉可用性数据或方法的人）过于泛化这些数据结果。

可用性测试并非总是进行小样本的测试。在某些情况下，如对比性测试，也许需要花费更多的时间和经费进行更多参与者（大约 10~50 个用户）的测试。进行较多参与者测试的主要好处是随着样本量的增加，研究者对所得数据结果的把握程度也随之增加。这也将会使研究者有能力去收集更大范围的数据。事实上，所有的绩效度量、自我报告式度量和生理度量都是适用的。但是有几种度量使用起来需要注意。例如，通过实验室可用性测试数据推测网站流量模式很可能是非常不可靠的，考察微小设计改动如何影响用户体验的情形也是如此。在这些情况下，最好是进行有几百甚或几千名参与者参加的在线测试。

焦点小组与可用性测试

当第一次听说可用性测试时，有些人会认为这和焦点小组是一回事。但是，基于我们的经验，这两种方法的相似之处在于他们都邀请具有代表性的用户参与进来。在焦点小组中，参与者通常只是看某个人演示或描述一个潜在的产品，然后对此做出反应。而在可用性测试中，参与者要自己实际去尝试某一个版本的产品。我们看到过很多例子，一个产品原型在焦点小组中获得广泛赞许，但是却在可用性测试中表现拙劣。

3.4.2 在线（非引导式）可用性测试

在线研究通常有许多参与者同时进行测试。这是在相对短的时间内从不同地理位置的用户那里收集大量数据的非常好的办法。在线研究的准备通常与实验室研究类似，比如都有背景或筛选问题、任务和测试后问题等。参与者完成所有事先定义好的问题和任务之后，相关数据就会自动收集起来。通过这种方式，研究者可以采集大范围的数据，包括绩效度量和自我报告式度量。可能获取基于问题的数据有些困难，因为研究者无法直接观察参与者。但是通过绩效数据和自我报告数据可以发现问题，而用户的评价反馈则可以帮助推测产生这些问题的原因。Albert、Tullis 和 Tedesco（2010）进一步详细且深入地描述了如何规划、设计、实施以及分析一项在线可用性研究。

与其他的方法不同，在数据收集的数量和类型上，在线可用性测试给研究者提供了极大的自由。在线可用性测试既可以收集定性数据，也可以收集定量数据；既能研究用户的态度，也可以关注他们的行为（见图 3.1）。在线测试的焦点在很大程度上取决于项目的目标，而不是数据的种类和容量。虽然在线测试非常有利于收集数据，但当用户体验研究人员试图深入了解用户的行为和动机时，就不那么理想了。

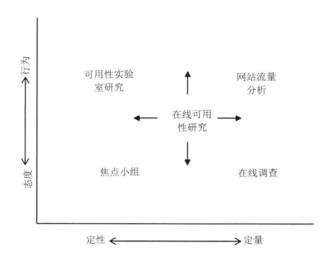

图 3.1　在线可用性测试工具与其他常见的用户研究方法配合使用。

在线可用性测试工具多种多样，但是，很少有不同类型的工具能够专门适用于用户体验的不同方面。图 3.2 展示了不同种类在线测试工具的分化。这些工具还在持续地更新，每天还会有新的工具在不断推出，它们有更多的功能和特点。

量化研究工具重点关注数据的收集。它们通常可以收集数量大于 100 的样本数据，并能够提供非常强大的分析和报告功能。

- 诸如 Keynote 的 WebEffective、Imperium 以及 Webnographer 等提供全面服务的工具，不仅可以全面帮助实施各种类型的在线测试，还可以针对在线测试的设计、结果的分析提供专家团队的支持服务。

- 诸如 Loop11、UserZoom 和 UTE 在内的自助式服务工具也为研究者们提供了丰富的功能性服务，同时也最大程度地减少了供应商的支持。它们正逐渐成为更强大、更易用的服务工具，并且成本很低。

- 卡片分类 /IA 工具可以帮助研究人员收集用户如何考虑和组织信息方面的数据。这些工具有 OptimaSort、TressJack 和 WebSort，都非常有用且易于设置，成本也不高。

- 调查对用户体验人员也越来越有用。诸如 Qualtrics、SurveyGizmo 和 SurveyMonkey 工具可以让研究人员把图像嵌入调查中，这样就可以收集到更丰富的自我报告式度量和其他有用的点击度量。

- 诸如 Chalkmark、Usabilla、ClickTale 以及 FiveSecondTest 等鼠标点击类工具能帮助研究者们了解用户使用鼠标在网页上点击和移动的行为。这些工具可以有效地探查用户对关键特征的觉察意识、导航的直观性以及什么内容最吸引用户的注意。

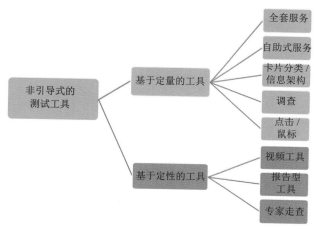

图 3.2 在线（非引导式）测试工具的分类。

基于定性的研究在线工具多被用于收集较小样本的用户与产品交互方面的数据。这些工具非常有利于了解用户遭遇问题的本质，同时也为可能的设计方案提供解决方向。这类工具的种类也非常多。

- 视频工具（如 UserTesting.com、Userlytics 和 OpenHallway）能够以视频文件的形式收集丰富的定性数据，即用户在使用产品过程中的体验。分析这些视频有利于研究人员收集绩效度量指标，如果工具的功能强大，还有可能收集自我报告式的度量。

- 报告型工具可以提供相应的研究报告，即用户在体验产品过程中的一言一语。虽然这些数据效果有限，但通过这些反馈进行文本分析，寻找可能的趋势或模式，还是切实可行的。

- 专家走查工具（如 Concept Feedback）能够将一组"专家"对产品的设计和可用性方面的建议反馈给用户研究人员。虽然这些反馈本质上已是典型的定性数据，但研究人员还是可以从每名走查人员那里收集自我报告式的度量。

先实施哪一个？实验室测试还是在线测试？

我们经常有这样的疑问，是应该先实施实验室研究，再进行在线研究测试，还是相反呢？关于这一点，双方各有一些强有力的理由。

实验室测试先于在线测试	在线测试先于实验室测试
先确认/解决"容易得到的果实"，再着眼于大样本的测试	先从在线测试中确认最关键的问题，再通过实验室研究深入分析解决这些问题
通过实验室测试形成新的概念、思路或者问题，再通过在线测试予以验证	收集更多的视频片段及用户评论有利于使度量生动起来
在实验室中观察到的态度或者喜好可以通过在线测试来验证	收集所有的度量以验证设计，如果测试结果好，则无须再进行实验室研究

3.4.3　在线调查

很多用户体验研究人员认为在线调查只适用于研究用户的喜好和态度，并且多由市场研究人员执行完成。但事实并非如此。例如，很多在线调查工具可以在问卷中插入图片（如原型设计）。因此，从包含图片的问卷调查中，我们也能获得用户对视觉吸引力、页面布局、预期可用性以及使用可能性等方面指标的反馈。我们发现在比较不同视觉设计、测量不同网页的满意度甚至是对不同导航结构的操作等方面，在线调查都是一种快速简单的方法。如果研究者不需要用户直接使用产品，那么在线调查就可以满足测试需求。

在线调查的主要缺点就是来自每个参与者的数据用起来都有一定限制，但这一点可以通过大样本量来弥补。所以，只要能满足目标，在线调查的工具就可以作为一个备选方案。

在线问卷调查中与设计图的互动

有些在线调查工具可以让用户与图片有某种程度上的互动。这非常令人激动，因为这意味着研究者可以要求用户点击图片上最有用（或者最没用）的区域或完成一些特定的任务等。图3.3展示了一项在线测试的鼠标点击轨迹图。它展现了用户开始一项任务时，鼠标点击的位置分布。除了从图片上收集数据，研究者也可以控制图片呈现的时间。这对研究用户对视觉设计的第一印象或者研究用户是否注意到某些特定的视觉元素（有时这被称为"眨眼测试"）都是非常有帮助的。

图 3.3　使用 Qualtrics 调查工具生成的点击热区图示例。

3.5　其他研究细节

在规划一个可用性研究时，许多其他细节也是需要考虑的。几个需要注意的重要问题是预算 / 时间表、评估方法、参与者、数据收集和整理。

3.5.1　预算和时间表

使用度量进行一个可用性研究的时间和花费取决于评估的方法、度量选择和现有的工具。要我们对任何一种具体类型的可用性研究的费用或时间提供即使较粗略的估算，这也是不太可能的。我们能做到的最好的就是提供几条通用的经验法则来估算几种常见类型研究所需的时间和花费。当进行这些估算的时候，我们建议研究者详细考虑所有可能影响可用性研究的因素，将估算结果与商业资助者（或任何给研究提供经费的人）尽早进行沟通。而且，对估算的时间和经费增加至少 10% 的富余量是明智之举，要知道也许有不可预见的花费和延误。

如果研究者在进行一个小样本参与者（10 名或以内）的形成性研究，度量的收集应该对整体的时间表或预算没有什么影响，即使有，也非常小。对任何这类研究来说，在收集和分析关于问题发生频次和严重性的基本度量时，应该只需要最多增加几个小时。

一旦完成研究，给自己一点时间来分析数据。如果研究者还不是十分熟悉这些度量的收集，给自己一点额外的时间便于在进行测试前确定（测试）任务和设定问题严重性评分的规则。因为是一个形成性研究，所以需要尽一切力量将研究发现尽可能快地反馈给相关人（利益相关者），以影响下一个设计迭代而不延误项目进度。

就进行一个较大样本（通常超过 12 人）的实验室测试来说，所选择的度量可能会对预算和时间表产生更大的影响。最显著的费用影响可能是招募更多的参与者及支付参与者报酬而带来的额外费用。这些花费取决于参与者是什么类型的人（比如，公司内部或外部的人）、参与者是如何招募的，以及测试将在当地实验室还是以远程方式完成。对时间表影响最显著的可能是完成较大样本参与者所需要增加的测试时间。这取决于公司的成本核算或计费模式，也许还会因为可用性测试专家工作时间的增加而带来额外的成本，而且要记住，研究者还需要额外的时间来整理和分析数据。

进行在线（非引导式）研究在花费和时间方面是很不同的。典型情况是，大约一半的时间都用在准备上，包括甄选和验证测试任务、设计问卷问题和量表、评估原型或设计方案、甄选和 / 或招募参与者以及编写在线研究脚本。不像在传统实验室测试中大量的时间用在收集数据上，在线研究在可用性测试专家采集数据方面所用时间很少（如果需要的话）。有了在线可用性测试技术，研究者只要简单地启动一个按钮，监控数据即可自行导入。

还有一半时间用于整理和分析数据。大家常常会低估这部分工作所需要的时间。原始数据（格式）常常不适合用于分析。例如，研究者需要过滤掉极端值（尤其是当收集任务时间时）、检查数据是否不一致、基于原始数据编写新的变量（比如把自我报告数据创建成评分前两位的变量）。我们发现可以在 100~200 人时（person-hour）内完成一个在线测试研究，这包括从研究规划到数据采集、分析和呈现的所有工作量。根据不同的研究内容，这个估算最多可以有上下 50% 的浮动。有关更多的细节，可以在 *Beyond the Usability Lab: Conducting Large-scale Online User Experience Studies*（Albert，Tullis，& Tedesco，2010）中找到。

3.5.2 参与者

在任何可用性研究中特定参与者的选择都对结果有重要的影响。因此，要在研究中尽可能仔细地计划好如何招募到最有代表性的参与者，这是至关重要的。无论是否收集相关度量数据，招募参与者的步骤在本质上都是一样的。

首先是确定招募的标准，以判断某个用户是否适合参加研究。招募标准应该尽可能详细而精确，以减少招募人选不符合要求的可能性。我们甄选参与者常常基于许多特征，比如他们使用网络的经验、距离退休的时间或具有各种金融交易的经验等。作为选择标准的一部分，可以对参与者进行分类，比如，可以选择几个新手用户，也可以选择几个对现有产品有经验的参与者。

在确定招募的标准后，还要弄清楚需要的样本量。一个可用性测试到底需要多少个用户，是本领域内最有争议的话题之一。许多因素都影响该决定，包括用户群体的多样性程度、产品的复杂程度以及研究的具体目标。但是作为一个经验法则，在形成性研究中，对每一次设计迭代的评估，6 到 8 人的样本量是合适的。最重要的可用性发现通常会在大约前 6 个参与者的测试过程中被观察到。如果目标用户群有几种类型截然不同的群组，那么有必要在每个群组中至少安排 4 个参与者。

对总结性研究，我们建议每个不同的用户群组收集 50 到 100 名典型用户的数据。如果缺少时间或资源，可以只进行 30 个用户的研究，但是数据的差异性会十分大，这样就难以将发现的结果推广到更大范围的群体上。就对微小设计改动的影响进行测试的研究来说，最好进行每个群组至少 100 个用户的测试。

在确定样本大小后，需要制定招募的策略。本质上是研究如何让人们来参加研究。也许可以从顾客数据中生成一份可能的参与者名单，然后提供一份筛选问卷给招募者联系用户时使用。也可以通过 E-mail 联系人列表发送招募邀请，可以通过一系列背景问题去筛选或甄别参与者，或者让第三方公司来帮研究者处理所有用户招募的事宜。有些第三方公司有很大的用户数据库可利用。也有其他选择存在，比如在网上发布一个招募的帖子，或发 E-mail 给某组潜在参与者相关的消息。不同的策略适合不同的组织。

地理位置重要吗？

招募用户时最常见的问题是，我们是否需要从不同的城市、地区和国家中招募？答案通常都是否定的，地理位置对可用性数据的收集无关紧要。纽约的用户所面临的可用性问题不会与芝加哥、伦敦甚至是华盛顿沃拉沃拉的用户有太大的区别。但是，也存在一些例外，如果所评价的产品在某一地区具有很高的占有率，那么就有可能产生偏差。例如，如果在沃尔玛的家乡——阿肯色州的 Benton 评估 Walmart.com，那么将很难得到中立的、没有偏差的结果。此外，位置可能会影响某些产品的用户目标。例如，如果想要评估一个服装电商网站，那么可能需要从来自郊区或城市甚至不同国家的用户中收集不同的数据，因为他们的需求和偏好都有所不同。即使地理位置不会对可用性测试产生影响，很多客户依然选择在不同的地区进行产品的评估，因为这可以避免高层管理人员质疑测试结果的有效性。

3.5.3 　数据收集

考虑一下数据将被如何采集是很重要的。研究者应该提前计划好如何获取研究所需要的所有数据。这些决定也许会对之后进行数据分析所需的工作量有重大影响。

就较小样本的实验室测试来说，用 Excel 软件收集数据很可能就足够了。确保事先有一份模板来快速记录测试中的数据。在理想情况下，这种测试会有一个专门的记录员或其他人在单向玻璃后进行快速记录，而不是测试引导人员（即主试）本人。我们建议最好尽可能地以数字的形式进行记录。例如，如果记录任务成功率，最好将成功标记为"1"、失败标记为"0"。以文本形式记录的数据最终还要被转化，但用户的评价反馈除外。

在获得数据时最重要的是，可用性测试团队中的每个人都非常清楚记录的编码方案。如果任何人冒失地弄错量表（将高低值混淆）或不知道如何记录某些变量的数据，研究者将不得不要么重新编码，要么放弃这些数据。我们强烈建议对那些记录数据的人进行培训。就算是把它当作便宜的保险来保证最后可以得到完整准确的数据吧。

对于有大量参与者参加的研究，可以考虑使用专门的数据采集工具。如果进行在线测试，数据通常都是被自动收集的。研究者也有可能选择将原始数据导入 Excel 中或者各种统计软件中（如 SAS 和 SPSS）。

3.5.4 　数据整理

在一般情况下，收集到的数据都无法马上用来做分析，通常需要进行一定程度的处理才能做快速简单地分析。数据整理可以包含以下步骤。

- **筛选数据**。检查数据中是否有极端值出现。最有可能出现极端值的是任务完成时间（就在线研究而言）。有些用户会在研究中途出去吃午饭，这样他们的任务时间会异乎寻常的大。而另外有些用户可以用短得几乎不可能的时间完成任务，这可能是一种假象，即用户没有完全、真正地投入。一些基本的筛选时间数据的原则在 4.2 节中总结了。研究者还需要考虑过滤掉那些不符合目标用户的数据或有其他外界因素干扰结果的数据。我们曾经碰到过数次可用性测试被火警演习打断的情况。

- **创建新变量**。在原始数据上创建新变量十分有用。例如，研究者也许需要为自我报告式评分创建一个得分排名处于前两位的新变量，即计算给出这两项最高得分的用户有多少。也许会将所有成功的数据合计为一个可以表示所有任务的总体成功平均值。或者需要用 z 分数变换将几个可用性度量进行合并（见 8.1.3 节的描述）以创建一个总体可用性得分。

- **检验应答**（verifying response）。在某些情况下（尤其是在线研究），可能需要检验参与者的应答。例如，如果很大比例的参与者都给出相同的错误答案，这就需要做深入分析。

- **检查一致性**。确保正确采集数据是很重要的。一致性检查可以包括将任务完成时间和成功率与自我报告式度量进行比较。如果许多参与者在相对短的时间内成功地完成了任务，但是针对这个任务却给出一个很低的评分，这种情况要么是因为在数据采集时有问题，要么是因为参与者对问题的测量不理解。这种现象在自我报告式的易用性量表中十分常见。

- **数据转换**。我们经常用 Excel 软件记录和整理数据，然后用另一个软件程序（例如 SPSS）来统计分析（虽然所有的基本统计分析都可以用 Excel 完成），最后回到 Excel 中根据结果绘制图表。

数据整理要占用从一个小时到两个星期不等的时间。对很简单的只考虑了两三个度量的可用性研究，整理起来是很快的。很显然，处理的度量越多，占用的时间将会越多。同样，在线研究可能会花费更长的时间，因为需要做更多的检查工作。研究者必须确保所有数据的编码都是正确的。

3.6　总结

在使用度量的方法进行可用性研究时需要一定的规划。需要记住下面这些关键点。

- 首先需要决定是要采用形成性的还是总结性的方法。使用形成性的方法时会在设计发布或上线前来收集数据帮助改进设计。当研究者有机会对产品的设计施加正面影响时最适合使用这种方法。如果想通过度量了解是否达到了某些特定的目标时，则需要用总结性的方法。总结性测试有时也会在可用性竞争分析类的研究中用到。

- 在决定选用最适合的度量时，操作绩效和满意度是用户体验角度要考虑的两个主要方面。绩效度量可以说明用户做了什么，包括：任务是否成功、任务时间、达到期望结果所需要付出的努力等。满意度度量则可以说明用户认为或感觉到的体验如何。

- 在进行基于度量的可用性研究时，需要提前做出预算和时间进度的规划。如果要进行样本量较小的形成性研究，度量数据的收集对整体的时间进度或预算没有什么影响，即使有也会非常小。相反，在进行大型的研究时，需要格外重视对成本和时间进度进行估算和沟通。

- 收集可用性数据时通常有三种常用的评估方法。小样本量的实验室测试最适用于形成性测试。这类研究通常会关注基于问题的度量。大样本量（多于 12 人）的实验室测试最适用于同时收集定性和定量数据。这类研究通常会测量绩效的多个方面，比如任务成功率、完成时间和错误等。大样本量（多于 100 人）的在线研究最适用于检验细微的设计改动和用户喜好。

第4章
绩效度量

任何使用科技产品的人都毫无例外地要与相应的界面产生交互以完成他的目标。比如，一个网站的用户点击不同的链接、一个文字处理软件的用户通过键盘输入信息及一个 DVD 播放器用户在一个遥控器上按压按钮或挥动一个控制器。不管是什么类型的科技产品，用户都要以一定形式使用或接触该产品。这些行为构成了绩效度量的基础。

每种类型的用户行为都是能够以某种方式进行测量的。那些实现某个目标的行为对用户体验来讲格外重要。比如，测量用户是否通过网站点击（行为）来找到他们正在找的东西（目标），测量文字处理软件中用户要花多长时间来输入并正确地调整好文字的页面，或测量用户在播放 DVD 时按了多少次不正确的按钮。所有绩效度量的获得都是建立在特定用户行为的基础之上的。

绩效度量不仅仅依赖于用户行为，还依赖于场景或任务的使用。比如，如果要测量任务是否成功，用户则需要记住特定的任务或目标。任务可以是查看毛衣的价格或提交一个费用报表。缺少任务，绩效度量就不可能存在。如果用户只是漫无目标地浏览网站或体验玩耍某款软件，研究者就无法获得成功与否的度量。如何得知他是否成功了呢？不过，这种情况并不意味着我们就可以随意给用户设置任务。任务可以是用户使用一个在线网站的任何场景，或者可以在可用性研究中由用户自己设置。在研究中，我们通常会聚焦于关键或基本的任务。

对可用性从业人员来说，绩效度量位于最有价值的工具之列。它是评价许多不同产品有效性和效率的最好方法。如果用户犯了不少错误，就可以知道还有不少提高的机会。如果用户完成某任务的时间比期望的要多 4 倍，效率就有很大的提升空间。绩效度量是了解用户实际上是否能很好使用某产品的最好方法。

绩效度量对评估具体可用性问题的**数量**也很有用。许多情况下，仅仅知道存在某个特定的问题还不够，可能还需要知道在产品发布后有**多少人**可能会碰到同样的问题。比如，通过计算赋有置信区间的任务成功率，可以就可用性问题实际上有多大而得出一个合理的估计。通过测量任务的完成时间，能确定目标用户中有多大的比例能够在一个设定好的时间范围内完成某任务。如果只有 20％的目标用户在某个特定任务上是成功的，那么该任务存在可用性问题则是相当明显的。

高层管理者和该项目上的其他重要利益相关方通常会关注和注意到绩效度量，特别是在这些度量被有效地予以呈现的时候。管理者想要知道有多少用户能使用产品成功地完成一系列核心的任务。他们把这些绩效度量看成总体可用性的强有力的指标，还会把他们看成节省成本或增加盈利的潜在预测因素。

绩效度量不是适用于所有情况的具有魔力的万灵丹。与其他度量类似，合适的样本大小是必要的。虽然无论是 2 个还是 100 个参与者，都可以进行相应的统计，但是置信水平将会随着样本大小而急剧发生变化。如果研究者只关注找到最唾手可得的果实（low-hanging fruit）（比如只查找一个产品最严重的问题），从时间和财务角度来看，绩效度量可能不是一种合适的方式。但如果研究者想获得更详细的评估信息，而且也有充足的时间来收集 10 个或更多用户的数据，那就应该能够得到具有合理置信水平的有意义的绩效度量。

如果研究者的目标仅仅是发现基本的可用性问题，就需要避免过度依赖绩效度量。当报告任务成功（task sucess）或时间结束时，就很容易忽视数据背后潜在的问题。绩效测量能够非常有效地告知是**什么**（what）而非**为什么**（why）的问题。绩效数据可以表明任务或界面的部分内容对参与者来说特别有问题，但是研究者通常需要用其他数据予以补充（比如观察的或自我报告式的数据），以更好地理解他们为什么会是问题及如何被修复。

本章有 5 种基本的绩效度量类型。

1. **任务成功**（task success）可能是使用最广的绩效度量。它测量的是用户能在多大程度上有效地完成一系列既定的任务。我们将介绍两种不同类型的任务成功率：二分式成功（binary success）和成功等级（levels of success）。当然，它们还可以度量任务失败的情况。

2. **任务时间**（time-on-task）是一个常见的绩效度量。它测量的是需要多少时间才能完成任务。

3. **错误**（errors）反映了任务过程中所出现的过失。错误在说明部分界面非常迷惑或让人误解方面非常有用。

4. **效率**（efficiency）可以通过测量用户完成任务所付出的努力程度而被评估，如在网站上的点击次数或在手机上点击按钮的次数。

5. **易学性**（learnability）是一种测量绩效随时间提高或未能提高的方法。

4.1 任务成功

任务成功是最常用的可用性度量，在实践中，任何包括任务的可用性研究都可以对其进行计算。它几乎是一个通用的度量，原因是很多类型的被测产品或系统（从网站到厨房器具），都可以对它进行计算。只要用户可以操作一个定义好的任务，就可以测量其操作成功的程度。

任务成功是一个几乎与任何人都有关的事情。它不需要对测量方法或统计进行详细解释，就可以让人理解。如果参与者不能完成他们的任务，那么研究者就知道有些事情出了问题。用户无法完成一个简单的任务是证明需要做出某些改进的最有说服力的证据。

在测量任务成功时，参与者被要求操作的每个任务都必须要有一个清晰的结束状态或目标，比如购买产品、找到特定问题的答案或完成在线申请表。为了测量任务成功，研究者需要知道什么构成了成功，因此，应该在收集数据之前就给每个任务定义成功标准。如果不预先确定好标准，就会存在相应的风险，比如编制了含糊其词的任务及不能收集干净的成功数据。在下面的两个例子中，一个结束状态是明确的，另一个结束状态不是很清晰：

- 找到 IBM 股票的 5 年收益或损失（明确的结束状态）
- 研究存储退休储蓄的方法（结束状态不清晰）

虽然第 2 个任务在特定类型的可用性研究中非常适合，但是对测量任务成功来说是不合适的。

在实验可用性测试中，测量任务成功最常用的方法是让参与者在完成任务后进行口头报告式回答。这对参与者来说是自然的，但有时这会出现一些难以解释的回答。参与者可能会说出一些额外的或武断的信息，进而使回答难以解释。在这种情况下，研究者需要引导参与者确认自己是否确实成功地完成了任务。

收集任务成功的另一个途径是让参与者以一种更加结构化的方式进行回答，比如，使用在线工具或纸质的表格。每个任务可以有一组多选项，参与者可以从 4 到 5 个干扰项中选择一个正确的答案。要让干扰项尽可能地真实，这一点是比较重要的。如有可能，尽量避免文字式的填写。这种做法在分析每个回答时将很耗时，同时也涉及一些主观判断，因此会给数据增加不少噪音。

在有些情况下，任务的正确解决方案不一定能得到验证，因为这取决于用户所处的特定情境，而且有时候测试的操作并不方便当着测试人员的面进行。比如，如果要参与者查看他们存款中的余额，除非他们在操作的时候测试人员坐在他们边上，否则就没有办法知道实际的余额有多少。因此，在这种情况下，可以使用成功的替代式测量。例如，可以让参与者找到显示余额页面的名称。只要页面的名称是唯一和明显的，这种方式就要好很多，如果他们可以找到这个页面，就可以确信他们实际上能够看到余额。

4.1.1 二分式成功

二分式成功（binary success）是测量任务成功的最简单和最常用的方法。参与者要么成功完成了任务，要么没有成功。这与大学里的"通过/未通过"的课程是一个类型。当产品的成功取决于用户完成某一个或某一组任务时，用二分式成功是合适的。接近成功不管用，唯一重要的是用户能成功地完成他们的任务。例如，当评估心脏除颤器（用于心脏病发作时的抢救）的可用性时，唯一重要的是在有限的时间内正确使用且没有出现任何错误。在这种情况下，任何闪失都可能带来严重后果，尤其是对接受除颤抢救的人来讲。举一个不是很严重的例子，如在某网站上定购书的任务。知道在哪些环节用户失败了这种信息有时也会有些作用，但是如果公司的收入取决于那些书的销量，那么在这个环节的失败确实就是个大问题了。

用户每操作一个任务时，都应给予一个"成功"或"失败"的得分。这些得分通常以 1（表示成功）或 0（表示失败）的形式出现。（数字得分比文本"成功"或"失败"数据更容易分析。）有了数字分值后，就可以很容易地计算出正确率及其他需要的统计值。只计算 1 和 0 的平均数就能得出正确率。假如有一个以上的用户及一个以上的任务，那么会有两种计算任务成功的方法：

- 每个任务的平均成功率

- 每个参与者的平均成功率

以表 4.1 中的数据为例。底部的平均数表示每个任务的任务成功率，右侧的数据则表示每个用户的成功率。如果没有缺失数据，这两类数据的平均数总是会相同的。

表 4.1 10 个用户 10 个任务成功数据

	任务1	任务2	任务3	任务4	任务5	任务6	任务7	任务8	任务9	任务10	平均数
参与者 1	1	1	1	0	1	1	1	1	0	1	80%
参与者 2	1	0	1	0	1	0	1	0	0	1	50%
参与者 3	1	1	0	0	0	0	1	0	0	0	30%
参与者 4	1	0	0	0	1	0	1	1	0	0	40%
参与者 5	0	0	1	0	0	0	1	0	0	0	20%
参与者 6	1	1	1	1	0	1	1	1	1	1	90%
参与者 7	0	1	1	0	0	1	0	1	0	1	60%
参与者 8	0	0	0	0	1	0	0	0	0	1	20%
参与者 9	1	0	0	0	0	0	1	1	0	1	50%
参与者 10	1	1	0	1	1	1	1	1	0	1	80%
平均数	70%	50%	50%	20%	60%	50%	80%	60%	10%	70%	52.0%

任务成功是否总是意味着实际的成功？

任务成功通常被定义为是否达到了某个实际正确或清晰定义的状态。比如，使用 NASA 网站来查找谁是阿波罗 12 号的指挥者，只有唯一正确的答案（Charles "Pete" Conrad，Jr.）。或者如果通过一个电子商务网站来购买《傲慢与偏见》，那么买到这本书就说明成功了。但在有些情况下，找到一个真正的答案或达到一个特定的目标并不是那么重要，重要的是用户达到一定的状态后获得的满足感。比如，在 2008 年美国总统大选前，我们做了一个针对两位主要候选人贝拉克·奥巴马和约翰·麦凯恩的竞选网站的在线研究。研究任务包括查找两位竞选人在社会保障部的职位等。在研究中，只通过自我报告的方式来度量任务成功（"是的，我找到了""不，我没找到"或者"我不确定"）。对这类网站而言，重要的是用户是否**相信**他们已经找到了要查找的信息。有时分析**感知到**的成功与**实际操作**成功之间的关系也很有趣。

按任务来分析和呈现二分式成功率，这是最常用的方法。这包括简单呈现成功完成每个任务的参与者百分数。图4.1呈现了基于表4.1中数据计算的任务成功率。当比较任务之间的成功率时，这种方法最有用。通过查看特定的问题以确定需要什么样的改进来解决这些问题，可以在后续进行更详尽的分析。例如，图4.1说明"查找分类"和"结账"这两个任务存在问题。

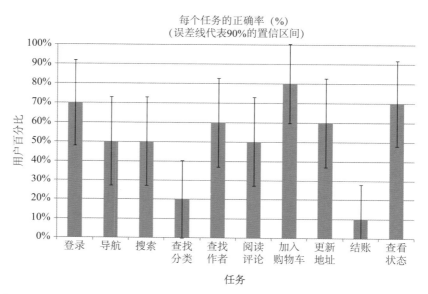

图 4.1　基于表4.1数据计算的任务成功率，包括了每个任务90%的置信区间。

任务失败的类型

虽然参与者没有完成任务会表现为很多种形式，但归纳起来可以分成如下几个类别。

- **放弃**：参与者提出如果只能靠他们自己来做这个任务，那么他们不想继续做下去了。

- **主持人"喊停"**：由于很明显就能看得出来参与者已经无法继续做下去或变得格外沮丧，研究中的主持人或引导人主动终止了测试任务。

- **时间太长**：参与者完成了任务但却超出了预定的时间范围（有的任务只有在规定的时间内完成才算成功）。

● **错误**：参与者认为他们已经成功完成了任务，但实际上并没有（比如，认为 Neil Armstrong 而不是 Pete Conrad 是阿波罗 12 号的指挥官）。在很多情况下，这是最严重的任务失败类型，因为参与者并不知道他们失败了。在实际的情况中，这类失败过了很久才能被用户察觉（比如你想定一本《傲慢与偏见》，但几天后你才在邮箱中惊讶地发现你定的是《傲慢、偏见与僵尸》）。

　　按用户或用户类型来查看二分式成功，这是另一种常用的方法。正如报告可用性数据那样，应当通过使用数字或其他识别不了的描述以保持研究中参与者的匿名状态，这一点需多加注意。从用户角度查看二分式成功数据的主要价值在于：可以区别不同组别的用户，可以按操作方式的不同或所碰到问题的不同而区分。具体地说，可以有这样一些区分不同参与者的常用方法：

● 使用频率（经常使用的用户和不经常使用的用户）
● 使用产品的已有经验
● 专业领域（专业领域性低的知识和专业领域性高的知识）
● 年龄组

　　当每组用户被安排通过不同的设计进行研究或测试时，不同组别的任务成功也可以用起来。比如，在可用性研究中，参与者会被随机安排使用网站原型的 A 版本或 B 版本。此时一个重要的分析就是比较使用 A 版本与 B 版本的用户在任务完成率上的差异。如果在可用性研究中有相当多的测试参与者，把二分式成功数据呈现为频次分布是比较有用的（见图 4.2）。对以视觉化方式表示二分式任务成功数据中的差异来说，这种方法比较方便。例如，在图 4.2 中，有 6 个（用户）在原始网站的评估中成功地完成了 61% 到 70% 的任务，1 个参与者完成率小于 50%，2 个参与者完成率在 81% 到 90% 之间。在重新设计后的网站评估中，有 6 个（用户）的成功率在 91% 及以上，没有参与者的成功率低于 61%。图 4.2 几乎没有重叠地表示出了两个任务成功率，与仅仅报告两个平均值相比，这是一种更能表示设计迭代之间是否有提高的方法。

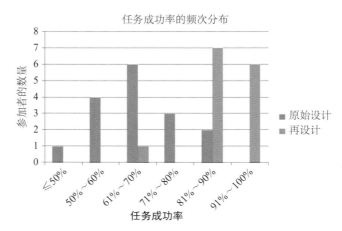

图 4.2　可用性测试中二分式成功率的频次分布（对某网站的初始版本和重新设计后的版本进行的可用性测试）。来源：改编于 Ledox、Connor 和 Tullis（2005）；授权使用。

计算二分式成功数据的置信区间

分析和报告二分式成功数据最重要的一方面是包括置信区间。置信区间是很重要的，因为它可以反映出对数据的信任或置信程度。在大多数可用性研究中，二分式成功数据基于的样本都比较小（如 5~20 个用户）。因此，二分式成功度量可能不如我们所期望的那样可信。例如，如果 5 个参与者中有 4 个成功地完成了某个任务，我们有多大的自信可以说参与者所源于的群体中有 80％将能成功完成该任务？显然，如果 20 个中有 16 个成功完成了该任务，我们会更有把握，而如果 100 个中有 80 个能完成，我们的把握则更大。

幸运的是，有一个方法可以考虑到这种情况。二分式成功率本质上是比例数据：成功完成既定任务的用户比例。比如，如果 10 个用户中有 5 个完成了一个任务，那么成功率就是 5/10=0.5。判断类似比例数据的置信区间最合适的是二项式置信区间。有几个方法可用来计算二项式置信区间，比如 Wald 方法和 Exact 方法。但正如 Sauro 和 Lewis（2005）所表明的，当处理小样本（这是我们在可用性测试中通常能碰到的）时，那些方法在计算置信区间时有不少都过于保守或过于激进。他们发现当计算任务成功数据的置信区间时，Wald 方法调整之后的统计（即校正的 Wald）可以产生比较好的结果。

置信区间计算器

Jeff Sauro 在他的网站上提供了一个有用的计算器来确定二分成功率数据的置信区间。输入参与某个任务的总人数以及完成该任务的人数，这个工具可以自动计算出平均任务完成率的 Wald 值、校正后的 Wald 值、Exact 值和得分的置信区间。使用者可以选择计算 99%、95% 或 90% 的置信区间。如果读者真想自己来计算二分成功数据的置信区间，可以从我们的网站上找到详细的步骤。

假设 5 个用户中有 4 个成功地完成了测试任务，通过校正的 Wald 方法可以算得任务完成率在 36% 到 98%（一个相当大的范围）的置信区间为 95%。如果 20 个用户中有 16 个成功地完成了任务（比例是一样的），则校正的 Wald 方法可以算得成功率在 58% 到 93% 之间有 95% 的置信区间。如果进行了有 100 个用户参加的可用性测试，而其中有 80 个可以成功地完成任务，则 95% 的置信区间可以在 71% 到 87% 之间。对置信区间来说，大的样本量总是能够产生小的（或者说更准确的）区间。

4.1.2 成功等级

当任务成功的数据存在一些合理的灰度地带时，对成功程度进行等级划分就很有用。用户会从部分完成某项任务中获得某些价值。可以把它想象成像完成家庭作业可以获得部分学分一样，即：如果你能展示你的工作，即便存在一些错误的回答，你也能获得一些学分。例如，假定参与者的任务是寻找最便宜的数码相机，该相机至少要有 10 倍像素的分辨率、12X 光学变焦、重量不要超过 3 磅。如果参与者找到的相机符合这些标准中的大部分，但是找到的相机为 10X 变焦，而不是 12X 的变焦，该怎么办？根据严格的二分式成功方法，上面的操作就是失败的。但这样做，就会丢掉一些重要的信息。参与者实际上非常接近成功地完成了该任务。这在有些情况下可能是可以接受的，对有些产品，近乎完整地完成某项任务对参与者来说也是有意义的。同时，这也有助于了解为什么有些参与者不能完成任务或者操作哪些特定的任务时他们需要帮助。

是否应该包括不可能完成的任务

一个有趣的问题是可用性研究中是否应该设置被测产品不可能完成的任务。比如，在测试一家只卖悬疑小说的在线书店时，设计让用户查找一本这家书店不会卖的书这样一个任务，比如科幻小说。如果研究的目标之一是确定用户是如何确认这家书店不卖什么的，我们认为这个任务是合理的。在现实中，用户浏览一个网站时也不会自然而然地知道使用这个网站能做哪些事和不能做哪些事。一个设计优秀的网站不仅能让用户很清楚在网站上可以做什么，也能让他们很清楚在网站上不能做什么。然而，在可用性研究中让用户做的任务似乎都应该是用户可以完成的任务。所以，我们认为如果设置了一些不可能完成的任务，则应该提前明确地告诉用户有的任务可能是无法完成的。

如何收集和测量成功等级

除需要定义不同的等级以外，收集和测量成功数据的等级与二分式成功数据非常类似。有两个方法可以确定成功等级。

- 成功等级可以基于用户完成某任务过程中的体验来评定。有些用户需要付出不少努力或需要帮助，而有的用户可以没有任何困难地完成他们的任务。

- 成功等级可以基于用户完成任务的不同方式来评定。有的用户可以以一种最优的方式来完成任务，而有的用户完成任务的方式却不是最佳的。

基于用户完成某任务的程度而设定的任务成功在 3 到 6 个等级之间都是比较典型的做法。更常用的方法是采用 3 个等级，即：完成任务、部分完成任务和失败。

成功数据的等级几乎和二分式成功数据一样容易收集和测量。这意味着研究者只需要定义什么是"完成成功"和"完成失败"，居于二者之间的被看成是部分成功（即 3 个等级）。更精细的方法可以根据是否需要提供帮助对每个等级再进行划分。下面这个例子是 6 个不同的完成等级：

- 完成任务
  ○ 需要帮助
  ○ 不需要帮助
- 部分完成任务

　　○ 需要帮助

　　○ 不需要帮助

● 失败

　　○ 用户认为完成了，但实际上没有

　　○ 用户放弃

　　如果决定使用成功等级，在测试之前就要清楚地定义好各等级所表示的意思，这一点是很重要的。同时也可以考虑让多位观察者独自对每个任务的完成情况进行等级评定，然后再讨论并达成一致。

　　当测量成功等级时，一个普遍的问题是要确定给予参与者什么样的"帮助"。下面是一些我们确定为要提供帮助的情境样例。

● 测试主持人（或引导人）让参与者返回到首页或重置到初始（任务之前）状态。这种形式的帮助可以使参与者适应测试情境，有助于避免一开始就出现导致某些困惑的特定行为。

● 测试主持人问一些探查性问题或重新设定任务的状态。这可以使得参与者以其他方式考虑其操作行为或选择。

● 测试主持人回答一些问题或提供一些信息以帮助参与者完成任务。

● 测试参与者从外部资源寻求帮助。例如，参与者给代理商打电话、使用其他网站、查询用户手册或打开在线帮助系统。

　　成功等级也可以根据用户的体验进行审定。通常，我们会发现有些任务完成起来没有任何困难，而其他一些任务完成起来一直会有一些或小或大的问题。区分这些不同的体验是重要的。一种 4 点赋分的方式可用于对每个任务进行成功等级的确定。

　　1 ＝没有问题。参与者没有任何困难或不顺而成功地完成了任务。

　　2 ＝小问题。参与者成功地完成了任务，但完成过程中兜了一点小圈子。他出现了一两个小错误，但很快就修改过来了，因此成功了。

　　3 ＝大问题。参与者成功地完成了任务，但完成过程中存在大的问题。在最终成功完成任务的过程中，他折腾了一个大圈子。

　　4 ＝失败 / 放弃。参与者给出了错误的回答或在完成任务之前就放弃了，也或者在成功完成之前测试主持人已开始引导下一个测试任务。

当使用这种赋分系统时，要记住这些数据是顺序数据（见第 2 章），这一点比较重要。所以研究者不应该报告一个平均得分。但是，可以对每个完成等级都把数据呈现为频次分布。这种赋分系统相当容易使用，我们通常可以看到观察同一个交互过程的不同可用性专家在不同的等级上会达成一致。如果有必要的话，也可以把这些数据梳理成二分式成功。最后，这种赋分系统通常也容易向受众进行解释。关注分值为 3 分和 4 分的问题会有助于达到改进设计的目标；通常情况下，不必担心分值为 1 分和 2 分的问题。

如何分析和呈现成功等级

在分析成功等级时，首先要做的是绘制一堆条形图，这可以表示出不同类或等级上（包括失败情况）的参与者百分数。要务必确保条形图加起来是 100％。图 4.3 是表示成功等级的常用样例。

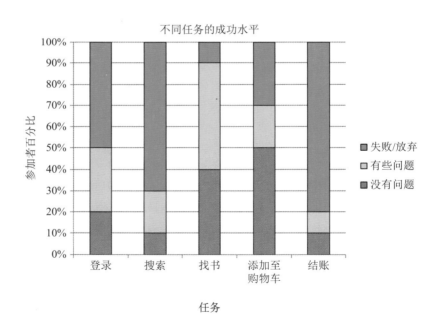

图 4.3 堆积式条形图显示了任务完成的不同成功等级。

4.1.3 任务成功测量中存在的问题

很明显，在测量任务成功的过程中有一个重要的问题是如何简洁地定义一个任务是否成功。关键是提前清晰地定义好成功完成每个任务的标准是什么。对每个任务中可能会出现的各种情况都要考虑周全，进而确定它们是否促成了成功。例如，如果用户找到了正确的答案，但却以错误的形式报告出来，在这种情况下任务是不是也成功了？再有，如果参与者报告了正确的答案，但在表述其回答时却不正确，这又做何处理？当在测试中有非预期情况出现时，先记下来，事后尽量使观察者对这些情况达成一致的处理意见。

在可用性评估中经常出现的一个问题是：如果参与者没有成功完成任务，该如何或何时结束一个任务？实质上，这是对不成功的任务如何设定"停止规则（stopping rule）"的问题。这里是一些常用的方法，可以用来结束不成功的任务。

1. 在测试单元开始的时候就要告诉用户应一直操作每个任务，直到完成或处于某个状态（实际中，这个状态往往是自己放弃或向技术支持、同事等求助的时候）时为止。

2. 采用"事不过三"的规则。意思是说，在叫停用户继续操作之前，他们还可以有三次尝试完成某任务的机会。这种方法最主要的困难是定义什么是"尝试"。这可以是三种不同的策略、三种错误的回答或在查找特定信息中的三次"来回折腾（detours）"。研究者虽然可以对此予以定义，但是测试主持人或评分者依然还有相当多的自己的处理。

3. 超过了事前设定的任务时间就"叫停"该任务。设定一个时间限制，比如 5 分钟，当过了这个时间后，就开始下一个任务。在多数情况下，比较好的做法是不要告诉用户在给他们计时。如果告诉他们的话，就会给他们造成一个更紧张的"被测试"环境。

当然，在任何可用性测试中，对用户的状态都要有必要的敏感，如果看到用户很受挫折或很焦虑，就可以果断地结束该任务（或者甚至是整个测试）。

4.2 任务时间

任务时间（time-on-task）（有时指任务完成时间或简单地指任务时间）是一个测量产品效率的最佳方法。在多数情况下，参与者完成某任务越快，其体验越好。事实上，如果有用户抱怨完成任务所用的时间比期望的要少得多，这将是很奇特的事情。对完成得快就是好这样一个假设，有两个例外。一个例外是游戏的设计，游戏过程中用户可能并不希望结束得太快。大多数游戏的主要目的在于体验游戏本身，而不是某个任务的快速完成。另一个例外是学习。例如，用户正在断断续续地学习一个在线的培训课程，慢点可能会更好。用户不是赶着浏览该课程，而是花更多的时间去完成相关的任务，这可能会比较好。

任务完成时间与页面停留时间

任务完成时间越短，通常越好，这一观点似乎与网页分析中期望更长的页面浏览或停留时间的观点相背。从网页分析的角度来看，更长的页面浏览时间（每个用户注视每个页面的时间）和更长的页面停留时间（每个用户在网站上所花的时间）通常会被看作是好事。理由是这样的数据说明网站有更高的"沉浸感"或"黏性"。我们的主张与这种观点相左的部分原因是我们不认同这种判断。网站停留和浏览时长是从网站所有者的角度而不是用户角度提出来的度量方法。我们依旧主张在一般情况下，用户会希望在网站上花更少的时间，而不是更多的时间。但这两种观点在有些情况下也是一致的。一个网站的目标或许是让用户操作更深入或更复杂的任务，而不是浅显的任务（比如对自己的金融投资组合进行再平衡处理，而不只是查看收支平衡情况）。与浅显的任务相比，更复杂的任务通常会使得在网站上的停留时间和操作任务的时间更长。

4.2.1 测量任务时间的重要性

对用户要重复操作的那些产品来说，任务时间特别重要。举例来说，如果设计一种供航空客户服务代表使用的产品，那么完成一个电话预定所用的时间将是一个重要的效率测量。航空代理完成预定操作越快，则能节省越多的钱。一个任务由同一个参与者操作得越频繁，效率就变得越重要。测量任务时间的一个好处是：由于效率的提高，它能相对直接地计算出所节省的成本，这样就可以计算出实际的投资回报（ROI）。有关如何计算 ROI 的内容，在第 9 章中将会详细进行讨论。

4.2.2 如何收集和测量任务时间

简单地说，任务时间是指任务开始状态和结束状态之间所消耗的时间，通常以分钟和秒为计算单位。逻辑上，任务时间可以用很多不同的方法测得。测试中主持人或记录员可以使用一个秒表或其他任何一个可以测量分钟和秒的时间记录设备。使用数字表或智能手机上的某个应用，也可以简单地记录开始和结束的时间。当对测试单元进行录像时，我们发现多数记录器上都有显示时间的标记，根据这个标记可以得出任务开始和任务结束的时间，这对记录任务时间来说很有帮助。如果选择手动记录任务时间，那么要注意何时开始和停止计时器及 / 或记录开始和结束的时间，这比较重要。让两个人来记录时间或在记录时间的过程中不被打扰也会很有用。

测量任务时间的自动化工具

　　自动化工具是一种容易使用且较少出错的记录任务时间的方法。下面列出了一些用于辅助记录任务时间的工具：

- Bit Debris Solutions 公司的可用性活动日志（Usability Activity Log）
- Noldus Information Technology 的 Observer XT
- Ovo Studios 的 Ovo Logger
- TechSmith 的 Morae
- Mind Design Systems 的 Usability Testing Environment（UTE）
- UserFocus 的 Usability Test Data Logger

我们的网站 MeasuringUX.com 也提供了一个简单的微软 Word 宏程序，可以用于记录任务开始和结束的时间。自动化的日志工具有几个优点。它不仅不容易出错，而且不容易受到干扰。最后，可用性测试中的参与者如果看到记录人员在用秒表或智能手机按开始和结束的按钮会感到紧张，而自动化日志工具则可以避免这一点。

何时开 / 关计时器

　　测试时不但需要一个测量时间的方法，同时需要一些有关如何测量时间方面的规则。或许最重要的规则是何时开 / 关计时器。打开计时器这一行为非常直接：测试前，可以让参与者大声阅读任务，当他们完成阅读时，需要尽可能快地打开计时器开始计时。

　　何时结束计时则是一个较复杂的问题。自动化的计时工具通常有一个"回答"按钮。用户往往被要求按"回答"按钮，表示此时计时结束，他们需要提供一个答案和（可能）回答几个问题。如果研究者没有使用自动化的方法，研究者可以让参与者口头报告该答案或甚至可以要求他们写下来。但是，在很多情况下，研究者也不清楚参与者是否找到了答案。在这些情境中，重要的是让参与者尽可能快地报告他们的答案。在任何情况下，当参与者说出了答案或者认为自己已经完成了任务时，都要停止计时。

用表格整理时间数据

把数据以表格的形式予以整理，如表 4.2 所示。通常，可以把所有的参与者或其编号列在第一列中，其他列可以分别列出每个任务的时间数据（以秒表示；如果任务时间长，可以以分钟表示）。表 4.2 也呈现了总结性的数据，包括平均数、中数、几何平均数及每个任务的置信区间。

表 4.2　20 位参与者在 5 个任务上的任务完成时间数据（秒）

	任务 1	任务 2	任务 3	任务 4	任务 5
参与者 1	259	112	135	58	8
参与者 2	253	64	278	160	22
参与者 3	42	51	60	57	26
参与者 4	38	108	115	146	26
参与者 5	33	142	66	47	38
参与者 6	33	54	261	26	42
参与者 7	36	152	53	22	44
参与者 8	112	65	171	133	46
参与者 9	29	92	147	56	56
参与者 10	158	113	136	83	64
参与者 11	24	69	119	25	68
参与者 12	108	50	145	15	75
参与者 13	110	128	97	97	78
参与者 14	37	66	105	83	80
参与者 15	116	78	40	163	100
参与者 16	129	152	67	168	109
参与者 17	31	51	51	119	116
参与者 18	33	97	44	81	127
参与者 19	75	124	286	103	236
参与者 20	76	62	108	185	245
平均数	86.6	91.5	124.2	91.4	80.3
中数	58.5	85.0	111.5	83.0	66.0
几何平均数	65.2	85.2	105.0	73.2	60.3
90% 置信区间	31.1	15.4	33.1	23.6	28.0

续表

	任务 1	任务 2	任务 3	任务 4	任务 5
上限	55.5	76.1	91.1	67.7	52.3
下限	117.7	106.9	157.3	115.0	108.3

使用Excel处理时间数据

在可用性测试中使用 Excel 记录数据时，通常以小时、分钟或秒（有时）（hh:mm:ss）的格式处理时间数据要方便一些。Excel 给时间数据提供了多种格式。这就使得输入时间数据变得比较容易，但是当需要计算所有的时间时，这会有点小麻烦。比如，假设某任务在 12:46 pm 开始，而在 1:04 pm 结束。虽然研究者可以看到这些时间，也知道任务持续了 18 分钟，但是在 Excel 里计算就不那么显而易见了。在内部处理上，Excel 把所有的时间数据都存储为一个数字，这个数字表示的是从零点开始过去了多少秒。因此，要把 Excel 的时间转成分钟的话，就需要用该时间乘以 60（1 小时内的分钟数），然后乘以 24（一天内的小时数）。如果要转成秒，就需要再乘以 60（1 分钟内的秒数）。这就是 Excel 中的样子，包括相关的公式：

	D2		fx	=C2*60*24	
	A	B	C	D	E
1	Start Time	Finish Time	Elapsed	Minutes	Seconds
2	12:46:00 PM	1:04:00 PM	0.0125	18	1080

4.2.3 分析和呈现任务时间数据

研究者可以用多种不同的方法分析和呈现任务时间数据。其中，最常用的方法可能是：通过任务来平均每个参与者的所有时间，查看用于任一特定任务或一组任务的平均时间（见图 4.4）。这是一种直接报告任务数据的方法。这种方法有一个不好的方面是：用户之间存在潜在的差异。比如，如果有几个用户花了过长的时间才完成了某个任务，则会大幅度地增加均值。因此，应当一直报告置信区间，以显示任务数据中的变异性。这不仅能表示出同一任务中的变异性，还有助于在视觉上呈现任务之间的差异，进而确定任务之间是否存在统计上的显著性差异。

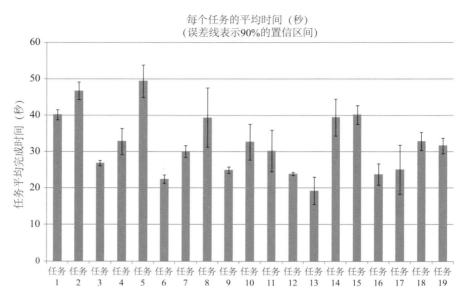

图 4.4　19 个任务的平均完成时间。误差线表示的是 90% 置信区间，这些数据来源于某个针对原型网站而进行的在线研究。

时间数据需要多精确？

　　在使用时间数据时，需要做到多精确？当然，这取决于测量的对象，但在用户体验领域中我们所度量的时间多数是以秒或分钟来计算的。我们基本不需要记录以毫秒来计算的时间。同样，如果记录的时间超过了一小时，就不需要精确到分钟以内。

　　有时使用中数而非平均数来汇总任务时间数据更合理。中数是一个按顺序罗列的所有时间数据中的中间值：一半时间数据在中数以下，另一半时间数据在中数以上。类似地，与平均数相比，使用几何平均数也存在较少的潜在偏差。时间数据是一种典型的偏态分布，在这种情况下，中数或几何平均数会更合适一些。在实践中，我们发现使用这些其他汇总时间数据的方法可能会改变时间数据的总体水平，但是研究者所感兴趣的数据模式类型（如任务之间进行的比较）通常是一样的；同样的任务总体上依然会花费最长或最短的时间。

Excel技巧

在 Excel 中，可以使用"=MEDIAN"函数来计算中数；使用"=GEOMEAN"函数来计算几何平均数。

什么是几何平均数？

平均数（或算术平均数）是基于对一组数值的求和而计算出来的，而几何平均数则是基于这组数的乘积计算出来的。比如，2 和 8 的平均数是（2+8）/2 或 10/2 等于 5。而 2 和 8 的几何平均数则是（2*8）的平方根或 16 的平方根，等于 4。几何平均数通常小于算术平均数。

全距

一个计算任务平均完成时间的变通方法是计算全距（range）（或离散的时间区间）及报告落在每个时间区间上的参与者频次。呈现所有的参与者任务完成时间的范围，这是一种很有用的方法，而且，当研究者想了解某个区间的用户所具有的特征时，这种方法会非常有用。比如，查看那些任务完成时间过长的参与者是否具有某些共同的特征。

阈值

另一个分析任务时间数据的有效方法是使用阈值（Thresholds）。在许多情况下，唯一重要的事情是关注用户能否在一个可接受的时间范围内完成某些特定的任务。在许多方面，均值都是不重要的。研究的主要目标是减少需要过长时间才能完成某任务的用户数量。而主要的问题则在于给任一既定任务确定什么样的阈值。研究者可以自己先操作一下该任务，然后记录所用的时间，接着以该时间的双倍时间作为阈值，这是一种方法。另一种方法是：基于竞争性的数据或者甚至是一个合理的猜测，研究者和产品团队可以给每个任务确定出一个阈值。一旦你设定好阈值，就可以简单地计算一下在这个阈值之上或之下的用户比例，然后绘制出如图 4.5 所示的图。

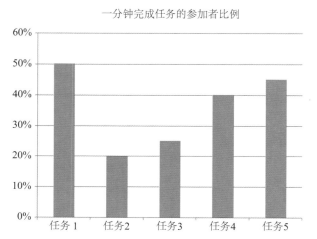

图 4.5　在 1 分钟内完成每个任务的用户百分比。

分布和异常值

在分析时间数据时，查看数据的分布状态至关重要。这对通过自动化工具（当测试主持人不在场时）收集到的任务时间数据而言更是如此。参与者在测试中可能会接听电话，甚至在完成任务的过程中外出就餐。在计算均值时，最不想看到的情况是多数任务时间只有 15 到 20 秒，而有一个长达 2 小时的任务时间也被计算在其中。从分析中剔除异常值是完全可以接受的，有许多统计方法都可用来发现并剔除这些异常值。有时，我们可以剔除均值以上大于两个或三个标准差的任何时间值。有时，我们也可以设定一些阈值，这样就可以不让用户花费多于 x 秒的时间来完成某任务。对后面这种方法，还真是一门艺术。因此，应当有一些依据来使用主观性的阈值以剔除异常值。

一个相反的问题，即参与者很明显地在一个不正常的短时间内完成了一项任务，这在线上研究中确实更常见。有的参与者可能会很着急或者只是对参加测试的酬金感兴趣，以至于他们只是简单地且尽可能快地操作研究中的任务。比如，如果产品的专家用户没有办法在 8 秒钟之内完成该任务，那么一个典型的普通用户完成该任务时就完全不可能比这个时间还快。一旦设定了这种最短的可接受的时间，就可以轻易地剔除那些比该时间还短的时间数据。这些就是要剔除的数据：不只是时间数据，而是整个任务的数据（包括该任务相关的任何其他数据，如成功或主观打分）。除非发现证明其不必被删除的证据，因为这样的时间数据往往说明参与者并没有合理地对待这个任务。如果一个参与者在多个任务上出现了这种情况，就应该考虑剔除这个参与者的所有测试数据。可以预计，在线研究的所有参与者中总有 5%到 10%的人参加该研究只是为了获得参与酬金。

4.2.4 使用时间数据时需要考虑的问题

分析时间数据时，有些问题需要考虑，例如，是考察所有的任务还是只考察成功完成的任务；使用出声思维口语报告分析（think-aloud protocol）可能带来的影响是什么，以及是否要告知测试参与者我们要测量任务完成时间等。

只针对成功的任务还是所有的任务？

或许第一个需要考虑的问题是：在分析中，应该只包括成功的任务还是包括所有的任务？只包括成功任务的主要优点是可以更清晰地测量效率。比如，失败任务的时间数据通常很难估算。有的参与者会一直在尝试操作任务，直到你拨去插头、切断计算机的电源。任何由参与者放弃或主持人"拨去插头"而结束的任务都会导致时间数据中变异程度的增大。

分析所有任务（无论成功与否）时间数据的主要优点是更能准确地反映出整体的用户体验。比如，如果只有一小部分用户能成功完成任务，但有些特别的用户群能非常高效地完成任务，那么整体的任务时间将会很短。因此，当只分析成功任务时，就很容易对任务时间数据造成错误的解释。分析所有任务时间数据的另一个好处是：它是独立于任务成功的测量的。如果只分析成功任务的时间数据，则需要在这两组数据之间引入一个依存性条件。

如果参与者总是可以确定何时放弃某个未能成功完成的任务，在分析过程中就可以包括所有的时间数据，这是一条好规则。如果测试主持人有时能够决定何时结束一个未能成功完成的任务，那么可以只使用成功任务的时间数据。

使用同步出声思维分析

另一个需要考虑的问题是：当收集时间数据时，是否适合使用同步出声思维口语报告分析的方法（即：要求参加一者边操作任务，一边报告操作时的想法）。很多可用性专家都很重视使用同步出声思维口语报告分析方法（concurrent think-aloud protocol）来获得一些用户的重要想法，以体现在用户体验设计中。但有时出声思维也会带来一些不相关的话题，或者会导致用户与主持人之间的交互变得冗长。当参与者正在就网页快速加载的重要性进行叙说或评论（比如有 10 分钟）时，研究者继续测量任务时间，这是最应避免的事情。如果需要在参与者"出声思维"时捕获任务时间，一个好的解决方案是要求参与者在任务之间的时间间隔内"止住"大部分的评论。接着当"计时器"停止后，研究者可以就刚完成的任务与参与者进行对话。

回顾式出声思维（Retrospective Think Aloud, RTA）

在许多可用性专业人士中流行的一种技术是回顾式出声思维（比如，Birns、Joffre、Leclerc、& Paulsen，2002；Guan、Lee、Cuddihy、& Ramey，2006；Petrie & Precious，2010）。在使用这种技术时，参与者在与被测产品进行交互的过程中保持沉默。在完成所有的任务后，会给他们看一些在测试过程中做过的事情作为"提示"，然后请他们描述一下他们在交互过程中在相应的时间点或测试点上是如何思考的。提示可以有多种形式，包括：屏幕上操作的视频回放（有时也可以结合用户的录像（如表情等）），或用于说明用户关注模式的眼动追踪回放。这一技术可以产生最精确的任务时间数据。还有证据表明同步式出声思维会给用户带来额外的认知负担，从而降低了任务操作的成功性。比如，van den Haak、de Jong 和 Schellens（2004）对一个图书馆网站进行的可用性研究发现：使用同步出声思维时用户只完成了 37% 的任务，而使用回顾式出声思维时则完成了 47% 的任务。但需要记住的是，使用回顾式出声思维时研究时间会变成原先的两倍。

需要告诉参与者我们要对时间进行测量吗？

在进行时间测量时要注意的一个重要问题是：是否要告知参与者有人正在记录他们的操作时间。如果不告知这方面的信息，参与者就不会以一种高效率的方式进行操作。对参与者来说，在他们操作任务的过程中，往往会访问或点击网站的不同区域。但有一个缺点是：如果告诉参与者他们的操作正在被计时，他们可能会变得很紧张，同时会觉得他们自身而不是产品被当作测试的对象。一个好的折中办法是要求参与者尽可能又快又准地操作任务，而不是主动告诉他们正被精确地计时。如果参与者偶尔问到（通常他们会很少这么问），研究者可以只是轻描淡写地予以解释，说自己只关注每个任务开始和结束的时间。

4.3 错误

有的用户体验从业人员认为错误和可用性问题在本质上是同一件事情。虽然他们肯定是有关联的，但是二者实际上是不同的。一个可用性问题是问题表层下的原因，而一个或多个错误则是一个问题的可能结果。比如，如果用户在使用一个电子商务网站完成某次购买行为中碰到了一个问题，那么这个问题（或原因）可能是产品上标有困惑性的标签所致。这个错误或者说该问题的结果可能是在选择他们想购买的产品时选择了错误的选项。本质上，错误是一些不正确的动作，而这些动作可能会导致任务失败。

4.3.1 何时测量错误

在有的情境中，发现和区分错误比仅仅描述可用性问题更有帮助。当研究者想了解某个可能会导致任务失败的具体动作或一组动作时，测量错误是很有用的。比如，某用户可能在网页上做出了错误的选择，出售了一只股票而不是买进更多的股票。某用户在医疗器械上可能按了错误的按钮及给病人开了错误的药物。这两个案例中，重要的是了解犯了什么错误及不同的设计元素可能会在多大程度上增加或减少这些错误的频次。

错误是一个有用的评价用户绩效的方法。尽管参加测试者能够在一个合理的时间范围内成功地完成某任务，但交互过程中出现的错误数量同样让人有所启发。错误可以告诉研究者造成了多少误解、产品的哪些方面造成了这些误解、不同的设计可以使错误的类型和频次有多大程度上的不同，以及一般情况下产品真实可用的程度有多大。

测量错误并不是对所有的情况都适用。我们发现测量错误在以下三个常见情况下比较有用。

1. 当某个错误将会导致效率上的显著降低时。比如，某个错误会导致：数据的丢失、需要用户重新输入信息或者明显使用户在完成某任务时变得缓慢。

2. 当某个错误将会导致组织或用户在成本上明显增加时。比如，如果出现某个错误将会导致：客户支持电话量的上升，或产品被退回数量的增加。

3. 当某个错误将会导致任务失败时。比如，如果出现某个错误将会引起：病人服用错误的药物、投票人意外地选了错误的候选人或者网络用户买了错误的产品。

4.3.2 什么构成了错误

令人惊讶的是，对什么因素构成了错误都没有一个广泛被接受的定义。很明显，错误是某类用户所发生的一些不正确操作。在通常情况下，错误可以是导致用户偏离正确完成路径的任何举动。有时没有采取行动也是错误。错误可以建立在多种不同类型的由用户进行的操作动作之上，比如下列这些：

- 在表格区域输入了不正确的数据（比如在登录过程中输入了错误的密码）
- 在菜单或下拉表单中做出了错误的选择（比如应该选择"修改"选项却选择了"删除"选项）
- 执行了不正确的操作序列（比如，当试图播放电视录像时却将家庭媒体服务器格式化了）
- 未能执行关键性的操作（比如在页面上要点击一个重要的链接）

很显然，用户可能采取的动作范围依赖于被研究的产品（网站、手机、DVD 播放器等）。在确定什么是错误前，首先要把用户可能在产品上进行的操作动作列出来。在这些动作中，有的操作是错误的。当对可能的操作动作有了整体的了解后，就要着手去对产品使用过程中可能会出现的不同错误进行定义。

4.3.3 收集和测量错误

测量错误不总是那么容易。与其他绩效度量一样，研究者需要知道正确的操作应该是什么样，或者在有的案例中正确的操作组合是什么。比如，如果正在研究密码重置表单，需要知道什么是成功重置密码的正确操作序列及什么不是。对正确和不正确操作的范围，定义得越好，就越容易测量错误。

有个问题需要重点考虑：一个既定的任务只存在单个错误机会还是存在多个错误机会。一个错误机会本质上是一次出错的可能。比如，如果测量一个常规登录屏幕的可用性，就至少存在两个出错的机会：在输入用户名时出错以及输入密码时出错。如果正在测量在线表单的可用性，表单中有多少区域，就意味着存在多少出错机会。

在有的情况下，一个任务中可能存在多个出错机会，但研究者需关注其中的某个。比如，研究者可能只感兴趣用户是否点击了一个特定的链接，因为这个链接对完成他们的任务来说是很关键的。尽管在页面上的其他位置也可能出错，但是研究者只把兴趣范围集中在那个链接上了。如果用户没有点击那个链接，这就被认为是一个错误。

整理错误数据最常用的方法是按任务整理。很简单，只需要记录每个任务的错误数量和每个用户的错误数量。如果只有一个错误机会，则错误数量将为 1 和 0：

0 ＝没有错误

1 ＝一个错误

如果可能有多个错误机会，则错误数量将在 0 和最大的错误机会数量之间变化。错误机会越多，用表格来整理这些数据就越难，也越耗时间。在实验室研究中，研究者可以在观察用户的同时对错误数量进行统计，也可以在测试单元结束后通过回看录像进行统计，或者使用自动化工具或在线工具收集该数据。

如果研究者能明确定义好所有可能的犯错机会，也可以给每个用户和每个任务确定每个错误存在（1）或不存在（0）。计算一个任务的平均错误就能说明这些错误出现的概率。

4.3.4　分析和呈现错误

针对某个任务只有一个错误机会还是有多个错误机会，错误数据的分析和呈现会有所不同。如果每个任务只有一个错误机会，那么数据就是二分式数据（用户犯错或没犯错），这就意味着分析的方法与二分式成功数据一样。比如，可以看每个任务或每个参与者的平均错误率。图 4.6 就是基于每个任务只有一次犯错机会的错误数据样例。在这个例子中，研究者感兴趣的是：就不同屏幕的软键盘（on-screen keyboards）来说，使用过程中碰到错误的用户比例有多大（Tullis，Mangan，& Rosenbaum，2007）。控制情境是当前 QWERTY 的键盘布局。

在很多情况下，每个任务都会有多个犯错的可能性（比如，在申请"新账户"时的多个输入框）。这里有几个常用的方法，可以用来分析存在多个犯错可能性的任务数据。

- 从考察每个任务的错误频率开始是一个好的定位。将能够看到哪些任务会出现最多的错误。但是，如果每个任务的错误机会都各不相同，这种做法就可能存在误导。在那样的情况下，用总的错误机会数量去除任务中出现的总的错误数，这可能是一个比较好的做法。这样，得出的错误率就考虑了错误机会的数量。

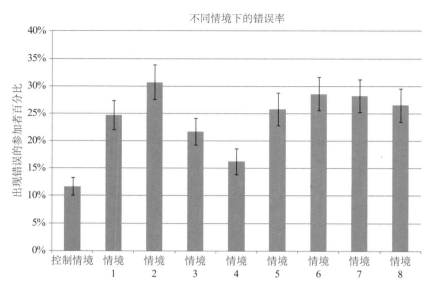

图 4.6　如何呈现单一错误机会的样例数据。在这项研究中，有可能每个任务只有一个错误机会（比如输入的密码不正确），条形图表示在每种情境下出现一个错误的参与者比例。

- 对每个任务，可以计算每个参与者所犯的平均错误数。这可以告诉研究者哪些任务产生了最多的错误。这种做法更有意义，因为它可以表示当使用某个产品时，典型用户在完成某个特定任务的过程中可能会碰到 x 数量的错误。该方法的另一个优点是它考虑到了极端情况。如果只是简单考察每个任务的错误频率，有些参与者可能是大部分错误的源头，而其他很多参与者能无误地完成任务。按每个参与者计算错误数的均值，这样的偏差可以减小。

- 在有些情况下，研究者可能更有兴趣知道哪些任务落在某个阈值之上或之下。比如，对某个任务，错误率如果高于 20%，这是不能接受的；而对于其他的任务，错误率高于 5% 就不能被接受了。最直接的分析是给每个任务或每个参与者先确立一个可接受的阈值。接下来，计算某个特定任务的错误率或参与者的错误数是在这个阈值之上或之下。

- 在有些情况下，研究者需要考虑到不是所有的错误都是以同等程度出现的。有的错误比其他的错误更严重。可以给每个错误都赋予一个严重等级，比如高、中、低，然后计算每种错误出现的频率。这有助于项目组聚焦于与最严重的错误相关的问题。

4.3.5 使用错误度量时需要考虑的问题

当考察错误时，有几个重要的问题是一定要考虑的。首先，确保没有重复计算错误。当把多个错误赋予同一个事件时，往往会出现重复计算的情况。比如，假设研究者正在计算密码区域的错误数，如果一个用户在密码中输入了一个额外的字符，就可以把它计为一个"多余字符"错误，但是不应该同时把它计为一个"不正确字符"的错误。

有时，研究者需要知道更多的信息，而不仅仅是一个错误率；研究者需要知道为什么不同的错误会出现。解决该问题最好的办法是对每种类型的错误进行考察。本质上，需要试图用错误类型对每个任务进行编码。编码应该建立在错误的不同类型之上。继续以上述密码的例子进行说明，错误类型可以包括"缺漏字符""变换字符""多于字符"等。或者在高一点的层面，可以把错误区分为"导航错误""选择错误""诠释性错误"等。一旦对每个错误进行了编码，就可以计算每个任务中出现每个错误类型的频率，以更准确地理解问题究竟出在哪里。这也将有助于提高研究者收集错误数据的效率。

在有的情况下，一个错误与未能完成某项任务是同一件事情。比如，在一个只有一次登录机会的登录页面上。如果在登录时没有错误出现，就等同于任务成功。如果有错误出现，就等同于任务失败。这与其说是数据问题，还不如说是数据呈现问题。重要的是确保研究者受众能清晰无误地理解度量。

另一个能说明问题的度量就是重复出现错误的概率，即一个参与者犯了一次以上的相同错误。比如，重复点击同一个看上去是正确的链接，但实际上该链接不是正确的链接。

4.4 效率

任务时间（time-on-task）经常被用于测量效率，但另一个测量效率的方法是查看完成某任务所要付出多少努力（effort）。这往往可以通过测量参与者执行每个任务时所用的操作动作或步骤的数量而获得。一个操作动作可以有多种形式，比如在页面上点击某链接、在微波炉或手机上按某个按钮，或者在飞机上轻拨一个开关。用户执行的每个操作都表示了一定程度的努力。参与者执行的操作步骤越多，就需要有越多的努力。在多数产品中，目标是把完成某任务所需要的具体操作步骤减到最少，这样可以把所需要付出的努力减到最少。

至少有两种类型的努力：认知上（cognitive）的和身体上（physical）的。认知努力包括：找到正确的位置以执行操作动作（如找到网页上的一个链接）、确定什么样的操作动作是必要的（我应该点击这个链接吗？），以及解释该操作动作的结果。身体上的努力包括执行操作所需要的身体动作，比如移动你的鼠标、用键盘输入文本、打开开关，以及其他诸如此类的动作。

一种用于分析认知努力的有趣方法

测量认知努力的一种方法是：度量用户操作主任务的同时，对外围或次要任务上的操作绩效也进行度量。主任务需要的认知努力越多，次任务上的操作绩效越差。同时使用这种方法的变式，西华盛顿大学的 Ira Hyman 和他的同事对使用手机带来的分心进行了度量（Hyman et al., 2010）。他们让一个学生穿着小丑服（看一眼就不会忘的那种）在校园的一个备受欢迎的广场上骑独轮车。在这个过程中，他们观察了 347 个走过广场的行人，其中有些人正在用手机通话。走过广场后，他们问这些行人是否看到了骑独轮车的小丑。与朋友一起走的行人有 71% 回答看到了，而听音乐和一个人走的行人中分别有 61% 和 51% 回答看到了。但是打电话的人中，只有 25% 看到了骑着独轮车的小丑。

如果研究者不仅关注完成某任务所需要的时间，还关注完成该任务时所需要的认知和身体上的努力，那么效率作为一个度量将会被很好地应用起来。比如，如果正在设计一个自动导航系统，需要确保用户不需要太多的努力就可以设置好导航方向，因为驾驶者的注意力一定要集中在路面上。同时重要的是使用导航系统时所需要的身体和认知上的努力也需要降到最小。

4.4.1 收集和测量效率

在收集和测量效率时，有几个重要的方面需要记住。

- **确定有待测量的操作动作**：对网站来说，点击鼠标或浏览页面是常见的操作动作。对软件来说，点击鼠标或敲击键盘可以是常见的操作动作。对家电或消费者电子产品来说，操作动作则可以是单击按钮。无论被评价的产品是什么，研究者应该对所有可能的操作动作有一个清晰的了解。
- **定义操作动作的开始和结束**：研究者需要知道一个操作动作何时开始和结束。有时，操作动作非常快（比如按钮的按压），而其他操作动作则需要更长的时间。本质上有的操作动作可能更被动，比如查看网页。有的操作动作有一个非常清晰的开始和结束，而有的操作动作很难有明确的定义。

- **计算操作动作的数目**：研究者必须要计算操作动作的数目。操作动作一定发生于视觉上容易被看到的路径，或者如果操作动作太快的话，可以通过自动系统记录。竭力避免不得不花几个小时回看录像来收集效率度量的做法。
- **确定的动作必须有意义**：每个动作都应该能够表示为认知努力和（或）身体努力上的增加。操作动作越多，所需要的努力就越多。例如，在一个链接上的每一次鼠标点击几乎总会带来一次认知努力或身体努力上的增加。

一旦确定了想获取的操作动作，对它们进行计数就很简单了。可以手动完成，比如，按查看的页面或所按的按钮进行计数。这对相当简单的产品来说会很管用，但在多数情况下这是不切实际的。很多时候，参与者是以一个惊人的速度在执行一些操作动作。每秒钟就可能有不止一个操作动作，因此，使用自动化的数据收集工具在很大程度上是很合适的。

按键模型（Keystroke-level Modeling，KLM模型）

如果读者学过人机交互的理论，那么一定对按键和鼠标点击这类基础水平的动作（low-level actions）非常熟悉。一个名为 GOMS（Goals、Operators、Methods 和 Slection Rules）的框架可以追溯到一本名为 *The Psychology of Human-Computer Interaction* 的经典著作（Card, Moran, & Newell, 1983）。在这本书中，用户与计算机的交互被拆解成了基本的单元，包括物理的、认知的和知觉的。确定这些基本的单元并分别赋予时间后，就能预测一个交互过程所需要的时间。GOMS 的一个简单版本被称为按键模型。顾名思义，这个模型关注按键和鼠标点击（比如 Sauro，2009）。

4.4.2　分析和呈现效率数据

分析和呈现效率度量最常用的方法是考察每个参与者完成某任务时的操作动作数量。可以简单地计算每个任务（按参与者）的均值以查看用户用了多少操作动作。这种分析有助于发现哪些任务需要最大量的努力，同时当每个任务需要相同数量的操作动作时，该分析也会很适用。然而，如果有的任务比其他任务更复杂，这种方法可能会有误导性。就这种类型的图表，报告置信区间（基于一个连续分布）也是很重要的。

Shaikh、Baker 和 Russell（2004）使用了一个效率度量，该度量建立于三个不同的减肥站点（Atkins、Jenny Graig 和 Weight Watchers）上完成相同任务时的点击次数。他们发现用户在使用 Atkins 站点时的效率明显比使用 Jenny Craig 或 Weight Watchers 时的效率要高（需要较少的点击次数）。

迷失度（Lostness）

另一个在 Web 行为研究中有时会用到的效率度量是"迷失度"（Smith，1996）。迷失度可以通过三个值计算获得：

N：操作任务时所访问的**不同的**页面数目

S：操作任务时访问的**总的**页面数目，其中重复访问的页面计为相同的页面

R：完成任务时必须访问的**最小的**（最优的）页面数目

迷失度 L 可以通过下面的公式计算获得：

$$L = \mathrm{sqrt}[(N/S\text{-}1)^2 + (R/N\text{-}1)^2]$$

图 4.7 给出了完成某任务时的最优路径，就图 4.7 所示的例子来看，用户的任务是在页面 C1 上搜索物品。从首页开始，完成该任务所需访问的最小页面数是 3。另一方面，图 4.8 描述了某特定参与者到达目标页面时所走过的全部路径信息。在最终达到正确的位置前，这名参与者走了一些不正确的路径，其间访问了 6 个不同的页面（N），总的页面访问数为 9（S）。所以对这个例子：

$N=6$

$S=9$

$R=3$

$$L=\mathrm{sqrt}[(6/9\text{-}1)^2 + (3/6\text{-}1)^2]=0.6$$

一个最佳的迷失度得分应该为 0。Smith（1996）发现迷失度得分小于 0.4 时，参与者不会显示出任何可观察到的迷失度方面的特征。不过，当迷失度得分大于 0.5 时，参与者就会出现迷失度特征。与此同时，Otter 和 Johnson（2000） 及 Gwizdka 和 Spence（2007）也提出了一些其他的迷失度度量。

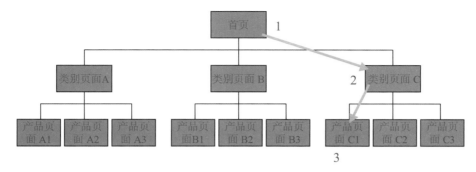

图 4.7 完成某任务（从首页开始浏览至产品页面 C1 上找到一个目标项）时的最优路径。

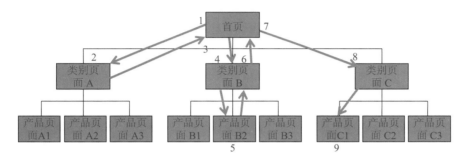

图 4.8 某参与者找到页面 C1 上的目标项所经过的实际操作步骤数。注：访问同一页面的不同次数也计算在内，因此一共用了 9 步才找到目标。

一旦计算获得了一个迷失度数值，就可以轻而易举地计算每个任务的平均迷失度。有些参与者操作起来会超过理想的操作步骤数，其数量或百分比也可以反映出设计 / 产品的效率。比如，可以呈现有 25％的参与者超过了理想的或最小的操作步骤数，甚至可以进一步把它分解，即有 50％的参与者在最小操作动作数内完成了某任务。

循迹度量（backtracking metric）

Treejack 是一个由Optimal Workshop提出来的用于测试信息架构（IAs）的工具。Treejack研究中的参与者会浏览一个信息结构，并说明他们希望在哪个地方能找到某条给定的信息或执行某个操作。参与者可以在信息结构中往下走，或者需要的话向上走。从Treejack研究中可以获得一些有用的度量指标，包括传统的一些指标，比如参与者认为他们应该在哪个地方找到每项功能。但一个格外有趣的度量指标是"循迹"，它能说明一个用户在信息结构中的哪个位置开始时往上找。研究者可以分析操作每个任务过程中做"循迹"操作的用户比例。在我们的信息架构研究中，我们发现这通常是最有启发的度量。

4.4.3   结合任务成功和任务时间的效率

另一个效率的视角整合了本章中所讨论的另外两个度量：任务成功和任务时间。可用性测试报告的通用性企业格式（ISO/IEC 25062:2006）描述为："效率的核心测量"是任务完成率与每个任务平均时间的比值。实质上，这表达了单位时间内的任务成功数。每个任务时间以分钟表示更常见，但如果任务非常短，以秒更合适，或者如果任务不同寻常的长，甚至也可以用小时。时间单位的使用决定了结果的范围。研究者的目标是选择一个可以产生"合理"范围的单位（比如，该范围内大多数值都落在 1% 和 100% 之间）。表 4.3 给出了一个计算效率度量的例子，它是任务完成率和以分钟为单位的任务时间之间的比值。图 4.9 表示了该效率度量出现在图中的形式。

表 4.3   效率度量：任务完成率与任务平均时间的比值（很显然，效率值越高越好。在这个样本中，用户在完成任务 5 和任务 6 时的效率要高于其他任务时的效率）

	任务完成率	任务完成时间（分钟）	效率（百分比）
任务 1	65%	1.5	43
任务 2	67%	1.4	48
任务 3	40%	2.1	19
任务 4	74%	1.7	44
任务 5	85%	1.2	71
任务 6	90%	1.4	64
任务 7	49%	2.1	23
任务 8	33%	1.3	25

这种计算效率的方法有一个细微的变式，即：按每个参与者计算其成功完成的任务数量，然后用该参与者在所有的任务上（成功的和未成功的）耗费的总时间去除。这给了研究者一个有关每位参与者的非常直接的效率得分：每分钟（或者其他任何时间单位）成功完成的任务数。如果参与者在总长为 10 分钟的时间内成功完成了 10 个任务，那么该参与者总体上每分钟成功完成一个任务。当所有的参与者执行了相同数量的任务且任务在难度水平上类似时，这种方法最适合使用。

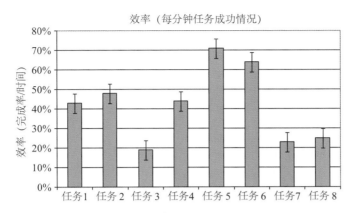

图4.9 样例图呈现的是效率（表示为完成率／时间的函数）。

图4.10 中的数据源于一项在线研究，该研究旨在比较为某网站而设计的4个不同的导航原型。这是一个组间设计（between-subjects study），即每个参与者只使用其中的一个原型，但所有的参与者都被要求执行 20 个相同的任务，共有 200 多名参与者使用了相应的测试原型。我们可以计算每个参与者成功完成任务的数量，然后用该参与者所花费的总的任务时间去除，其均值（及 95％的置信区间）如图4.10 所示。

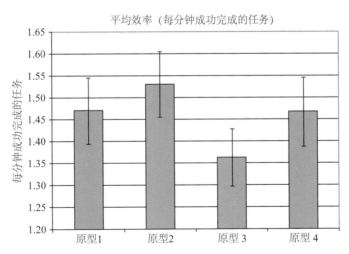

图4.10 在针对某网站的 4 种不同导航原型而进行的在线研究中，每分钟成功完成任务的平均数量，共有 200 多名参与者完成了每个原型中的 20 个任务。使用原型 2 的参与者完成任务的效率要明显高于使用原型 3 的参与者完成任务的效率。

4.5　易学性

对大多数产品（特别是新产品）来说，需要一定程度的学习才能使用起来。通常，学习不会在即刻间发生，但是会随着经验的增加而持续进行。获得的经验是建立在使用某产品所花费的时间和所执行的任务类型等基础之上的。学习有时迅速而轻松，但有时却十分辛苦而耗时。易学性是指事物可被学习的程度。它可以通过考察熟练使用产品所需的时间和努力而测得。我们认为易学性是一个重要的用户体验度量，但是却没有得到应有的更广泛的关注。如果研究者需要知道随着时间推移，某人使用某产品的娴熟程度，易学性将会是一个基本的度量。

我们看下面这个例子。假设你是一位用户体验专家，被要求评估一款在组织内为员工设计的计时产品。你可以走进实验室邀请 10 名参与者进行测试，给他们每人一组核心的任务，可以测量任务成功、任务时间、错误甚至是总体的满意度。使用这些度量可以使你部分了解该产品的可用性。虽然这些度量都是有用的，但是它们也可能造成误解。因为计时产品的使用不是一次性的事件，而是具有一定数量的发生频率，所以易学性就非常重要。真正重要的问题是：需要付出多少时间和努力，才能娴熟地使用该计时产品。的确，当首次使用这个产品时，会存在一些初始性的障碍，但是问题的实质是要逐渐"提高速度"。只考察参与者初始使用产品的情况，虽然在可用性研究中是十分常见的，但当考察熟练度时，需要付出努力的程度就更重要。

学习可以在一个短期时间内或更长的时间内发生。当学习发生于短时期内时，用户就需要尝试不同的策略以完成任务。一个短期时间可以是几分钟、几小时或几天。比如，如果用户不得不每天使用计时产品提交时间表，那么他们就会努力迅速形成某种类型的心理模型，这种心理模型与该产品如何工作有关。记忆在易学性中不再是一个大的因素，它更多涉及的是调整策略以使效率最大化。在几小时或几天内，就有希望实现效率最大化。

学习也可以在较长的时间内发生，比如以星期、月或年为单位。这就使得存在这样一种情况，即在每次使用之间存在显著的时间跨度。比如，如果只是每几个月填写一次费用报表，易学性就能成为一个很重要的挑战，因为你不得不在每次使用该设备时都重新学习一下。在这种情况下，记忆就非常重要。使用该产品的时间间隔越长，就越依赖于记忆。

易学性与"自助服务"

与计算机出现初期相比，易学性在今天变得更加重要。互联网的出现推动我们朝着更多的"自助"式应用迈进了一大步。与此同时，人们逐渐形成了一种期望，不需要接受广泛的培训或练习就能使用网页上的任何东西。在 20 世纪 80 年代，如果想自己预订一张机票，就需要打电话给代理请他们帮忙，因为他们接受过如何使用基于主机的订票系统方面的大量培训。现在人们可以在很多网站上自己订票。如果网站上说"好的，下面让我们开始针对如何使用这个网站的 3 小时培训课程"，你认为这个网站的生意能做多久？在当今的自助服务型经济中，易学性是一个关键的分水岭。

4.5.1 收集和测量易学性数据

收集和测量易学性数据在本质上与其他绩效度量是一样的，但是需要多次收集易学性数据。每次收集该数据的过程都可被看成是一项施测（trial）。可以每 5 分钟、每天或每个月施测一次，两次施测之间的时间（或收集该数据的时间）设置基于所预期的使用频率。

首先要决定的是需要使用哪些类型的度量。易学性几乎可以用任何持续性的绩效度量予以测得，但最常见的是那些聚集在效率上的度量，如任务时间、错误、操作步骤数量或每分钟任务成功等。随着学习活动的发生，研究者期待看到效率能够提升。

在决定使用哪些度量之后，需要决定的是两次施测之间需要多长的时间。当学习活动发生于一个很长的时间之后，要做些什么？如果用户每周、每月甚至一年使用一次产品，要做些什么？理想情况是每周、每月或每年邀请同样的一些参与者到实验室。但在许多情况下，这非常不现实。如果告诉他们该研究需要 3 年的时间才能完成，开发人员和商业资助者会非常不乐意。更现实的方法是邀请同一批参与者在一个较短的时间间隔内参与研究，并明确说明由此带来的数据收集上的不足。这里有几个备选的做法。

- 同在一个测试单元中的施测。参与者要完成一些任务或几组任务，一个接一个地，中间没有停顿。这对执行管理来说非常容易，但是这种设置没有考虑明显的记忆衰减。
- 同在一个测试单元中，但任务之间有间隔的施测。间隔可以是一个干扰任务或其他可以促使遗忘的事情。这对执行管理来说也十分容易，但是这种设置会使每一个测试单元延长。

- **不同测试单之间的施测**。在多个测试单元（前后两个单元之间至少要隔 1 天）中，参与者要完成相同的任务。如果产品在一个比较长的时间内才被偶尔用一下，这种做法可能是最不符合实际情况，但却是最现实可行的。

4.5.2 分析和报告易学性数据

分析和呈现易学性数据最常用的方法是：通过施测来检验每个任务（或合计之后的所有任务）上某个特定的绩效度量（如任务时间、操作步骤数量或错误数）。这将会呈现出绩效度量随着经验习得的影响而发生的变化，如图 4.11 所示。可以把所有的任务合计起来，并把数据呈现为一条单一的线，也可以把每个任务都单独表示为相应的数据线。这将有助于确定如何比较不同任务的易学性，但是这也会使绘制出来的图难以解释。

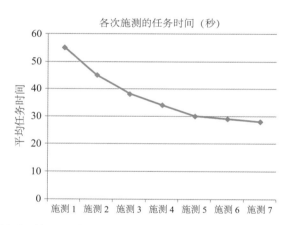

图 4.11　样例图：基于任务时间的易学性数据示例。

我们首先应该看的是图表中折线的斜率。在理想情况下，斜率（有时被称为学习曲线）在 y 轴（就错误、任务时间、操作步骤数或其他任何度量来说，数值小一点都比较好）上应相当扁平。如果要确定学习曲线（或斜率）之间是否存在显著的差异，则需要进行方差分析，并查看在施测上有没有主效应。（见第 2 章中的方差分析部分。）

同时要注意到渐近线的拐点，或折线条从哪里开始实质性地平滑。在这点上，参与者已经尽其可能进行了充分的学习，这样提高的空间就变得非常小。多长时间才能使用户达到最大绩效，项目团队成员对此总是很感兴趣。

最后，应该考察 y 轴上的最高值和最低值，这说明要学习多少或多久才能达到最大绩效。如果差异小，用户很快就会学会使用该产品。如果差异大，用户就需要一些时间才能熟练使用该产品。分析最高值和最低值之间差异的一个简单方法是考察二者的比率。下面举一个例子。

- 如果第 1 次施测中的平均时间是 80 秒，而最后一次施测是 60 秒，则比率就表示参与者初始使用时间为 1.3 倍长。
- 如果在第 1 次施测中的平均错误数是 2.1 个，而在最后一次测试中是 0.3 个，该比率就表示从首次施测到末次施测绩效提高了 7 倍。

考察需要多少次施测才能达到最大绩效也有帮助。这对于描述需要多大的学习量才能熟练使用该产品来说就是一个好的方法。

在一些情况下，需要比较不同情境下的易学性，如图 4.12 所示。在这项研究中（Tullis，Magan 和 Rosenbaum，2007），他们关注使用不同类型的屏幕键盘输入密码的速度（效率）如何随着使用时间的推移而变化。正如我们从数据中可以看到的，从第 1 次施测到第 2 次施测有提高，但紧接着时间平滑得就非常快。同时，所有屏幕键盘的输入与控制情境（即真实键盘）相比也明显较慢。

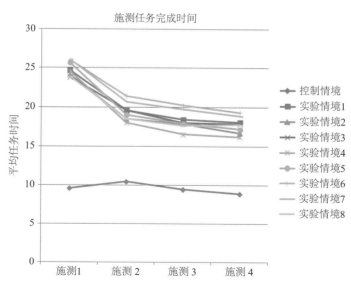

图 4.12　不同类型屏幕键盘的易学性度量。

4.5.3 测量易学性时需要考虑的问题

测量易学性时需要考虑的两个关键性问题是：（1）施测中应该考虑什么？（2）需要进行多少次施测？

什么是施测

在有些情境下，学习行为是持续的。这意味着用户要非常连续地使用产品，这个过程中没有明显的间断。毋庸置疑，记忆在这样的情境下肯定是一个影响因素。学习活动更多地与完成任务过程中不同策略的形成和改变有关。在这种情境下，研究者要做些什么？有一个方法是：在确定好的时间间隔内进行测量。比如，可能需要每 5 分钟、每 15 分钟或者每小时施测 1 次。在一项我们所进行的可用性研究中，我们要评估一套每天会多次使用的新应用软件的易学性。我们开始邀请参与者到实验室进行第一次测试，他们均是第一次接触该产品。接着他们回到他们常规的工作中，并开始使用这个软件完成他们的正常工作。一个月之后，我们再次邀请他们到实验室，并让他们再次完成本质上与第一次相同的任务（在细节上有一点细微的变化），同时使用同样的绩效测量。最后，再过了另一个月，我们再次请他们回来并重复之前的测试过程。这样，我们能够考察两个月的时间内易学性的情况。

施测次数

要测多少次？很明显，至少需要两次，但在很多情况下至少需要 3 或 4 次。有时很难预测在施测序列中的哪个阶段上出现了最大程度上的学习效应，或者甚至不一定会出现学习效应。在这种情况下，研究者可以采取比其认为达到稳定绩效所需的还要多的施测。

4.6 总结

绩效度量是用来评估任何产品可用性的有效工具。它们是可用性的基础，可以为一些重要的决策提供支持性信息，如判断一个新产品是否已做好了发布准备。绩效度量无例外地建立在用户行为的（而不仅仅是他们所说的）基础之上。有 5 种通用类型的绩效度量。

1. **任务成功**度量被用于研究者关注用户是否能使用产品完成任务的时候。有时研究者能基于一个严格的成功标准（二分式成功），只对用户是否能成功感兴趣。而在其他一些情境中，研究者可能对设定不同等级的任务成功感兴趣，可以基于任务完成的程度、搜索答案中的用户体验或回答相关测试问题的质量对任务成功等级进行确定。

2. **任务时间**在研究者关注用户能多快地使用产品完成任务的时候有作用。研究者可以考察所有的用户完成某任务的时间、某类型的用户完成某任务的时间或者可以在期望的时间限制内完成某任务的参与者比例。

3. **错误**是一个有效的测量，它以在竭力完成某任务过程中参与者所犯的错误数为基础。一个任务可以有一个错误机会或多个错误机会，有些类型的错误比其他类型的错误更重要。

4. **效率**是评估用户完成某任务所需努力（认知上的和身体上的）程度大小的方法。效率通常可以通过计算完成某任务所需步骤或操作动作数量，或通过任务成功与每个任务的平均时间之比值来测得。

5. **易学性**关注的是任一效率度量如何随时间推移而发生变化。如果研究者要考察用户如何及何时才能熟练使用某产品，易学性就很有用。

第5章
基于问题的度量

绝大多数用户体验从业人员可能都会把发现可用性问题及提供设计建议作为他们工作的重要组成部分。一个含义模糊的术语、一段费解的内容、一种不清晰的导航方式，或者一处本该被用户看到却没有很好地提醒用户注意的界面设计，都可能带来可用性方面的问题。此类问题连同其他许多问题通常会被视为对设计方案进行迭代式评估与改进流程的一部分。这一流程为产品的设计提供了不可估量的价值，也是用户体验专业的基石。

一般认为，可用性问题纯粹是定性的。典型的可用性问题会描述一个或多个参与者所遇到的问题，并评估背后的可能原因。多数用户体验从业人员还会对如何解决这些问题提供有针对性的建议，很多人也会报告正面的发现（比如表现得格外出彩的地方）。

多数用户体验从业人员不会将可用性问题与度量强行绑在一起。一个可能的原因是在问题中发现灰色地带，而另一个可能的原因是发现可用性问题被视为迭代设计流程中的一部分，而度量在这一流程中的作用却有限。但事实是，可用性问题不仅可以测量，而且可以在不拖延迭代进程的情况下为产品的设计创造新的价值。

本章首先会介绍与可用性问题相关的几种简单的度量。接着会讨论几种用于发现可用性问题及对不同类型的问题进行优先级评估的方法，以及在测量可用性问题时需要考虑的因素。

5.1　什么是可用性问题

可用性问题是什么？可用性问题是基于用户使用产品过程中的行为。用户体验从业人员的责任就是要解释这些问题背后的原因，比如，让人难以理解的术语或藏得很深的导航方式。一些常见的可用性问题包括：

- 影响任务完成的行为
- 导致用户"偏离航线"（off-course）的行为
- 用户表达出来的挫败（感）
- 用户没有看到本该看到的内容
- 用户自己说已经完成任务但实际未完成
- 导致任务偏离成功完成的操作
- 对内容的错误解读
- 使用网页导航时点击了错误的链接

在确定可用性问题时需要考虑的一个关键点是如何解决这些问题。最常见的场景是在迭代式设计流程中聚焦于改进产品。在这种情况下，最有用的可用性问题应当指出如何改进产品。换句话说，只有可操作的问题才会有帮助。即便他们没有直接指出是界面的哪一部分出现了可用性问题，也应当给予一些提示，告诉设计者应当从哪里开始排查。比如，我们曾在一份可用性测试报告中看到了这样一个可用性问题的描述"该应用软件的心理模型不符合用户的心理模型。"，可以看到，这种描述没有提及任何行为。它的确就是这么写的。在理论层面上，这确实是一个对行为表现的有趣解释，但这样的解释对设计者和开发人员解决问题几乎没有什么帮助。

相反，如果注意描述问题："许多参与者被上层的导航菜单搞得晕头转向（描述一种行为），常常不知所措地跳来跳去，设法找到他们想找的目标（还是在描述行为）。"如果在问题后面列出几个例子详细解释问题所在，那么会十分有助于问题的解决。这种描述会告诉设计者从哪里开始查找问题（上层导航菜单），后面的例子详解也有助于集中精力找出可能的解决方案。Molich、Jeffries 和 Duman（2007）曾对如何提出可用性建议和如何使可用性建议更有用和可用做了一项有趣的研究。他们建议所有的可用性建议都要着眼于提升被测产品的整体用户体验，要考虑到商业和技术上的限制，同时还要具体和清晰。

当然，不是所有的可用性问题都是应当规避的，有些可用性问题是正面的。有时会称这些问题为可用性"发现"，因为**问题**一词通常都会引起负面的联想。下面就是一些正面问题的例子：

- 所有参与可用性研究的用户都能顺利登录这个应用
- 完成搜索任务时没有发生错误
- 参与者能很快创建一份报告

报告这些积极发现的主要原因除了为项目团队提供积极的反馈外，还可以确保在以后的设计迭代中这些不错的界面设计点不会被"毁掉"。

对可用性从业者而言，最有挑战性的工作任务之一就是确定哪些问题是真正的可用性问题，哪些问题只是偶尔发挥失常的结果。最明显的可用性问题通常是多数（如果不是全部）参与者都会遇到的问题。比如，多数参与者会在一个用词很差的菜单中选错选项，然后是错误的菜单路径，继而一错再错，花费了大量的时间在产品的错误部分寻找目标。几乎对所有人而言导致这些行为的原因都是"无须思考"即可轻易发现的。

还有一些问题则要模糊很多，或者研究者不是很清楚这是不是一个真问题。比如，10 位用户中只有一位认为网站上的某些内容或术语表达不清楚，或者 12 位用户中仅有一位用户没有注意到应当看到的内容，这类情况能否被看作是可用性问题？有时候用户体验专业人士需要对他所观察到的问题是否有可能在更大的群体中重复出现做出判断。在这种情况下，就需要搞清楚用户在操作任务的过程中表现出的行为、思考过程、感觉或者决策是否**符合逻辑**。换句话说，这些行为或思考背后是否有合理的背景故事或者逻辑推理。如果答案是肯定的，那么即便只有一个参与者遇到了这种情况，它也可能是一个可用性问题。相反，如果行为背后没有明显的规律或者原因，就说明这种情况很可能并不是一个可用性问题。如果参与研究的用户无法解释为什么这么做，而且这种情况只发生了一次，就说明这很可能只是一个特例，我们可以忽略它。

5.2　如何发现可用性问题

发现可用性问题最常用的方法是在研究中直接与参与者接触 / 交互以发现可能存在的问题。具体的方法可以通过面对面或者借助电话的远程测试技术来实现。有种不太常用的方法是利用诸如在线学习之类的自动化技术或者通过观察一个参与用户的视频来发现可用性问题，类似于 usertesting.com 网站上生成的内容。之所以使用这种方法，通常是因为研究者无法直接观察用户而只掌握了行为记录的和自我报告的数据。通过这类数据来挖掘可用性问题具有相当高的挑战性，但可行性依然很高。

　　研究者有可能已经预测到了会出现的可用性问题，而且在测试环节中也捕捉到了。但请注意，研究者真正需要做的是**观察**可能出现的任何问题，而不仅仅是去寻找先预期会发生的那些问题。很明显，如果研究者知道自己要找的问题是什么，那么整个发现问题的过程会非常顺利，但是这样也会让研究者漏掉没有考虑到的问题。在我们的测试中，虽然我们通常都知道自己要寻找的目标是什么，但我们同时会抱着一颗开放的心态来"抓取"那些出乎意料的问题。从来没有所谓的"正确"方法；一切都取决于评估的目标是什么。如果是在早期的概念设计阶段对产品进行评估，很有可能对什么地方会出现可用性问题并没有预设的想法。而随着产品的不断完善，就会对要查找的具体问题有清晰的看法。

预想的问题不一定是最终发现的问题

　　在最早公开发布的软件界面设计指南中，有一个是苹果公司发布的（1982）。在这本名为 *Apple lle Design Guidelines* 的出版物中，作者介绍了一个苹果公司早期做可用性测试时发生的有趣故事。那时候苹果公司正在开展一项名为用 *Apple Presents Apple* 的项目，用户使用该程序在计算机卖场中向客户做演示。在设计师未太注意的一个界面上，有一个问题问用户自己使用的显示器是单色的（monochrome）还是彩色的。最初的问题是这样设计的："你是否正在使用一台黑白显示器？"（他们估计用户理解单色这个词会存在问题）。在第一次可用性测试中，他们发现多数使用单色显示器的用户都没有正确回答这个问题，因为他们的显示器中的字是绿色而不是白色的。

　　之后一环接一环的滑稽问题接踵而来，比如"你的显示器是否能显示多种颜色？"或者"你在显示屏上是否看到了多种颜色？"等。这些问题对一些参与测试的用户来讲只能给出错误的回答。百般无奈之下，他们甚至考虑找一位使用过所有计算机的开发人员来回答这些问题，但最后他们终于设计出了一个有效的问法："上面的文字是否能够以多种颜色显示？"总之，预想的问题不一定是最终发现的问题。

5.2.1　面对面研究

在面对面研究（In-person Study）中便于发现可用性问题的最佳方式就是使用出声思维法。在出声思维法中，用户需要在操作任务的过程中将他们的想法即时表达出来。在通常情况下，用户会说他们正在做什么、他们想要做什么、对自己的决定有多大把握、预期是什么，以及操作行为背后的原因是什么。从本质上讲，就是聚焦于产品交互过程的意识流。在使用出声思维的过程中，需要关注如下方面：

- 言语中表达出来的疑惑、失望、不满、愉悦或惊奇
- 言语中表达出来的有关具体操作行为对错的自信或犹豫不决
- 用户并**没有**说或者做他们应当说或做的事
- 用户的非言语行为，比如面部表情和（或）眼动

5.2.2　自动化研究

通过自动化研究来发现可用性问题时需要格外注意如何收集数据。关键是要允许参与者对界面或任务进行逐字逐句地评论。多数自动化研究都会针对每一个任务收集如下数据：完成状态、时间、易用性评分和文本评论。文本评论是帮助我们理解任何可能问题的最佳方式。

收集评论的一种方式是让研究参与者在每一个任务结束后提供自己的看法。这种方式会获得一些有趣的结果，但却无法确保总能获得最佳的结果。另一种方式可能会更有效，就是视情况让用户适时进行详细说明。如果研究参与者给出的易用性评分不高（比如，不是评分标度中最高的两个等级之一），就可以进一步追问该用户给出这样一个分数的原因是什么？指向性更明显的问题通常会获得更有针对性的和可操作的看法。比如，用户可能说他们不知道某个词是什么意思或者无法在某一页上找到想找的链接。这种针对每个任务的具体反馈通常比完成所有任务后（post-study）问一个问题的方式能提供更有价值的信息。这种方法的唯一不足就是：在被问了几次问题后，研究参与者可能会调整评分以避免回答开放式的问题。

5.3　严重性评估

不是所有的可用性问题都是一样的：有的问题会比其他问题更严重。有些问题会让用户感觉心烦或沮丧，另一些问题则会导致用户做出错误的决定或丢失数据。很显然，

这两种不同类型的可用性问题会对用户体验带来不同的影响，严重性评估是处理这类问题的有效方式。

严重性评估有助于集中精力解决关键的问题。对开发人员或者商务人员来讲，没有什么会比拿到一份包含 82 个可用性问题的清单，而且清单上的每个问题都需要立即解决更恼人了。通过对可用性问题进行优先级排序，可以减少设计和开发团队中的冲突，继而更有可能对设计带来积极的影响。

虽然有多种方法可用于可用性问题的严重性评估，但多数评估系统可以被归成两大类。在第一类评估系统中，严重程度完全取决于问题对用户体验的影响程度：用户体验越差，严重程度越高。在第二类评估系统中则会综合考虑多个维度或因素，比如商务目标和技术实现的成本等。

5.3.1 基于用户体验的严重性评估

许多严重性评估方法只会考虑对用户体验的影响程度。这种评估方法易于实施，而且能提供有用的信息。这种评估方法通常会将可用性问题的严重程度分为三级评估，常见的诸如低、中、高。有的评估体系中还会有"灾难"级的问题，这种问题实质上会中断开发流程（导致产品的市场投放或发布的滞后——Nielsen，1993）。

选择什么样的评估系统，取决于组织机构和被评估的产品类型。通常，三个级别的评估系统就能满足多数情况的要求：

低：会让参与者心烦或沮丧，但不会导致任务失败的问题。这类问题会导致用户走了错误的操作路径，但用户仍能找回来并完成任务。这类问题可能只会稍微降低效率和 / 或用户满意度。

中：这类问题会显著提高任务的难度，但不会直接导致任务的失败。遇到这类问题时，研究参与者经常会绕很多弯子才能找到需要寻找的目标。这类问题肯定会影响任务完成的有效性，同时也很有可能影响效率和满意度。

高：所有直接导致任务失败的问题。遇到这类问题后基本没有可能再完成任务。这类问题对效率、有效性和满意度都有极大的影响。

需要注意的是，这套评估体系是对任务失败（是一种测量用户体验的方法）的评估。一项测试中若没有失败的任务，就没有高等级严重性的问题。

这套从低到高分为三个等级水平的评估体系的另一个局限就是：用户体验从业人员会因为担心这些被忽视而不乐意将问题的严重性等级定为"低"。这样这套评分标准就只有两级了。

高等级严重问题的案例

Tullis（2011）讲述了一个我们认为问题严重性等级已经达到极限的案例。20世纪80年代早期，他对一个用于检测金属表面高压电的手持设备的原型进行了可用性测试。这个设备有两个指示灯：一个表示设备工作正常，而另一个则表示电压过高，这将会是致命的问题。不幸的是，两个指示灯都是绿色的，而且紧挨着，也没有任何标示。他恳请设计师修改设计，未果，其后他决定进行一个快速可用性测试。他让 10 位研究参与者用这个设备做了 10 个模拟任务。这个原型被设计为有 20% 的时间会提示电压过高。在研究参与者操作的 100 次任务中，有 99 次指示灯显示操作是正确的，仅有一次发生于系统电压明显过高的情境。这个可用性问题会给用户带来严重的伤害甚至造成死亡。最终，设计师被说服对设计做了重大的修改。

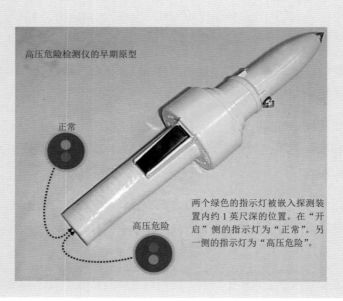

高压危险检测仪的早期原型

正常

高压危险

两个绿色的指示灯被嵌入探测装置内约 1 英尺深的位置。在"开启"侧的指示灯为"正常"。另一侧的指示灯为"高压危险"。

5.3.2　综合多种因素的严重性评估

综合多种因素的严重性等级评估系统通常以问题对用户体验的影响、相关任务的使用频率和/或对商业目标的影响为评估依据。Nielsen(1993)提供了一种简便易行的方法，对用户体验的影响和使用频率这两个因素进行严重性综合评估（见图5.1）。这种评估系统非常直观，而且容易解释。

	极少用户遇到了问题	很多用户遇到了问题
对用户体验的影响很小	严重程度低	严重程度中等
对用户体验的影响很大	严重程度中等	严重程度高

图5.1 综合考虑问题发生频率和对用户体验影响程度的严重性等级评估。

还有一种方案会考虑三个甚至四个维度，比如对用户体验的影响、预期的发生频率、对商业目标的影响和技术/实现成本。可以综合四种不同的三点标度来评估问题的严重性：

- 对用户体验的影响（0＝低，1＝中，2＝高）
- 预期的发生频率（0＝低，1＝中，2＝高）
- 对商业目标的影响（0＝低，1＝中，2＝高）
- 技术/实现成本（0＝低，1＝中，2＝高）

把这四个分数加起来，就会得到一个介于0到8之间的总体严重性等级分数。当然，在做等级判定时会掺杂一些猜测的成分在里面，但是其可取之处在于这种方法毕竟综合考虑了所有的四种因素。或者，如果想做得更炫一点，可以根据组织机构内的一些优先级考虑给每个维度赋予一定的权重。

5.3.3 严重性等级评估系统的应用

在建立了严重性等级评估系统后，还有几件事情需要考虑。

首先，确保一致：选用一种评估系统，然后在所有的研究中都采用这种系统。通过使用相同的严重性等级评估系统，就能在不同的研究之间进行有价值的比较，也有助于引导受众去理解不同严重等级的差异处。受众越认可这种评估系统，设计方案就越有说服力。

其次，清晰说明每一个严重等级的意义。对每一个等级都尽可能用实例说明。这对团队中可能也会参与评估的其他可用性专家来讲尤为重要。开发人员、设计师和商业分析师都理解每一个严重性水平所代表的意义也非常重要。"非可用性"领域的受众对每一个水平理解得越透彻，就越容易对高等级问题的设计解决方案施加影响力。

然后，设法让多个可用性专家参与每个问题的严重性等级评估。一种行之有效的方法是先让这些可用性专家单独对每一个问题的严重程度做评估，然后对评分结果不一致的问题进行讨论，并尝试给出一个达成一致的合理评分。

最后，还存在是否应当把可用性问题作为问题追踪系统一部分的争论（Wilson & Coyne，2001）。Wilson 认为有必要将可用性问题作为问题追踪系统的一部分，这样可以突出可用性问题的重要性，增加可用性团队的威信，从而提高修改问题的可能性。Coyne 认为可用性问题和修改可用性问题的方法都比典型的产品问题复杂得多。因此，将可用性问题放在一个独立的数据库中更合理一些。无论如何，重要的是对可用性问题进行追踪，并确保它们能得到解决，而不至于被遗忘。

5.3.4　严重性等级评估系统的忠告

不是每个人都相信严重性评估。Kuniavsky（2003）建议让受众自己给出他们的严重性评分。他主张只有那些非常熟悉商业模式的人才有能力对各可用性问题的相对优先等级给出判定。

Bailey（2005）则强烈反对任何形式的严重性等级评估系统。他引证了几项研究成果，这些研究表明可用性专家在对给定的任一可用性问题的严重性进行等级评估时都很难达成共识（Catani &Biers，1998；Cockton & Woolrych，2001；Jacobsen，Hertzum，& John，1998；Molich & Dumas，2008）。这些研究普遍表明在判定高严重等级的可用性问题时，不同的可用性专家几乎没有交集。很明显，在这种情况下，如果很多重要决策都基于严重性等级评估就会带来麻烦。

Hertzum 等人（2002）强调了在进行严重性等级评估中可能还存在的另一个不同的问题。在研究中，他们发现当多个可用性专家作为一个团队分工协作时，每一个专家对自己发现的可用性问题的严重性判定等级都要高于对其他人发现的可用性问题的判定。这被称为评估者效应。如果仅依赖于一位用户体验专业人员进行严重性等级评估，这一效应会给这种做法带来严重的问题。作为专业人士，我们目前尚不清楚为什么不同专家间的严重性等级评定会不一致。

那么，我们应当怎么做？我们相信虽然严重性等级评估不是完美无缺的，但对我们来讲依旧是有用的。它至少可以帮助我们关注那些最迫切需要解决的问题。如果没有严重性等级评估，设计师或者开发人员就会设置他们自己的优先级列表，而该列表可能就是根据最容易解决或实施成本最低等潜在规则来确定的。即便在进行严重性评估时会掺杂一些主观因素，但有严重性等级评估至少比没有好。我们相信，大多数相关人员都知道，严重性等级评估中的艺术成分要多于科学成分，他们也会在这样一个更大的认知情境内去理解或诠释严重性等级评分。

5.4 分析和报告"可用性问题相关的度量"

一旦确定了可用性问题及其优先级后，对这些可用性问题本身进一步分析有助于研究者的工作。这就需要研究者提炼出一些与可用性问题相关的度量。研究者如何准确地提炼这些度量，在很大程度上依赖于研究者头脑中已有的各种类型的可用性问题。借助于与可用性问题相关的一些度量，我们就可以回答下面的三个基本问题。

- 该产品的总体可用性如何？如果只想对这个产品的表现有个总体的认识，那么回答这个问题就会很有用。
- 产品的可用性是否随着每一次设计迭代而提高？如果想知道可用性在每次新改进的设计迭代中的变化情况，就应当关注这个问题。
- 应当着力于哪些方面以改进设计？如果需要决定该将资源集中于哪些方面，那么知道这个问题的答案就会有帮助。

无论是否有严重性等级评估，我们要进行的所有这些分析都可以完成。严重性等级评估只是增加了一种过滤问题的方式。有时，严重性评估可以帮助我们将焦点聚集于高等级严重性问题；而另一些时候，同等对待所有的可用性问题则会更合理一些。

5.4.1 独特问题的频次

最常用的衡量可用性问题的方法就是数一数有多少个独特问题（unique issues）。如果想知道迭代设计过程中每次新的迭代给设计带来可用性变化的总体情况，通过分析可用性问题的多少就能达到目的。比如，在前三次设计迭代中可用性问题的数量从 24 降到了 12，再降到了 4。很显然，设计在朝着正确的方向发展，但这并不一定证明设计效果得到了大大的提高。或许剩下的这 4 个问题要比没有再次出现的其他问题都要严重得多，其他一切都无关紧要。因此，我们建议在呈现这种类型的数据时要针对问题进行全面透彻的分析和解释。

请记住这里说的频次仅代表**独特问题**的数量，而不是所有研究参与者遇到的**问题总数**。比如，参与者 A 遇到了 10 个问题，而参与者 B 遇到了 14 个问题，但参与者 B 遇到的这些问题中有 6 个与参与者 A 一样。假如只有这两个参与者参与了测试，那么总的问题数应当是 18。图 5.2 的示例说明了在比较多种设计时如何呈现可用性问题的频次。

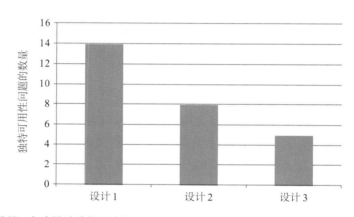

图 5.2　样例数据：每个设计迭代的独特可用性问题数量。

同样的方法还适用于对那些已有严重性等级评分的可用性问题进行分析。比如，研究者如果已经将可用性问题的严重性分成三个等级（低、中、高），那么可以很轻松地知道每种等级的可用性问题有多少个。当然，最有说服力的数据是每次设计迭代后高优先级问题数量的变化。如图 5.3 所示，通过分析不同严重等级的可用性问题的数量，就能获得非常有帮助的信息，因为这样我们就能知道我们在每次设计迭代中是否解决了最重要的可用性问题。

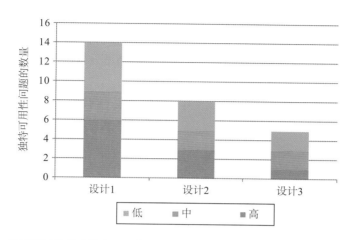

图 5.3 样例数据：不同设计迭代中不同严重等级的可用性问题的数量。其中最重要的是严重等级最高的问题数量变化。

5.4.2 每个参与者遇到的问题数量

通过分析每个参与者遇到的问题数量，也能获得有价值的信息。在一系列的设计迭代中，研究者会希望看到这些问题的数量连同总的问题数量一起降低。图 5.4 中的例子说明了在三次设计迭代中每个参与者遇到的平均问题数量。

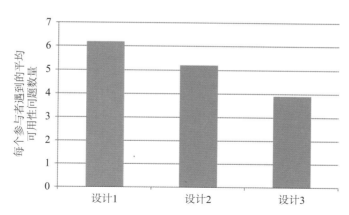

图 5.4 样例数据：三次可用性测试中参与者遇到的平均可用性问题数量。

当然，我们还可以进一步分析每位参与者所遇到的可用性问题在不同严重等级上的平均分布情况。如果在一系列设计迭代中每个参与者平均遇到的问题数量没有减少，但问题的总数量却减少了，说明用户遇到的问题开始趋同。这一现象还说明，少数用户遇到的那些问题得到了解决，但多数用户共同遇到的普遍问题则有待解决。

5.4.3　参与者人次

另一种分析可用性问题的有效方式是观察遇到某个问题的参与者人次或比例。比如，研究者会关注用户是否正确使用了网站上新添加的一些导航元素。研究者可以报告说在第一次设计迭代中有一半的用户遇到了某个问题，但在第二次设计迭代的 10 位用户中只有 1 位遇到了同样的问题。在关注某个特定设计元素的可用性改善而不是整体的可用性提升时，这个度量非常有用。

在进行这类分析时，要确保在不同的参与者和设计之间所采用的判定标准保持一致，这一点非常重要。如果对某个问题的描述有些模糊不清，那么数据结果就没有多大意义。一个好的做法是把某问题具体是什么明确写下来，这样就能减少在不同用户或设计之间可能存在的理解偏差。图 5.5 提供了一个此类分析的例子。

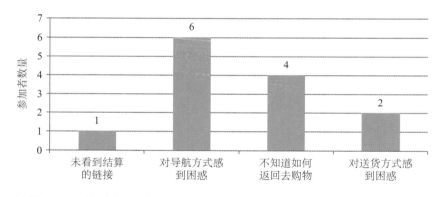

图 5.5　样例数据：遇到各特定可用性问题的参与者数量。

这种分析严重等级的方法适用于以下两种情形。首先，通过进行严重性等级评估可以着重关注高优先级的问题。比如，研究者可以报告一共有 5 个突出的高优先级问题，并且遇到这些问题的用户数量随着每次设计迭代而逐渐减少。另一种方式就是将所有高优先级的可用性问题合起来分析，进而报告遇到高优先级问题的参与者比例。这种方法可以帮助研究者从总体上了解可用性随着每次设计迭代而发生变化的情况，但无法帮助研究者确定是否要解决某个特定的可用性问题。

5.4.4　问题归类

有时候从战术层面来分析应当着重改进哪些方面的设计也是有好处的。也许研究者会感觉只是产品的某些方面导致了多数的可用性问题，比如导航、内容、术语等。在这种情况下，把可用性问题归结成几大类会有助于获得有用的信息。在使用这种方法时，只需要先将问题分析归类，然后查看每一类别中的问题数量。问题归类的方式有多种，需要确保归类方式对研究者和受众都能解释得通，使用的类别也不能太多，在通常情况下，三到八类即可。如果类别太多，就没有多少指导意义。图 5.6 提供了一个对可用性问题进行归类分析的例子。

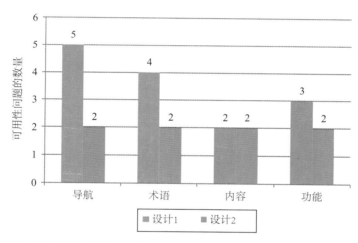

图 5.6　样例数据：按类别将可用性问题进行归类后的问题数量。可以看出，与第一次设计相比，第二次设计在导航和术语两方面都有所改进。

5.4.5　按任务区分问题

我们还可以按任务级别来分析问题。研究者也许想知道哪一个任务中存在的问题最多，那么就可以报告每个任务上出现的问题数量。这有助于发现在下一阶段的设计迭代中需要着重关注哪些任务。或者，也可以报告每个任务中遇到可用性问题的参与者数量。这些数据会告诉研究者某个具体问题的普遍性。某个任务中出现问题的数量越多，就应该越关注该问题。

如果已经对每个问题都进行了严重性等级评估，那么进一步分析每个任务中高优先级可用性问题的出现频率会非常有用。尤其是在着重解决某些大问题及设计重点放在特定任务上时，这种方法尤为有效。除此之外，在使用相同的测试任务来比较不同的设计迭代时也非常有用。

5.5 可用性问题发现中的一致性

在发现可用性问题和对其进行优先级评估时，有关如何确保一致性和避免偏见方面的著述众多，但获得的相关信息却不乐观。很多研究都表明人们难以在何为可用性问题或者这个问题有多严重等方面达成共识。

由 Rolf Molich 协调组织的 CUE（Comparative Usability Evaluation）研究可能是最详尽的一系列研究，从 1998 年到目前为止，他们一共进行了 9 个独立的 CUE 研究，每一个研究都采用了相似的研究方法。来自不同小组的可用性专家都对同一个设计进行评估。每一个小组都报告了他们的发现，包括找到的可用性问题和设计建议。第一个研究 CUE-1（Molich 等，1998）发现在找到的问题中只有少数有重叠。事实上，在所确定的 141 个问题中只有 1 个由参与研究的四个小组共同发现，而其中的 128 个问题则只有 1 个小组报告了。几年后，CUE-2 的结果也没有更加鼓舞人心：所有问题中有 75% 的问题只有 9 个小组中的 1 个小组报告过（Molich et al.，2004）。CUE-4（Molich & Dumas，2006）也发现了类似的结果：对 60% 的问题，只被参与研究的 17 个小组中的 1 个小组报告过。最近，CUE-8 关注如何在使用用户体验度量和得出结论时保持一致性。

CUE-8 ——从业者如何测量网站的可用性

作者 Rolf Molich, Dialog Design

15 个经验丰富的可用性专业团队同时独立地对汽车租赁网站（Bdget.com）进行可用性基线度量。这个比较研究发现不同的团队在测量方法上存在的巨大差别。但其中有 8~10 个团队使用了相似且成熟的方法，获得的结果也惊人地相似。

15 个团队评估同一个网站

2009 年 5 月，15 个来自美国和欧洲的团队对汽车租赁网站（Budget.com）同时进行了独立的可用性评估。评估的目的是研究：专业的可用性评估之结果是否可复现；有经验的专业人员实际上是如何开展可用性评估的。

所有的评估都是基于相同的评估脚本和指导语来进行的。虽然研究参与者被要求收集任务完成时间、任务成功和满意度数据，以及通常都会收集的任何定性数据，但是评估脚本中并没有详细规定各团队需要收集和报告的评估指标。匿名处理后，来自这15个参与团队的报告已经向公众在线开放。

所有的团队都被要求在研究中使用5个相同的任务来评估，比如"在马萨诸塞州的波士顿罗根机场租一辆中等尺寸的车，租车时间为2009年6月11日星期四上午9点到6月15日星期一下午3点。租车人为John Smith，电子邮件地址为john112233@hotmail.com。不要提交预定。"

各团队用了9到313位用户、21到128小时的不等时间完成了这项研究。有趣的是，测试用户数量最多的团队用了最少的时间完成了研究。这个团队用了21个人时完成了313个测试单元，这些测试单元都是在无引导情境下进行的。

15个团队中有8个使用了SUS来测量主观满意度。尽管存在一些众所周知的不足，SUS似乎还是被当作当前行业标准在使用。除SUS以外，再没有其他的问卷被一个以上的团队使用。

除要求的定量结果外，有9个团队还给出了定性分析的结果。看上去可以作为定性数据的整体印象，是一个非常有用的测量"副产品"。

这项研究被称为CUE-8。它是可用性评价比较研究系列中的第8个。

无主持人的测试

6个团队使用了无主持人（undoerated）或非引导型的自动化评价。这6个团队中，有两个在非引导型测试中穿插了有主持引导的测试。这些团队获得了有价值的结果，但有些也发现他们在无参与的评估环节中收集到的数据受到了污染或无效。有的参与者报告了不可能的任务完成时间，这可能是因为他们想用最少的付出来获得研究报酬。

一个受污染的数据例子就是用33秒完成租车的，这在Budget.com网站上是不可能做到的。出现这种很明显被污染了的数据，使得所有数据的有效性都受到了质疑。不真实的数据很容易就能被发现，可是，假如包含了不真实数据的数据集中，有租车时间为146秒的报告数据，该如何处理呢？虽然146秒看上去很真实，但你怎么知道在无主持人监督的情况下，参与研究的用户有没有使用不能接受的方式在该时间内完成了相应的测试任务呢？

从节省资源的角度来看，无主持人引导的评估很有吸引力，然而数据受污染是一个很严重的问题，因为不清楚研究者最终真正评估的是什么。尽管有主持人引导的测试和无引导的测试都有可能出错，但在无人主持引导的测试中更难以发现和纠正这些可能的错误。因此，需要做更多的研究来探索如何防止数据污染和如何高效地清除受污染的数据。

远程测试工具的易用性和干扰性会影响主持人引导的评测。有的团队抱怨界面设计得太简陋。我们建议从业人员在进行可用性评估时使用可用的产品来做评测对象。

从业者在 CUE-8 中的收获

CUE-8 确定了一些实施高质量评测活动的原则。CUE-8 中最有意思的发现可能就是这些没有参与研究的团队所注意到的原则。

- 在定量测试中，要严格遵循事先已经明确定义好的评测流程。

- 在定量研究中，要报告任务完成时间、成功 / 失败率和满意度。

- 将操作失败的任务时间从任务平均完成时间中剔除。

- 要知道取样本身不可避免地存在偏差。要使用严格的用户筛选标准，尽可能在结果中提供置信区间。还需要记住的是任务完成时间不是正态分布的，因此，根据原始得分计算置信区间的通常做法可能会引起误解。

- 要将定性和定量的发现结合在一起报告。要说明发生了什么（定量数据），并辅以说明发生的原因（定性数据）。定性数据可以为用户面对的严重问题提供深入的解释说明，如果不呈现这些解释说明，那么报告的效果可能会适得其反。

- 要说明用户样本构成与大小的合理性。这也是让客户判断可以在多大程度上认可测试结果的唯一方式。

- 当使用非引导式的方法来进行定量研究时，要确保能区分出极端的和不正确的结果。尽管非引导型测试在投入有限的情况下就能测量用户任务方面产量很高，但是数据的数量并不能替代数据的质量。

更多的信息

这篇共有 17 页的参考论文 "*Rent a Car in Just 0, 60240 or 1217 Seconds? Comparative Usability Measurement, CUE-8*" 详细描述了 CUE-8 的研究结果。这篇文章发表在 "*Journal of Usability Studies*" 2010 年 11 月的版面上，可免费阅读。

5.6 可用性问题发现中的偏差

影响发现可用性问题的因素有很多。Carolyn Snyder（2006）总结了许多可能会给可用性发现带来偏差的因素。她认为偏差无法彻底消除，这是可以理解的。换句话说，即使我们采用的方法有瑕疵，但这些方法依旧是有效的。

我们对可用性研究中由各种因素导致的偏差进行了提炼，并归为以下七大类。

参与者：测试的参与者至关重要。每一个参与者都有一定水平的专业技术、专业知识和动机。有的参与者可能非常清楚参加的目的，而有的参与者则可能不清楚。有的参与者在实验室环境里感觉很自在，有的则不是这样。所有这些因素对最终发现的可用性问题都有很重要的影响。

任务：选择什么样的任务会对发现什么样的问题产生重要的影响。有些任务的结束状态定义得非常清楚，而有些任务则没有一个明确的结束状态，还有一些则可能是由参与者自己制定的任务。选择什么样的任务，从根本上决定了产品的哪些方面受到了检验以及检验的方式是什么。尤其是对复杂的系统来讲，选择什么样的任务会对发现什么样的问题起着主要作用。

方法：评估的方法也很关键。这些方法可能会是传统的实验室测试或某些类型的专家评估法。其他方面的一些决策也很重要，比如每个测试单元要持续多长时间、是否让用户出声思维、或者探查问题的方式与时机等。

产品：被评估的原型或产品的性质也会对发现的问题有很大的影响。交互方式会因测试时使用的是纸面原型、功能化或半功能化原型或者一个完整的产品系统而存在很大差异。

环境：物理环境也会发挥作用。这些环境因素可以是与参与者的直接交互，也可以是通过电话会议、单向玻璃甚至是在用户家中发生的间接交互。其他的一些物理环境因素如照明、坐姿、单向玻璃后的观察者和录像等都会对问题的发现带来影响。

测试主持人：测试主持人（moderator）本身的差异也会对发现什么样的问题产生影响。用户体验从业人员的经验、专业知识和动机都起着关键作用。

预期：Norgaard 和 Hornbaek（2006）发现很多可用性从业人员在进行测试时对界面中哪些区域最有可能存在问题是抱有预期的。这些预期对他们报告什么样的内容会有很重要的影响，还会经常让他们错过很多其他重要的问题。

Lindgaard 和 Chattratichart（2007）进行过一项有趣的研究可以解释造成这些偏差的原因。他们对 CUE-4 中 9 个小组的报告做了分析，这 9 个小组都进行了由真实用户参与的正规的可用性测试。他们对每项测试中的用户数量、任务数量和报告的可用性问题数量做了分析。测试**参与者**的数量与发现问题的比例之间并没有显著的相关关系。然而，他们确实发现在任务数量与发现问题的比例间存在显著的相关关系（$r = 0.82$，$p < 0.01$）。如果只看新发现的问题比例，它与任务数量之间的相关度更高（$r = 0.89$，$p < 0.005$）。如Lindgaard 和 Chattratichart 得出的结论，这些结果表明"在参与者招募环节严格细致的前提下，扩大任务的覆盖面要比增加用户数量更富有成效。"

在可用性测试中扩大任务覆盖面的一种行之有效的方式，是定义一套所有的参与者都必须完成的核心任务以及另一套只适用于某个参与者的任务。这些额外的任务可以根据参与者的特征（比如现有客户或者潜在客户）来选定，也可以随机选取。采用这种方法时，当对参与者进行比较时，需要多加小心，因为不是所有的参与者都完成了相同的任务。在这种情况下，研究者可能只对核心任务做某些特定的分析。

特殊案例：眼动研究中，测试主持人的偏差

在测试过程中观察哪些内容是引导型可用性研究的一个难点。测试主持人通常会观察参与者及其在屏幕或其他一些界面上的交互。在通常情况下，这样做能取得不错的效果，但在眼动研究中却是一个例外。多数眼动研究都会度量参与者看了什么，以及参与者是否注意到了界面上的关键要素。作为测试引导人员或主持人，很难做到在参与者扫视界面的时候不去看测试中的目标元素。测试参与者很容易就能觉察到这一点，然后就开始注意引导人员看的地方，从而一步步利用这些信息找到目标。这一切都在不知不觉中迅速地发生。虽然这种行为在用户体验文献中没有被报道过，但我们在自己的眼动研究中的确观察到了。对这个问题，最好的处理方法就是有意识地避免，如果引导人员发现自己的眼睛开始瞟向目标或其附近，就需要重新将眼睛回到参与者身上，观察他们正在做什么，或者迫不得已的时候让自己看页面上的其他元素。还有一种办法是：如果有条件的话，不要与参与者坐在同一个房间中。眼动研究中，当引导人员与参与者坐在一起时，参与者很有可能会不自觉地将视线从屏幕上挪开而去看引导人员。

5.7　参与者数量

在一个可用性测试中，需要有多少用户参与才能确保发现的可用性问题是可信的？有关这一问题的争论有很多。几乎每一位用户体验从业人士都有自己的看法。针对这个问题，不仅有很多不同的观点，而且还开展了不少扣人心弦的研究。这类研究可以分成两大阵营：认为五个参与者就足够发现多数可用性问题的人，以及认为五个用户还远远不够的人。

5.7.1　五个参与者足够

一个阵营的人认为，通过前五个参与者的测试就会发现大多数或者 80％的可用性问题（Lewis，1994；Nielsen & Landauer，1993；Virzi，1992）。这就是所谓的"魔法数字 5"。估计可用性测试中需要多少参与者的最重要的方法之一就是测量 p 值，即单个测试用户发现某个可用性问题的概率。这种概率因研究而异，但平均值一般在 0.3 或者 30％左右。在一篇研讨会的讨论文章中，Nielsen 和 Landauer（1993）针对 11 个不同研究的分析结果表明，发现可用性问题的平均概率是 31％。这个数字在本质上说明：在每位参与者的测试过程中，平均能发现 31％左右的可用性问题。

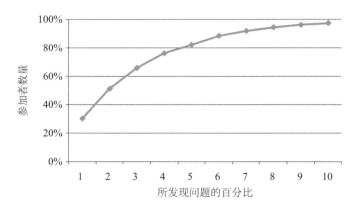

图 5.7　样例数据：在可用性研究中，当问题发现概念确定的情况下，观察到的问题总数与所用用户数量之间的关系。

　　图 5.7 说明了当发现问题的概率是 30% 时，发现问题的数量与用户数量之间的函数关系（需要注意的是，这个函数关系假设所有的问题都有同等被发现的概率，这或许是一个大的假设）。正如读者所看到的：当第一个参与者完成测试后，会发现 30% 的问题；当第三个参与者完成测试后，大约会发现 66% 的问题；而当第 5 个参与者完成测试后，约有 83% 的问题被发现。这一主张不仅得到了数学公式的支持，也得到了实践的检验。许多用户体验专业人士在迭代设计过程中只测试五或六个用户。在这种情况下，除了个别例外情形，参与测试的用户数量一般不会超过 12 个。如果产品的适用范围很广或者有明显不同的用户群体，就非常需要测试 5 个以上的用户。

计算 p 值或发现问题的概率

　　计算发现问题的概率非常简单。首先将测试中发现的所有问题列在一起。然后，单独统计出每位参与者发现的问题数量。再把每位参与者发现的问题总数加起来，并将之除以所有参与者发现的问题总数。这样每位参与者都碰到过从 0% 到 100% 不等的问题数量。然后，据此计算所有测试参与者的平均数。这就是本次测试中发现问题的总体概率。请看表格中的例子。

用户	问题1	问题2	问题3	问题4	问题5	问题6	问题7	问题8	问题9	问题10	比例
用户1	X		X		X		X	X	X		0.6
用户2	X	X		X		X					0.4
用户3			X			X		X	X	X	0.5
用户4	X	X			X			X	X	X	0.6
用户5				X	X		X				0.3
用户6	X					X			X	X	0.4
用户7		X	X		X		X	X	X		0.6
用户8	X		X	X	X		X	X		X	0.7
用户9		X	X	X		X		X	X		0.6
用户10		X			X						0.2
比例	0.5	0.5	0.5	0.4	0.6	0.4	0.4	0.6	0.6	0.4	0.49

一旦确定了平均的问题发现概率（在本例中是 0.49），下一步就要计算发现一定比例的问题所需的用户数量。可以使用下面的公式：

$$1-(1-p)^n$$

其中，n 表示用户的数量。

所以，如果想知道 3 个用户的样本量所发现的问题比例，则可以通过如下步骤来计算：

- $1-(1-0.49)^3$

- $1-(0.51)^3$

- $1-0.133$

- 0.867，或者说在这个研究中通过三个用户的测试能发现 87% 左右的问题。

5.7.2　五个参与者不够

最近，有些研究者对魔法数字 5 的观点提出了质疑（Molich 等，1998；Spool & Schroeder，2001；Woolrych & Cockton，2001）。Spool 和 Schroeder（2001）让参与研究的用户在三个不同的电子网站上购买不同的产品，比如 CD 和 DVD。在测试了前 5 个用户后只发现了 35% 的可用性问题，这远低于 Nielsen（2000）估计的 80%。然而，虽然在这项研究中购买物品的任务定义得非常清楚，但所评估网站的范围却非常大。

Woolrych 和 Cockton（2001）因此对"五个用户即足够"的说法不以为然，主要的原因是这种说法并没有考虑用户间的个体差异。

Lindgaard 和 Chattratichart（2007）对 CUE-4 中的九个可用性测试进行了分析，其结果也对魔法数字 5 提出了质疑。他们比较了 A 组和 H 组的结果，这两个组都完成得非常出色，分别发现了全部可用性问题的 42% 和 43%。A 组只用了 6 个参与者，而 H 组有 12 个参与者。乍一看，这也证明了魔法数字 5 的正确性，因为 6 个用户发现的问题数量与 12 个用户发现的问题数量一样。但是更一步的分析却得出了一个不同的结论。在对两个组报告的问题的重叠部分进行专门分析后发现，只有 28% 的问题是两个小组共同发现的。也就是说，有超过 70% 的问题只被其中的一组报告了，因此就排除了 5 个用户的规则也适用于该案例的可能性。

评估者效应

评估者效应（Hornbaek & Frokjaer，2008；Jacobson，Hertzum，& John，1998；Vermeern，van Kesteren，& Bekker，2003）指在可用性测试中不同的用户体验专业人士会发现不同的可用性问题。换句话说，不同的用户体验专业人员发现的可用性问题存在很少的相同点或重叠。Rolf Molich 所主持的 CUE 研究中，就不断地出现评估者效应。最近，CUE-9（Molich，2011）开始关注评估者效应。在该研究中，34 个测试团队的项目负责人中大多数都相信他们发现了最重要的可用性问题。然而，这些问题的重合度却很低。而且，这些测试团队也认为做更多的用户测试并无助于他们发现更多的可用性问题。

可用性研究中测试用户的数据往往已被建议，在这种情景下，该如何看待和处理上述发现呢？当测试过 5~10 个参与者之后，用户体验专业人员很容易就可以宣称他们发现了多数的可用性问题。而事实上，他们通常都会非常自信。但是，他们又如何能真正地知道发现了多数的可用性问题呢？除非他们将自己的发现与其他的用户体验专业人士的发现进行了比较。事实是，他们没有这么做，也就不会知道是否真的发现了多数重要的问题。很可能的情况是：其他未被发现的可用性问题通常也是很重要的那些问题，只有在被另一个用户体验专业人员进行另一次独立的评估后才会被发现。

5.7.3　我们的建议

我们建议在确定可用性测试中的用户数量时要采取灵活变通的策略。在满足如下条件的前提下，用一个用户体验团队来测试 5~10 个用户是可以接受的。

- 漏掉几个主要的可用性问题也无关大碍。研究者更关心如何发现一些大的问题，然后进行迭代设计和再测试。因此，任何改善都是受欢迎的。
- 测试的产品只有一个独立的用户群，而且研究者判断他们对设计和任务的看法是很相似的。
- 设计所涵盖的范围有限。该设计只有很少的界面和 / 或任务。

如果出现如下情况，我们建议增加测试用户的数量和 / 或测试团队的数量。

- 研究者需要发现尽可能多的用户体验问题。换句话说，一旦漏掉了任何一个严重的可用性问题，都会带来重大的负面影响。
- 不是只有一个独立的目标用户群。
- 设计所涵盖的范围很广。在这种情况下，我们建议增加测试任务的涵盖面。

我们充分意识到不是每个人都有机会接触多个不同的用户体验研究人员。在这种情况下，就需要尽力从任何可能的其他观察者那里获取反馈。没有人能看到所有的问题。同时，还得承认有些主要的可用性问题就是有可能会被漏掉。

5.8　总结

许多可用性专业人士都以发现可用性问题和提供可操作的改进建议为生。虽然进行可用性问题的度量并不是常见的工作，但却可以与任何人的日常工作轻松地结合在一起。测量可用性问题可以帮助研究者回答一些基本的问题，比如设计的好（或坏）程度、每次迭代设计后可用性的变化情况，以及需要把资源集中在哪些方面以解决突出的问题。在发现、测量和呈现可用性问题时，应当谨记如下几点。

1. 面对面的实验室研究是发现可用性问题最简单的方式，但也可以通过在自动化研究中参与者的详细评论来发现可用性问题。对相关行业领域了解得越多，就会越容易发现问题所在。同时，有多位观察者参与也非常有助于发现可用性问题。

2. 当费尽心思确认一个问题是不是真的问题时，研究者首先应当问问自己：在用户的思考和行为背后是不是存在一个与之符合的合理情境，是否有可靠的发生背景作为支持。如果发生背景是可信的，那么这个问题就可能是真实的。

3. 可以使用多种方法来确定可用性问题的严重性。任何严重性评估都应当考虑相关问题对用户体验的影响。其他一些因素（如使用频率、对商业价值的影响以及持续性等）可能也需要考虑进去。有些严重性等级评估是基于简单的低、中、高的等级评估体系；在另一些评估体系中则会使用数字来量化评估。

4. 测量可用性问题的常用方法包括：计算特定问题的发生频率、遇到某个具体问题的参与者百分比，以及不同任务或类别中出现问题的频次。针对那些严重性高的问题或从一个设计方案迭代升级到另一个设计方案时问题的变化，可以做一些追加分析。

5. 在发现可用性问题时，会遇到一致性方面的问题，也会存在相应的偏差。造成偏差的原因有很多，通常是因为对一个问题的产生原因缺少共识所造成的。因此，重要的是，需要团队协同工作，关注高优先级的问题，以及了解不同的偏差来源会如何影响最终结论与判断。任务覆盖面的最大化和引入另一个用户体验团队也会非常关键。

第6章
自我报告度量

了解产品可用性最显而易见的方法就是询问参与者，让参与者告诉研究者他们使用产品时的体验。但是如何询问才能得到有效的数据，这却不是那么明确。研究者的问题可以有多种形式，包括：各种各样的评分量表、参与者可以从中选择的属性列表，以及开放式问题（如"请列出你对本设备最满意的三个方面"）。研究者可能问到的一些可用性属性包括：总体满意度、易用性、导航的有效性、对某些特征的知晓度、术语的易懂性、视觉上的吸引力、对网站所属公司的信任度、游戏中的娱乐性以及许多其他方面的属性。所有这些属性的共同特征是这些信息是研究者通过询问参与者来获得的，这就是我们为什么认为**自我报告**（self-reported）最能恰当地描述这些度量，并且我们还发现，参与者在使用产品时的评论也是重要的自我报告数据。

可用性和用户体验的发展

可用性领域的历史可以追溯至人因学（人类工效学）。这门学科兴起于第二次世界大战，旨在改善飞机驾驶舱以减少驾驶过失。这样就不难理解为什么早期的可用性大多集中于绩效数据上（如：速度和精度）。但是我们觉得这种倾向一直在改变，而且变化很明显。术语"用户体验或 UX"的广泛使用，部分原因是它提供了用户使用产品过程中的全方位体验。甚至在 2012 年，可用性专家协会（UPA）也更名为用户体验专家协会（UXPA）。所有这些都反映了本章所讨论的这类度量的重要性，它涵盖喜悦、愉悦、信任、有趣、挑战、愤怒、挫败等许多度量。Bargas-Avila 和 Hornbæk（2011 年）对 2005 年到 2009 年用户体验领域的 66 个实证研究做了一个有趣的分析，从中可以看出，这些研究是如何反映上述变化趋势的。例如，他们发现在最近的研究中，最常用于评估用户体验的维度是情感（emotions）、愉悦（enjoyment）和美观（aesthetics）。

描述这类数据时还会用到的两个其他名称是**主观数据**（subjective data）和**偏好数据**（preference data）。**主观数据**和**客观数据**相对应，客观数据通常指可用性研究中的绩效数据。主观数据的叫法似乎意味着所收集到的数据缺乏客观性。的确，从每一个提供输入的参与者的角度来看，这种数据是基于他们的主观判断获得的，但是从用户体验专业人士的角度来看，这些数据的收集则完全是客观公正的。同样，**偏好数据**也经常和**操作绩效**相对应。尽管这种叫法没什么错误，但我们认为"偏好"的叫法意味着一个选择要优于其他选择，而在用户体验研究中的情况却不是这样的。

6.1　自我报告数据的重要性

自我报告的数据可以提供有关用户对系统的认知及他们与系统交互方面的重要信息。在情感层面上，这些数据可以告诉研究者用户是如何感受系统的。在许多情况下，这些用户反应是研究者关心的主要内容。即使用户需要不断地使用一个系统操作一些事情，但如果使用上的体验使他们感到开心，那么开心对用户来讲可能就成了使用这个系统过程中唯一重要的事情。

研究者的首要目标是促使用户想起产品。例如，当决定使用什么样的旅游计划网站安排一个即将到来的假期时，用户更有可能想起他们最近使用过而且比较喜欢的网站。他们基本不可能会记得这个网站的业务办理时间有多长，或者耗费了比正常标准更多的鼠标点击次数。这就是为什么用户对一个网站、产品或者商场的主观反应可以是他们未来再次返回或购买的最好预测指标。

6.2　评分量表

在用户体验研究中，使用某些评分量表（rating scales）是获得自我报告数据的最常用的一种方法。两种经典的评分量表是 Likert 量表（Likert scale）和语义差异量表（semantic differential scale）。

6.2.1 Likert 量表

一个典型的 Likert 量表题目会陈述一个观点，回答者要给出自己同意该语句的程度或水平。陈述句可能是正性的（如"本界面所用术语清晰易懂"）或者是负性的（如"我发现导航选项令人困惑"）。通常会使用如下所示的 5 点同意量表：

1．强烈反对

2．反对

3．既不同意，也不反对

4．同意

5．强烈同意

在最初的版本中，Likert(1932 年)在量表中对每个评分点都提供了"标识词"，比如"同意"，并没有使用数字。一些研究者更喜欢用 7 点标度，但是当评分点的数目增加时，给每个评分点都提供描述性的标签就更困难了。这是许多研究者放弃插入给所有评分点予以标识标签，而只对两端（或锚点点）或中间点（中立点）进行语义标识的原因之一。尽管现在使用的 Likert 量表出现了许多变式，但是大部分 Likert 量表的拥护者认为 Likert 量表应当具备两个主要特征：（1）它表达了对一个陈述句的同意程度，（2）它使用奇数个反应选项，因此会允许一个中间选项的存在。按照惯例，当水平呈现 Likert 量表时，"强烈同意"的端点标识通常会放在右边。

在为 Likert 量表设计**陈述句**（即题干）时，需要仔细地遣词造句。通常来讲，应该避免在陈述句中使用诸如"非常""极端地"或"绝对"等副词，而应该使用未经修饰的形容词。例如，"这个网页漂亮"和"这个网页绝对漂亮"两个句子会带来不同的结果，后一种表述会降低"强烈同意"的可能性。

Likert 是谁？

许多人都听说过 Likert 量表，但是不少人不知道这个名称从何而来，甚至不知道该如何发音！它的发音是"LICK-ert"，而不是"LIKE-ert"。这类量表是以发明者 Rensis Likert 的名字命名的，Rensis Likert 于 1932 年发明了这种评分量表。

6.2.2 语义差异量表

语义差异（semetic differential）技术会在一系列评分条目的两端呈现一对相反或相对的形容词，如下所示：

弱 ○○○○○○○ 强

丑 ○○○○○○○ 美

冷 ○○○○○○○ 热

业余 ○○○○○○○ 专业

与 Likert 量表一样，5 点或 7 点标度也是语义差异量表中最常用的。语义差异量表的难点在于，要费尽脑汁找到词义完全相反的形容词对。有时候，手头有一本辞典是非常有用的，因为辞典中会有反义词项。但是你需要清楚这些不同配对词的内涵。例如，一对反义词"友好 / 冷淡"可能和"友好 / 不友好"或"友好 / 敌意"有不同的内涵，而且也会产生不同的结果。

OSGOOD的语义差异

语义差异技术是由 Charles E. Osgood 发展起来的（Osgood 等，1957 年），最初用来测量词或概念的内涵。通过因素分析方法对大量的语义差异数据进行处理，他发现人们在评定词或短语中有三种重复出现的态度属性：评价（如"好 / 坏"）、强度（如"强 / 弱"）和作用（如"消极 / 积极"）。

6.2.3 什么时候收集自我报告数据

在可用性研究中，可以通过出声思维口语报告式的方法，收集用户与产品互动过程中的评论式的自我报告数据。如果想更详细地探讨自我报告数据，还有两个时间节点可以收集：一个在每个任务刚结束的时候（任务后评分），另一个是在整个测试过程结束的时候（测试后评分）。测试后评分更常用，但二者都有各自的优点。在每个任务后即刻进行评分有助于确定那些最有可能存在特定问题的任务和界面。当参与者已有机会与产品进行更全面的接触后，在整个测试单元结束时进行的深度评分和开放式问题则可以提供一个更有效的整体评价。

6.2.4　如何收集自我报告数据

从逻辑上看，可用性测试中可以使用三种技术收集自我报告数据：口头回答问题或提供评分、纸笔形式记录参与者的应答，或者使用一些在线工具让参与者应答。每个技术各有优点，也有不足。从参与者的角度看，让参与者口头应答是最简便的方法。但是，这就意味着需要一个观察者记录参与者的应答，而且因为参与者有时在给予较差评分时不太容易说出口，也会造成一定的偏差。这种方法对在每个任务后进行快速单一的评分是最合适的。

纸笔形式和在线形式对快速评分和规模更大的调查都适用。一般来讲，纸笔形式比在线形式容易创建，但是这种方法需要手工输入数据，这样在对手写记录进行阅读和理解时就有可能出现误差。由于许多基于网络的问卷工具的出现，目前在线形式的制作也越来越容易，而且参与者也越来越习惯于使用这种方法。一个很好用的技术就是把存有在线问卷的笔记本计算机与可用性试验室中的参与者使用的计算机连接起来。这样当需要完成在线调查时，参与者很容易就可以调出相应的应用程序或网站。

在线调查工具

有很多工具可以用于创建和实施网络调查。在网上输入"在线调查工具"，会搜索出许多相关的结果。其中一些包括 Google Docs 的 Forms、Qualtrics.com、SnapSurveys.com、SurveyGizmo.com、SurveyShare.com 和 Zoomerang.com。这些工具大部分支持多种类型的问题，包括评分量表、选择框、下拉式列表选项、表格和开放式问题，并且一般都有一些免费的试用版或功能受限的版本，注册后就可以免费使用。

6.2.5　自我报告数据收集中的偏差

一些研究表明，与匿名网络调查相比，在自我报告数据中直接被询问（不管是面对面还是通过电话）的参与者都会提供更正面的反馈（Dillman 等，2008 年）。这种现象被称为社会称许性偏差（Nancarrow & Brace，2000 年），具体是指受访者倾向于给出他们认为在别人眼中看起来会更好的答案。例如，在进行产品满意度调查时，与在更匿名的方式中给出的满意度水平相比，通过电话进行调查的用户会给出更高的满意度评价。电话调查的受访者或者可用性实验室中的参与者本质上是想告诉我们：他们认为我们乐意听的事情，而且通常是对我们产品的积极反馈。

因此，我们建议用这样一种方式收集测试后的数据：引导人或主持者在参与者回答过程中不要看其答案，直到参与者离开。也就是说，当用户在填写自动或纸笔问卷时，主试要么转过脸去，要么离开房间。这样可以使更匿名的调查带来更真实的反馈。一些用户体验研究人员甚至建议，让可用性测试中的参与者回到家或办公室后再完成测试。可以给参与者一个纸笔调查问卷和一个贴好邮票的信封让他们回答完后把问卷寄回来，或者通过 E-mail 给参与者一个在线调查的链接来实现。这种方法存在的主要缺点是：通常有的参与者不再完成后续的调查，从而会丢失数据。还有一个缺点是增加了用户使用产品与评估产品之间的时间间隔，这可能会产生不可预知的后果。

6.2.6　评分量表的一般指导原则

设计一些好的评分量表和题目并不容易，这既是艺术，又是科学。所以在着手自己编制量表问卷之前，先看一下已有的问卷题目（如本章中列举的那些问题）是否可以直接引用。但是，如果研究者最终还是决定自己编制，有以下几点需要考虑：

- **多角度对问题进行细分量化**。当制作评分量表去评价一个诸如视觉吸引力、可信度或响应性等具体产品属性时，重点要记住的是：如果可以考虑用多个不同的方式请参与者评价该属性，将有可能得到更可信的数据。在分析这些结果时，可以把这些用户应答平均起来以得到参与者对该属性的总体反馈。同样，在设计问卷时可以用正性和负性两种表述方式让参与者给出反馈，这类问卷的成功案例证明了使用这类表述方式的价值。

- **等级数目是奇数还是偶数？** 在评分量表中，量表等级的数目是用户体验专业领域中一个激烈争论的话题。争论的中心是量表中的评分等级数目应该是偶数还是奇数。奇数等级有一个中心或中间点，而偶数等级则没有中间点，在等级为偶数的量表中，用户就必须在量表的一端做出选择。在大多数现实的情况中，对一个事物做出中间的判断或选择是合理的，因而应当允许在评分量表中使用中间反应。所以，在大部分情况下，我们使用奇数等级的评分量表。不过，一些迹象表明，在面对面的评分量表中，不包含中间点的量表可能会减少社会称许性偏差带来的偏差（例如，Garland，1991）。

- **标度点的数目**。另一个问题是评分量表中标度点的数目，似乎有人相信标度点数量越多越好，但我们不同意这样的说法。文献表明，任何超过九点的量表很少能再提供有用的附加信息（例如，Cox，1980；Friedman&Friedman，1986）。实际上，我们通常使用五点或者七点评分量表。

对一个评分量表来说，五点是否足够？

Kraig Finstad（2010）做了一项有趣的研究，对同一个评分量表（本章后续讨论的系统可用性量表（SUS））比较其五点和七点两个版本。采取口头评分的形式，他对参与者回答"插值"的次数进行统计，比如 3.5、3½ 或者 3~4 之间。换句话说，参与者想在两个等级中插入一个等级。他发现，与七点量表的参与者相比，五点量表的参与者明显更有可能使用插值。事实上，在五点量表上的单个评分中大约有 3% 是插值，而在七点量表上则没有。这表明，参与者可以使用"插值"的口头的（或许纸版的也适用）评分量表中，七点评分量表可以得到更准确的结果。

应该用数字标示量表等级吗？

在设计评分量表时有一个问题，是否应该对每一个量表等级赋予一个数值。我们认为没有必要在不超过五点或七点的量表上添加数字标示。但是在增加了量表等级数字后，这些数字也许能帮助用户在量表上记录他们的位置。只是不要使用类似于–3、–2、–1、0、+1、+2、+3的数字。研究表明，人们倾向于避免使用0和负值（例如，Sangster 等，2001；Schwartz 等，1991）。

6.2.7 分析评分量表数据

分析评分量表数据最通用的方法是：对每一个量表等级赋予一个数值，然后计算平均值。例如，就一个五点 Likert 量表来说，你可以把量表"强烈反对"端赋值为1，把"强烈同意"赋值为5。这样，这些均值就可以在不同任务、研究和用户群之间进行比较。大部分用户体验研究人员和市场研究者都常使用这种方法。尽管评分量表数据在理论上不是等距数据，许多从业人员还是把它看作是等距数据。例如，我们可以假定在同一个 Likert 量表上 1 和 2 之间的距离与 2 和 3 之间的距离是相同的。这种假设被称为**等区间度**（degree of intervalness）。我们也假设量表上任意两个评分点之间的数值都是有意义的。底线是这种数据与等距数据足够相似，这样我们可以把它们看成是等距数据。

分析评分量表时，观察应答情况的实际频率分布通常是很重要的。由于每个量表的应答选项相对较少（比如 5~9 个），因而分析其分布情况甚至要比分析类似于任务时间那样的连续数据还重要。在应答选项的分布图中，可以看到重要的信息，如果只查看平均数，必然是看不到这些信息的。例如，假设要求 20 个用户在 7 点量表上对陈述句"这个网站是容易使用的"的同意程度进行评分，结果平均值是 4（正好是中间值）。也许得到这样的结论，用户对网站的易用性的评价比较中庸。但是，接下来观察分数的分布时，会看到有 10 个用户给了 1 分，另外 10 个用户给了 7 分。所以，用户的评价事实上并不中庸。他们要么非常喜欢它，要么非常憎恶它。研究者可能要通过分类分析来探讨：憎恶这个网站的人在某些方面有共性（比如，他们以前从没使用过这个网站），喜爱这个网站的人在某些方面有共性（比如，他们使用这个网站很长时间了）。

评分量表应该从什么数字开始

无论是否把每个量表等级的数字呈现给用户，都要使用这些数据进行分析。但是评分量表应该从什么数字开始，0 还是 1？只要报告量表内容，无论何时都使用平均值，就没有关系（如，在五点量表上的均值是 3.2）。但是在一些情况下，量表从 0 开始比较方便，特别是当用百分比表达可能给出的最高评分时。在五点量表上，5 分相当于 100%，但是 1 分不相当于 20%（如，用 20 来累计计算百分比是错误的）。在五点量表上，1 是最低的分值，所以它应该相当于 0%。因此，我们发现以 0 开头的量表更容易理解，这样 0 分就相当于 0%。

分析评分量表数据另一个通用的方法是查看首项（top box）或前 2 项（top-2 box）的（选择）分数。假设使用一个五点量表，其中，5 表示"强烈同意"。图 6.1 的样本数据计算了首项和前 2 项的分数。首项分数指给出 5 分的参与者比例。类似地，前 2 项指给出 4 分或 5 分的参与者的比例。（前 2 项分数在标度比较多的时候使用得更普遍，比如 7 点和 9 点量表。）这种分析方法背后的理论是集中关注有多少参与者给出了非常正性的评分。（值得注意的是，这个方法也适用于分析另一端的末项和末 2 项。）请记住，当把数据转化为一个前 2 项或末 2 项分数后，数据就不能再被认为是等距的。因此，应该只把它们当作频次数据来报告（如，给出前 2 项评分的用户比例）。还要记住通过计算首项或前 2 项分数，会丢失相关信息。使用这种分析方法时，较低的评分被忽略。

C2 f_x =IF(B2>4,1,0)

	A	B	C	D
1	Participant	Rating (1-5)	Top Box?	Top 2 Box?
2	P1	4	0	1
3	P2	5	1	1
4	P3	3	0	0
5	P4	4	0	1
6	P5	2	0	0
7	P6	3	0	0
8	P7	5	1	1
9	P8	4	0	1
10	P9	3	0	0
11	P10	5	1	1
12	Averages	3.8	30%	60%

图 6.1 样例数据：用 Excel 计算评分量表首项和前 2 项分数。Excel 中“=IF”函数是用来检查一个分数是否高于 4（计算首项）或高于 3（计算前 2 项）。如果是，则赋值为“1”；如果不是，则赋值为“0”。这些“1”和“0”加起来求平均，就可得到首项和前 2 项得分的百分比。

从实用的角度来说，在分析评分量表时使用平均分数和使用首项或前 2 项的分数有什么区别呢？为了说明这个区别，我们看一下在 2008 年美国总统大选前夕执行的一个在线研究的数据。有两位候选人巴拉克 · 奥巴马（Barack Obama）和约翰 · 麦凯恩（John McCain），他们都有自己的竞选网站。参与者被要求在其中一个网站上执行 4 个相同的任务（他们被随机分配）。在完成每个任务之后，他们都要在一个五点量表上对任务的容易程度进行评分（1 = 非常困难，5 = 非常容易）。在执行任务的参与者中，有 25 位使用奥巴马的网站，有 19 位使用麦凯恩的网站。然后我们通过计算均值、首项分数、前 2 项分数对任务容易度进行分析，结果如图 6.2 所示。

三个图表似乎表明在三个任务（任务 1、任务 2、任务 4）中奥巴马网站比麦凯恩网站得到了更高的分数，而麦凯恩网站只在一个任务（任务 3）中得到了比奥巴马网站更高的分数。但是，两个网站间差异的明显程度取决于分析方法。与均值相比，首项分数、前 2 项分数在两个网站间的差异更大（图中，任务 2 中的首项分数和前 2 项分数并不是错误的。因为没有一个参与者在麦凯恩网站中对任务 2 给出了首项分数和前 2 项分数）。另外值得注意的是，与均值相比，首项分数和前 2 项分数的误差线更长。

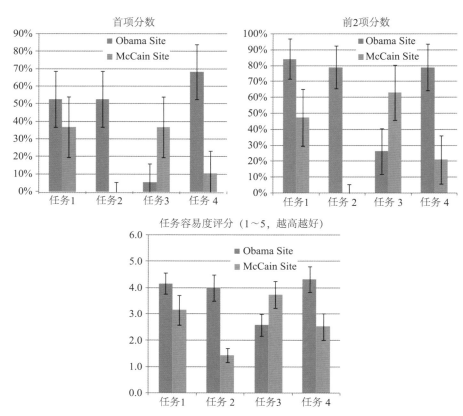

图 6.2　样例数据：对奥巴马网站和麦肯恩网站关于任务容易度评分的三种不同分析（Tullis，2008 年）：平均分、前 2 项分数和首项分数。注意这三种分析方法所揭示的模式是很相近的，但这两个网站是明显不同的。在每一个图中，误差线表示 90% 的置信区间。

那么究竟应该是使用均值还是首项分数来分析评分量表数据呢？实际上，我们通常使用均值，因为它把所有的数据都考虑在内了（没有像首项和前 2 项分析那样忽略一些分值）。但是因为一些公司和他们的高管更熟悉首项分数（通常来源于市场研究），有时我们也使用首项分数。（知道向谁报告研究结果，这一点总是很重要。）

如何计算首项分数的置信区间？

可以用计算其他连续数据置信区间的方法来计算平均分的置信区间：使用 Excel 中的 "=CONFIDENCE" 函数。但如果计算首项或前 2 项分数，就不这么简单了。当计算首项或前 2 项分数时，需要转换成二进制数据：每个分数要么在首项（或前 2 项）里，要么不在。从图 6.1 中可以很明显地看出，在首项（或前 2 项）里的每个分数记为"0"或"1"。我们应该在头脑中敲响警钟：这很像在第4章中检验过的任务成功率数据。当处理二进制数据时，置信区间需要通过校正后的 Wald 法来计算，详见第4章。

6.3 任务后评分

对每个任务进行评分的主要目的是让研究者对那些参与者操作起来最难的任务有个充分的了解。这样也能够给研究者指出产品或系统中需要改进的部分或内容。获得这类信息的一个方法就是让参与者在一个或多个量表上对每个任务进行评分。下面的几个部分对用于这方面的一些方法和技术进行介绍。例如，图 6.2 中的数据表明奥巴马网站的用户认为任务 3 最难，而麦凯恩网站的用户认为任务 2 最难。

6.3.1 易用性

可能最常用的评分量表就是让用户对每个任务的难易程度进行评分。通常，让他们在一个五点或七点量表上对任务进行评分。一些用户体验专业人士更喜欢使用传统的 Likert 量表，如"这个任务容易完成"（1= 强烈反对；3= 既不同意，也不反对；5= 强烈同意）。另外一些专家则更喜欢使用语义差异量表，他们使用固定的标示语，比如"容易 / 困难"。这两个技术都会使研究者获得参与者在任务层面上对可用性感知的测量。Sauro 和 Dumas（2009）评估了只有一个题目的 7 点评定量表，他们称为"独立容易度问题"（Single Ease Question，SEQ）。

总的来说，这个任务：

非常困难〇〇〇〇〇〇〇〇〇〇〇〇〇〇〇〇〇〇〇〇〇〇非常容易

他们把它和其他几个任务后评分比较后发现它是最有效的。

6.3.2 情景后问卷（ASQ）

Jim Lewis（1991）编制了一套有三个题项的评分量表——情景后问卷（After-Scenario Questionnaire，ASQ），目的是用来在用户完成一系列相关任务或一个情景任务后进行评分：

1. "我对该情境中任务完成的容易程度感到满意。"

2. "我对该情境中完成任务所用的时间感到满意。"

3. "在完成任务时，我对辅助性信息（在线帮助、信息、文档）感到满意。"

每个陈述都有一个七点评分量表，其两端值分别是"强烈反对"和"强烈同意"。注意，ASQ 中的这些问题涉及可用性的三个基本方面：有效性（问题 1）、效率（问题 2）和满意度（所有的三个问题）。

6.3.3　期望测量

Albert 和 Dixon（2003）提出了一个不同的方法以收集每个任务后的主观反应。他们特别认为，对每个任务是难还是容易，最重要的是将之与**期望**中的难度**相比**。在用户实际完成任何任务之前，他们要求参与者根据他们对任务或产品的理解，对他们**期望**中的每个任务有多难或多容易进行评分。用户会预期一些任务比另外一些任务容易。例如，得到一只股票的当前流通价格比重新平衡整个投资要容易。然后，在完成每个任务后，要求参与者对任务的**实际**难度有多大进行评分。"前面"的评分被称为**期望**评分，"后面"的评分被称为**体验**评分。对这两个评分都使用了七点量表（1= 非常困难，7= 非常容易）。对于每个任务，可以计算出一个平均的期望评分值和一个平均的体验评分值。然后可以以散点图的形式形象化地表示出每个任务的这两个分数，如图 6.3 所示。

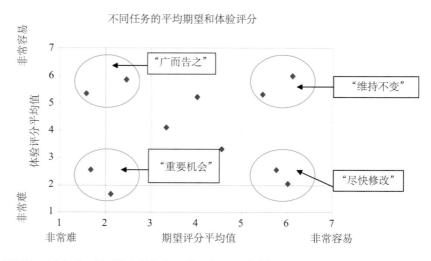

图 6.3　可用性测试中对一系列任务的期望评分平均值和体验评分平均值的比较。任务所落在的象限可以帮助研究者确定哪些任务是需要改进的。来源：选自 Albert 和 Dixon（2003）；本使用获得许可。

散点图中的四个象限对任务提供了一些很有趣的见解，也使研究者知道在进行改进时应当集中关注哪些地方。

1. 右下角象限是用户认为应该很**容易**但是实际上却很**困难**的任务，这可能表示用户对这些任务是最不满意的，用户对此也非常失望。这是研究者首先应该注意的任务，也就是为什么叫作"尽快修改"象限。

2. 右上角象限是用户认为应该很**容易**而实际上也确实**容易**的任务。这些任务运转良好，不需要去"打断"它们，以免所实施的改变带来负面影响。这就是为什么被称为"维持不变"象限。

3. 左上角象限是用户认为**困难**而实际上却非常**容易**的象限。对系统的设计者和用户来说，这都是令人愉快的意外发现。这表明网站或系统有助于使产品区别于竞争产品并脱颖而出，这就是为什么被称为"广而告之"象限。

4. 左下角象限是用户认为**困难**而实际上也确实**困难**的任务。这里没有很大的意外，但是这可以成为一些重要的改进机会。这就是为什么被称为"重要机会"象限。

6.3.4 任务后自我报告度量的比较

Tedesco 和 Tullis（2006）在一个在线可用性研究中比较了多种基于任务的自我报告度量。具体地说，他们在下面 5 种不同的情境中获取每个任务的自我报告评分。

- **方法 1**："总的来说，这个任务：非常困难…… 非常容易"，这是一个非常简单的、一些可用性小组经常使用的任务后评定量表。

- **方法 2**："请评价在这个任务上该网站的可用性：非常难以使用……非常容易使用"，很明显，与方法 1 非常类似，但是强调了**网站**的可用性。可能只有可用性极客（usability geek）能发现二者之间的差异，但是我们想找出这样的差异。

- **方法 3**："总的来说，我对完成该任务的容易程度感到满意：强烈反对……非常同意"，以及"总的来说，我对完成该任务所用时间的长短感到满意：强烈反对……非常同意"。

  这是 Lewis 在 ASQ（1991）中所用的三个问题中的前两个。ASQ 中所问的关于辅助信息（如在线帮助）的第三个问题由于与本研究无关，所以在这里没有使用。

- **方法 4**：（在做所有的任务之前）"你期望这个任务有多困难或多容易？ 非常困难……非常容易"，以及（在做所有的任务之后）"你发现这个任务有多困难或多容易？ 非常困难……非常容易。"这是 Albert 和 Dixon（2003）所描述的期望测量。

- **方法 5**："请用一个 1 到 100 之间的数字来表示该网站支持你完成这个任务的程度"。记住：1 表示该网站完全不支持并且不可用。100 则指该网站非常完美，而且绝对不需要改进。这个方法大体上基于一种叫作"可用性数量估计"（Usability Magnitude Estimation）（McGee，2004）的方法，在这个方法中，要求参与者建立他们自己的"可用性量表"。

一项在线研究比较了这些方法。参与者在一个正在运营的在线产品（live application）上完成了查询职员信息（电话号码、地址、管理人员等）相关的 6 个任务。每个参与者只使用 5 个自我报告方法中的一种，总共有 1131 个人参与了这个在线研究，每个自我报告方法至少有 210 人使用。

本研究的主要目的是了解这些评价方法对任务难度感知差异的敏感性。但是我们也想了解任务感知难度与任务绩效数据是如何对应的。我们收集了任务时间和二分式成功数据（即对每个任务，用户是否发现了正确答案以及他们花费了多长时间）。如图 6.4 所示，不同任务之间在绩效数据上有显著的差异。可以看出，任务 2 是最难的，任务 4 是最容易的。

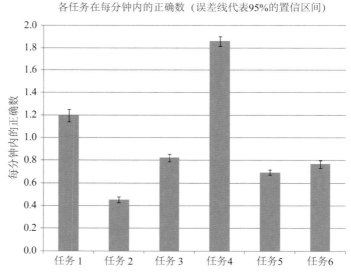

图 6.4　绩效数据显示参与者在完成任务 2 时难度最大，任务 4 最容易。来源：选自 Tedesco 和 Tullis（2006），本使用获得许可。

如图 6.5 所示，任务评分（所有的 5 种方法的平均值）数据反映了任务操作上的类似模式。任务绩效和任务评分之间的相关分析表明，所有的 5 种方法之间的相关都是显著的（$p < 0.01$）。总体而言，6 个任务的绩效数据和任务评分数据之间的斯皮尔曼等级相关是 $R_s = 0.83$。

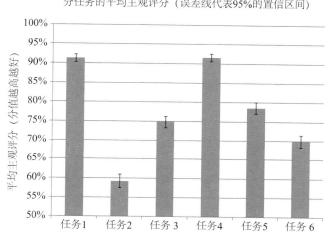

图 6.5 对所有方法的主观评分求平均。评分结果表示为最大可能得分的百分比。与绩效数据相似，任务 2 产生了最差的评分结果，而任务 4 的操作绩效是最好的。来源：选自 Tedesco 和 Tullis（2006）；本使用获得许可。

图 6.6 列出了每个任务的平均得分。主要的发现是：无论使用什么方法，结果模式是非常类似的。由于研究的是大样本量（N=1131），得到这样的结果并不意外。换句话说，在大样本量时，所有这 5 种方法都可以很有效地区分任务。

但是在较小样本量、更典型的可用性测试时结果会是什么样呢？为了回答这个问题，我们进行了一个子样本分析，从数据中随机抽取出不同的样本量进行分析。结果如图 6.7 所示，图中显示了每个子样本分析时该子样本数据和总数据之间的相关。

主要结果是，在这 5 个方法中，使用方法 1 的时候，从最小的样本量开始，子样本量数据和总样本量数据有更好的相关，甚至在样本量只有 7 个的时候（这种样本量在许多可用性测试中是很常见的），它与总样本数据的相关值高达 0.91，这显著高于其他方法下的相关值。这样，作为最简单的评分量表（"总的来说，这个任务是：非常困难……非常容易"），方法 1 在小样本量时，结果也是最可靠的。

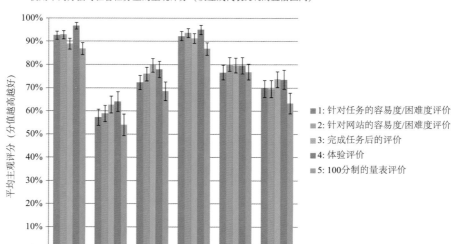

图 6.6　各项任务和方法的平均主观评分。所有这 5 种方法（不同的自我报告方法）在 6 个任务中基本上产生了相同的模式。来源：选自 Tedesco 和 Tullis（2006），本使用获得许可。

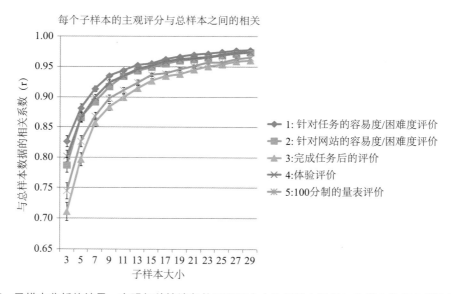

图 6.7　子样本分析的结果，表明每种情境条件下不同大小的子样本数据与总样本数据之间的平均相关（基于 6 个任务的平均评分）。误差值表示平均数的 95% 的置信区间。来源：选自 Tedesco 和 Tullis（2006），本使用获得许可。

在任务过程中进行评分？

　　至少有一项研究表明（Teague 等，2001），在任务进行中要求参与者评分的做法可能会得到一个更准确的用户体验度量。他们发现参与者在任务完成后对易用性的评分显著高于任务进行中的评分。这可能是由于任务的最终成功完成，改变了参与者对任务困难程度的感知。

6.4　测试后评分

　　自我报告度量最常见的一个应用是作为感知可用性（perceived usability）的一个总体测量，这是在参与者完成他们与产品的交互后给出的。这可以作为产品可用性的一个总的"晴雨表"，尤其是在不同时间内使用相同的测量方法建立一个可用性跟踪记录的时候，更是如此。同样，在一个可用性研究中比较多个备选的设计，或者把产品、设备或网站与竞争者比较时，都可以使用这类评价方法。下面介绍一些使用过的测试后评分（post-session rating）方法。

6.4.1　合并单个任务的评分

　　考察整体可用性最简单的方法可能是对单个任务评分后取平均值。当然，这需要假设研究者确实在每个任务后收集了数据（例如，易用性）。如果事实确实如此，研究者可以简单地取其中一个平均数。或者，如果一些任务比较重要，可以取加权平均数。请记住，这些数据与在测试末尾收集的简单印象不同。通过综合各任务的自我报告数据，当感知印象随着时间而变化时，确实可以得到一个平均的感知印象。作为另外一个选择，当研究者只是在测试结束后一次性地收集自我报告数据时，确实测量了参与者对产品体验的最终印象。

　　最终印象就是参与者留下的对产品的感知印象，这会影响未来他们对产品做出的任何决定。所以，如果想在单一任务绩效的基础上测量参与者所感知到的产品易用性，那么需要把来自多个任务的自我报告数据合并起来。然而，如果对了解最终的感知可用性感兴趣，那么我们建议使用下面的方法，这些方法都是在测试末尾进行一次性的测查。

6.4.2 系统可用性量表

系统可用性量表（System usability scale，SUS）是在评估系统或产品感知可用性时使用最广泛的工具之一。它最初是由 John Brooke 在 1986 年编制的，当时他在数字设备公司工作（Digital Equipment）。如图 6.8 所示，它包括 10 个陈述句，用户需要对他们同意这些句子的程度进行评分。其中一半的陈述句是正向叙述的，另一半是负向叙述的。每个句子都使用五点同意标度，并给出了一个方法把 10 个评分合成一个总分（0 到 100分）。把 SUS 分数看成一个百分数是非常方便的，因为它们位于一个 0 到 100 的标度上，100 代表一个完美的分数。

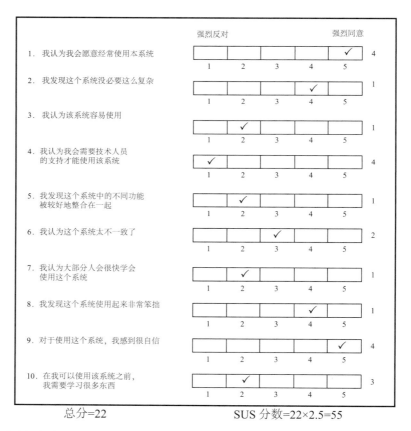

图 6.8 由数字设备公司的 John Brooke 编制的 SUS，以及一个如何计分的例子。

计算一个SUS 分数

为了计算 SUS 分数，首先要把各个项目的分数加起来。每个项目的得分在 0 到 4 之间。项目 1、3、5、7、9 的分数是评分位置减去1。项目 2、4、6、8、10 的分数是 5 减去评分位置后的得数。然后把总分乘以 2.5，就得到一个总的 SUS 分数。请看图 6.8 中的样例数据，使用这些规则就得到 22 分的项目总分，然后乘以 2.5，就得到一个得分为 55（或 55%）的 SUS 总分数。或者更好的是，从 www.MeasuringUX.com 下载我们提供的电子表格来计算 SUS 分数。

无论是研究目的还是商业用途，在可用性研究中都可以免费使用 SUS。使用的唯一前提条件就是需要在任何出版报告中申明来源。因为它的广泛应用，可用性领域的不少研究报告了许多不同的产品和系统的 SUS 分数，包括桌面应用、网站、语音应答系统和各种消费产品。有两个研究（Tullis，2008；Bangor，Kortum 和 Miller，2009）都报告了源于大量研究而进行的 SUS 分析。Tullis（2008）报告了源于 129 个使用 SUS 的研究，Bangor 和他的同事们（2009）则报告了源于 206 个使用 SUS 的研究。两组数据的频数分布非常相似，如图 6.9 所示，Tullis 的数据平均分是 69，Bangor 等人的数据平均分是 71。Bangor 等人基于他们的数据对 SUS 分数做出以下解释：

- <50：不可接受
- 50 ~ 70：临界值
- >70：可接受

SUS中的因子（维度）

尽管 SUS 最初的设计是评估感知可用性这个单一属性，但 Lewis 和 Sauro（2009）发现 SUS 实际上有两个因子。八个问题反映的是可用性因子（维度），另外两个问题反映的易学性因子（维度）。从原始的 SUS 评分中很容易计算出这两个维度的得分。

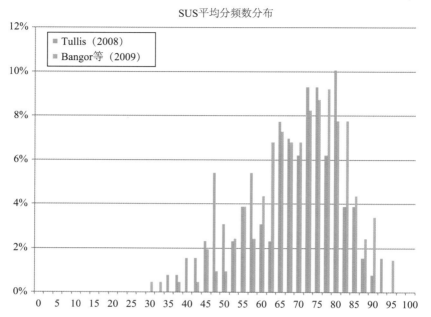

图 6.9　Tullis（2008）和 Bangor 等（2009）报告的 SUS 平均分频数分布。Tullis 的数据基于 129 个使用 SUS 的研究，Bangor 等人的数据基于 206 个数据。

在SUS中，正向陈述和负向陈述都需要吗？

如图 6.8 所示，SUS 中有一半的陈述句是正向叙述的，另一半是负向叙述的。有些人认为，这种做法能使参与者"保持警觉"；还有些人认为，这种做法似乎更使参与者产生困惑，可能导致错误的应答。Sauro 和 Lewis（2011）进行了一项研究，他们将传统版本的 SUS 和全是正向叙述的 SUS 进行了比较。他们发现两者间的平均 SUS 分数没有显著区别。但他们回顾 27 个 SUS 数据集，发现在这些研究中有编写错误的 SUS 数据占 11%，用户填错的 SUS 问卷占 13%。他们建议使用全是正向叙述的 SUS，以避免一些可能的错误。

6.4.3　计算机系统可用性问卷

Jim Lewis（1995）编制了任务后评分用的 ASQ 方法，也编制了计算机系统可用性问卷（computer system usability questionnaire，CSUQ），以便在可用性研究的结束阶段对系统进行一个总体评估。CSUQ 与 Lewis 的研究后系统可用性问卷（post-study system usability questionnaire，PSSUQ）是非常类似的，只是在措辞上有微小的改动。PSSUQ 最初是针对面对面施测而设计的，CSUQ 则是针对邮件或在线施测而设计的。CSUQ 包括下列 19 个陈述句，要求用户在一个从"强烈反对"到"强烈同意"的 7 点评定量表上对他们的同意程度进行评分，并且提供了一个 N/A 选项。

1．总的来说，我对使用这个系统的容易程度感到满意。

2．这个系统使用起来简单。

3．我可以使用这个系统有效地完成任务。

4．我能够使用这个系统较快地完成任务。

5．我可以高效地使用这个系统来完成任务。

6．使用这个系统时我感到舒适。

7．学习使用该系统比较容易。

8．我认为使用该系统后工作更有成效了。

9．这个系统给出的出错信息清楚地告诉我应该如何改正错误。

10．使用这个系统时，无论什么时候我犯了错误，我都很容易迅速地从错误中恢复过来。

11．该系统提供了清楚的信息（如在线帮助、屏幕上的信息以及其他文件）。

12．我可以容易地找到我所需要的信息。

13．这个系统提供的信息容易理解。

14．这个系统的信息可以有效地帮助我完成任务。

15．这个系统的信息在屏幕上组织得比较清晰。

16．这个系统的界面让人舒适。

17．我喜欢使用这个系统的界面。

18．这个系统具有我所期望的所有功能。

19．总的来说，我对这个系统感到满意。

与 SUS 不同，CSUQ 中的所有题项都是正向陈述的。对 CSUQ 和 PSSUQ 的大量使用反馈进行的因素分析表明，结果可以分为 4 个主要维度：系统有效性（System Usefulness）、信息质量（Information Quality）、界面质量（Interface Quality）和总体满意度（Overall Satisfaction）。

6.4.4 用户界面满意度问卷

用户界面满意度问卷（Questionnaire for User Interface Satisfaction，QUIS）是由马里兰大学的人机交互实验室（Human-Computer Interaction Laboratory，HCIL）中的一个研究小组编制的（Chin、Diehl 和 Norman，1988）。如图 6.10 所示，QUIS 包括 27 个评价项目，分为 5 个维度：总体反应（Overall Reaction）、屏幕（Screen）、术语 / 系统信息（Terminology / System Information）、学习（Learning）和系统能力（System Capabilities）。评分是在一个 10 点标度上进行的，标示语随着陈述句的不同而发生变化。前 6 个项目（评估总体反应）没有陈述性的题干，只是一些截然相反的标示语词对（如很糟糕 / 很棒、困难 / 容易、挫败 / 舒适等）。可以从马里兰大学的技术商业化办公室获得 QUIS 的使用许可，同时也有多种语言的纸质和网络版本。

对该软件的总体反应		0 1 2 3 4 5 6 7 8 9		NA
1.	很糟的		极好的	
2.	困难的		容易的	
3.	令人受挫的		令人满意的	
4.	功用不足		功用齐备	
5.	沉闷的		令人兴奋的	
6.	刻板的		灵活的	
屏幕		**0 1 2 3 4 5 6 7 8 9**		**NA**
7. 阅读屏幕上的文字	困难的		容易的	
8. 把任务简单化	一点也不		非常多	
9. 信息的组织	令人困惑的		非常清晰	
10. 屏幕序列	令人困惑的		非常清晰	
术语和系统信息		**0 1 2 3 4 5 6 7 8 9**		**NA**
11. 系统中术语的使用	不一致		一致	
12. 与任务相关的术语	从来没有		总是	
13. 屏幕上消息的位置	不一致		一致	
14. 输入提示	令人困惑的		清晰的	
15. 计算机进程的提示	从来没有		总是	
16. 出错提示	没有帮助的		有帮助的	
学习		**0 1 2 3 4 5 6 7 8 9**		**NA**
17. 系统操作的学习	困难的		容易的	
18. 通过尝试错误探索新特征	困难的		容易的	
19. 命令的使用及其名称的记忆	困难的		容易的	
20. 任务操作简洁明了	从来没有		总是	
21. 屏幕上的帮助信息	没有帮助的		有帮助的	
22. 补充性的参考资料	令人困惑的		清晰的	
系统能力		**0 1 2 3 4 5 6 7 8 9**		**NA**
23. 系统速度	太慢		足够快	
24. 系统可靠性	不可靠的		可靠的	
25. 系统趋于	有噪声的		安静的	
26. 纠正您的错误	困难的		容易的	
27. 为所有水平用户进行设计	从来没有		总是	
		0 1 2 3 4 5 6 7 8 9		**NA**

图 6.10　用户界面满意度问卷。来源：由马里兰大学的 HCIL 编制。 商业用途需要从马里兰大学的技术商业化办公室获得授权许可，本使用获得许可。

6.4.5　有效性、满意度和易用性的问卷

Arnie Lund（2001）设计了有效性（Usefulness）、满意度（Satisfaction）和易用性（Ease of Use，USE）问卷（如图 6.11 所示），该问卷包括 30 个评分项目，分为四类：有效性、满意度、易用性和易学性（Ease of Learning）。每个项目都是正向陈述（如"我会把它推荐给朋友"），用户需要在一个 7 点 Likert 量表上给出其同意程度。通过分析对这个问卷的大量应用反馈，他发现在 30 个项目中有 21 个对每个分类有更大的权重，表明他们对结果有最大的贡献。

有效性
- 它使我的工作更有效；
- 它使我的工作更有收益；
- 它是有用的；
- 它给我更多的收益以管理生活中的各项活动；
- 它使我能够更加容易地完成要做的事情；
- 使用时，它节省了我的时间；
- *它满足我的需求；*
- 它可以执行我期望它做的所有事情。

易用性
- 它容易使用；
- 它操作简单；
- 它是用户友好的；
- 对我需要完成的事情，它需要尽可能少的步骤；
- *它是灵活的；*
- *使用起来不费力气；*
- *没有书面说明，我可以使用它；*
- *在使用过程中，我没有发现任何不一致；*
- *偶尔使用和常规使用的用户都会喜欢它；*
- *出错时，我可以迅速且容易地恢复过来；*
- *每次我都可以成功地使用它。*

易学性
- 我可以迅速地学会使用它；
- 我容易记住如何使用它；
- 学起来容易；
- *很快我就可以熟练使用它了；*

满意度
- 我对它满意；
- 我会把它推荐给朋友；
- 使用起来有趣；
- 它以我所期望的方式工作；
- 它很好；
- 我感到我需要拥有它；
- 使用起来令人愉快。

> 用户在一个7点Likert量表上对这些陈述句的同意程度进行评分，评分等级的两端分别是强烈反对和强烈同意。斜体陈述句的权重比其他陈述句的权重要低。

图 6.11　USE 问卷。　来源：来自 Lund（2001）的工作，本使用获得许可。

用雷达图呈现数据

一些获取自我报告数据的方法会产生几个维度上的值。例如，USE 问卷会产生有效性、满意度、易用性、易学性等方面的值。类似地，CSUQ 会产生系统有效性、信息质量、界面质量和总体满意度这几方面的值。在这种情况下可以用雷达图使数据结果更形象和直观。假设用 USE 问卷从一项研究中获得到了下面几个值：

- 有效性 =90%
- 满意度 =50%
- 易用性 =45%
- 易学性 =40%

把这些值绘制在一个雷达图上，会得到如下的一个图。

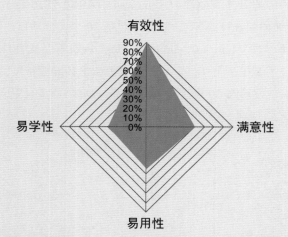

要绘制这样的图，需要在 Excel 的"图表类型"中选择"雷达图"，就会做出一个像例子一样的雷达图。这种图的优点是可以使读者很容易地判断不同形状所代表的模式。例如，一个如上图所示的高、瘦的雷达图就可以反映出用户认为这个被评价的产品是有用的，但用起来不容易，学起来困难，或用户也不太满意。

6.4.6　产品反应卡

微软公司的 Joey Benedek 和 Trish Miner（2002）提出了一个非常不同的方法，以获得测试后用户对产品的主观反应。如图 6.12 所示，他们的方法包括一套 118 张的词卡，每张词卡上是一个形容词（如：新鲜的、慢的、精密复杂的、有吸引力的、有趣的、不可理解的）。其中一些词是正向的，另外一些词是负向的。用户只需要简单地选出那些他们感觉可以描述该系统的词卡。挑选出词卡后，他们需要挑出前 5 张卡，并解释他们选择这些词卡的原因。这种方法更倾向于定性研究，因为它的主要目的是从用户那里引出评论。但是在某种程度上，这种方法也可以作为一种定量的方式而被加以使用，比如，通过计算参与者选择每个词语的次数，结果也可以通过词云呈现（比如，使用 Wordle. net）。10.5 节的案例研究提供了一个生成反应卡词云的例子。

完整的一套产品反应卡：118张				
易接近的	有创造性的	快速的	有意义的	慢的
高级的	定制化的	灵活的	鼓舞人心的	复杂的
烦人的	前沿的	易坏的	不安全的	稳定的
有吸引力的	过时的	生气勃勃的	没有价值的	缺乏新意
可接近的	值得要的	友好的	新颖的	刺激的
吸引人的	困难的	挫败的	陈旧的	直截了当的
令人厌烦的	无条理的	有趣的	乐观的	紧迫的
有条理的	引起混乱的	障碍的	普通的	费时间的
繁杂的	令人分心的	难以使用	有组织的	省时间的
平稳的	反应迟钝的	有益的	专横的	过于技术化
干净利落的	易于使用	高品质	不可抗拒的	可信赖的
清楚的	有效的	无人情味的	要人领情的	不能接近的
合作的	能干的	令人印象深刻的	私密的	不引人注意的
舒适的	不费力气的	不能理解的	品质糟糕的	无法控制的
兼容的	授权的	不协调的	强大的	非传统的
引人注目的	有力的	效率低的	可预知的	可懂的
复杂的	迷人的	创新的	专业的	令人不快的
全面的	使人愉快的	令人鼓舞的	中肯的	不可预知的
可靠的	热情的	综合的	可信的	未精炼的
令人糊涂的	精华的	令人紧张的	反应迅速的	合用的
连贯的	异常的	直觉的	僵化的	有用的
一致的	令人兴奋的	引人动心的	令人满意的	有价值的
可控的	期盼的	不切题的	安全的	
便利的	熟悉的	易维护的	过分简单化的	

图 6.12　微软公司的 Joey Benedek 和 Trish Miner 编制的一套反应卡。来源：微软——"允许该工具被用于个人、学术和商业目的的使用。如果你希望把该工具或其使用后的结果用于个人或学术目的或者用于商业应用中，则需要按如下方式注明出处：微软公司开发并拥有版权，保留所有权利。"

6.4.7　测试后自我报告度量的比较

Tullis 和 Stetson（2004）报告了一项研究，在这项在线可用性研究中，我们要测量用户对网站的反应，该研究的主要目的是对几种不同的测试后问卷进行比较。我们研究了以下问卷，之前对这几个问卷的表述方式进行了一点修改，以表示是对网站的评价。

- SUS：每个问题中"**系统**"一词都被"**网站**"代替。
- QUIS：最初的三个评分项目看起来不适合对网站进行评定，所以删掉了（如"记住命令的名字和使用"）。"**系统**"一词被"**网站**"代替，"**屏幕**"一词基本上被"**网页**"代替。
- CSUQ："**系统**"或"**计算机系统**"一词被"**网站**"代替。
- **微软的产品反应卡**：每个词都由一个复选框来呈现，要求用户选择出最能描绘他们与网站交互时的形容词。他们可以自由地选择，并且选择词卡的数量不受限制。

- **我们自己的问卷**：我们在网站可用性测试中已经使用这个问卷好几年了。该问卷包括 9 个正向陈述（如这个网站从视觉上吸引人），用户在一个七点 Likert 量表（从"强烈反对"到"强烈同意"）上进行评价。

我们使用这些问卷在一个在线可用性研究中对两个门户网站进行评价。该研究一共包括 123 名参与者，每个参与者用这些问卷中的其中一个问卷对两个网站进行评估。在完成问卷之前，每个参与者都需要先在每个网站上完成两个任务。当我们分析所有参与者的数据时，发现所有 5 个问卷的结果都显示：网站 1 明显比网站 2 得到了更好的评分。然后对不同样本量（从 6 到 14）的数据结果进行了分析，如图 6.13 所示。在样本量为 6 的时候，只有 30% 到 40% 的参与者可以明确表示更喜欢网站 1。但是当样本量为 8 的时候（这个样本量在很多实验室可用性研究中是很常见的），我们发现 SUS 得分中有 75% 的参与者可以明确表示更喜欢网站 1（这个比例比通过其他任何问卷得出来的比例明显都要高）。

探索 SUS 为什么根据相对小的样本可以产生更一致的评分结果，这是非常有意义的。一个原因可能是，它既包括正向陈述，又包括负向陈述（用户必须对此给出他们的同意程度）。这样会使参与者更警觉。另一个可能的原因是它并未设法把评估分解为更详细的成分（如易学性、导航的容易程度）。SUS 中的 10 个评分项目都只是要求对网站做一个总的评估，只是在呈现方式上略有差别。

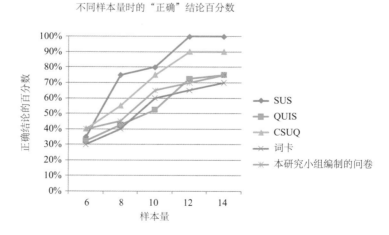

图 6.13 数据表示了从 6 到 14 的随机子样本的正确结果。图中显示不同样本大小情况下的随机样本在多大样本比例上可以与总样本数量产生相同的答案。摘自 Tullis 和 Stetson（2004），已授权使用。

6.4.8　净推荐值

净推荐值（Net Promoter Score，NPS）是一个迅速发展起来的自我报告指标，尤其在高级管理人员中更为流行。它用来衡量顾客忠诚度，最初由 Fred Reichheld 在 2003 年发表于《哈佛商业评论》的一篇名为 *"One Number You Need to Grow"* 的文章中提出。NPS 的效用似乎源自它的简单，它只使用一个问题："你有多大的可能性把你的公司（产品、网站等）推荐给你的朋友或同事？"受访者在一个标度从 0 分（绝无可能）到 10 分（极有可能）的 11 点量表上作答。根据得分，受访者被分为三类：

- 贬损者（Detractors）：评价为 0~6 分的受访者
- 被动者（Passives）：评价为 7 分或 8 分的受访者
- 推荐者（Promoters）：评价为 9 分或 10 分的受访者

可以看出，贬损者、被动者和推荐者的分类并不是对称的。虽然特意将推荐者的值设得很高，但还是很容易就会被归为贬损者。NPS 的计算很简单，即用推荐者的百分比（9 分或 10 分）减去批评者的百分比（0 ~6 分）。在计算中忽略被动者。理论上，NPS 的范围从 -100 到 +100。

> ### 感知可用性感受可以预测顾客忠诚度吗？
>
> Jeff Sauro（2010）想知道通过 SUS 度量的感知可用性（perceived usability）是否能预测通过 NPS 度量的客户忠诚度。他分析了 146 个用户的数据，这些用户被要求完成针对一系列产品(包括网站和财务软件)评价用的 SUS 问题和 NPS 问题。结果发现二者是相关的，$r= 0.61$，且高度显著（$p<0.001$）。他发现推荐者的 SUS 平均分为 82，而批评者的 SUS 平均分是 67。

NPS 并非没有其自身的贬损者。一种批评认为，把基于 11 点量表作答而获得的分值只缩减成三类（贬损者、被动者和推荐者），会导致统计效用和精确程度上的减损。这和本章前面讨论的使用"首项"或"前 2 项"方法时，其精确程度减损的情况类似。但是，当使用两个百分比的差值时（推荐者 – 批评者），减损的精确程度则进一步加大，这与用首项分数减去末项分数类似。每个百分比（推荐者百分比和贬损者百分比）都有自己的置信区间（或误差界限）。两个百分比差值的置信区间本质上综合了两个单独的置信区间。如果要使 NPS 的误差范围等同于传统的前 2 项分数的误差范围，通常需要将样本量扩大 2 至 4 倍。10.1 节的案例研究提供了一个关于怎样用 NPS 改善用户体验的绝好例子。

6.5 用SUS比较设计

有许多针对具有相似任务的不同设计而进行的可用性研究，在这些研究中都已经把 SUS 当作一种比较方法（通常除绩效数据之外）而加以使用。

Wichita 州立大学软件可用性研究实验室的 Traci Hart（2004）进行了一项研究，比较了三个不同的老年人使用的网站：SeniorNet、SeniorResource 和 Seniors-Place。在每个网站都完成任务后，参与者用 SUS 问卷对每一个网站分别进行了评分。SeniorResource 网站的 SUS 平均分是 80%，明显高于 SeniorNet 和 Seniors-Place 网站的平均得分（两个网站的平均分都是 63%）。

美国研究院（The American Institutes for Research）（2001）进行了一项可用性研究，比较了微软公司的 Windows Me 和 Windows XP 系统。他们招募了 36 名参与者，这些人的 Windows 专业知识从新手到中等水平不等。他们都使用两个版本的 Windows 完成一些任务，然后分别完成使用两个系统的 SUS 问卷。结果发现：Windows XP 的平均 SUS 分数（74%）明显高于 Windows Me 的平均 SUS 分数（56%）（$p < 0.0001$）。

Rice 大学的 Sarah Everett、Michael Byrne 和 Kristen Greene（2006）进行了一项可用性研究，比较了三种不同类型的纸质选票（Paper Ballots）：圆圈、箭头和开放式应答。这些选票是在 2004 年美国大选所用的实际选票的基础上设置的。在一个模拟的选举中，使用了这三种选票，42 名参与者使用 SUS 问卷对每种选票分别进行了评分。他们发现圆圈选票比其他两种选票都明显得到了更高的 SUS 评分（$p < 0.001$）。

还有一些证据表明，对产品有更多使用经验的参与者比缺乏经验的参与者更倾向于给出较高的 SUS 分数。McLellan、Muddime 和 Peres（2012）在测试两个不同的应用程序（一个基于 Web，另一个基于桌面）时发现，与没有或经验有限的用户相比，对产品有更多经验的用户给出的 SUS 分数要高出约 15%。

6.6 在线服务

越来越多的公司开始重视获得他们网站用户的反馈。目前流行的术语就是倾听"**客户的声音**"（Voice of Customer，VoC）研究。这基本上和测试后自我报告度量是一样的过程。主要的差别是 VoC 研究通常在在线网站上进行。通用的方法是随机选择一定比例的网站用户，给他们呈现一个弹出式调查（pop-up survey），以收集他们与网站交互过程中在某个点上的反馈。这些点通常是注销、退出或完成交易。另一种方法是在网站的若干个地方提供一个标准的途径以得到反馈。下面介绍一些这样的在线服务方法，这里所介绍的在线服务虽然没有穷尽所有的相关方法，但至少都是有代表性的。

6.6.1 网站分析和测量问卷

网站分析和测量问卷（Website Analysis and Measurement Inventory，WAMMI——www.wammi.com）是一个在线服务，它是从早期的一个名为软件可用性测量问卷（Software Usability Measurement Inventory，SUMI）发展而来的。这两个问卷都是由爱尔兰库克大学的人因学研究小组（Human Factors Research Group，HFRG）研发的。尽管 SUMI 最初是设计用来评估软件应用的，但是 WAMMI 是为了用来评估网站而设计的。

如图 6.14 所示，WAMMI 包括 20 个陈述项，每项都要求在一个五点 Likert 量表上进行同意程度的评分。和 SUS 一样，一些陈述项是正向的，另一些是负向的。对大部分欧洲语言来说，WAMMI 都有相应的版本可用。WAMMI（用户可以创设自己的问卷和相关的评分量表）的主要优点是它已经被用来对世界范围内的上百个网站进行了评估。当用于评估网站时，测试结果可以和他们的参考数据库进行比较，这个参考数据库建立在几百个站点的测试结果基础之上。

来自一个 WAMMI 分析的结果如图 6.15 所示，它被分成 5 个区域：吸引力（Attractiveness）、控制能力（Controllability）、效率（Efficiency）、辅助性（Helpfulness）、易学性（Learnability），再加上一个总体可用性分数。每一个分数都是标准化的（与他们的参考数据库进行对比），因此，50 分是一个平均分数，100 分是最完美的分数。

wammi

20 个陈述句中的 1 ～ 10　　　　　　　强烈　　强烈
　　　　　　　　　　　　　　　　　　　　同意　　反对

这个网站有很多我感兴趣的内容。　　　　　○ ○ ○ ○ ○

这个网站浏览起来困难。　　　　　　　　　○ ○ ○ ○ ○

在这个网站上，我能快速找到我想要的东西。　○ ○ ○ ○ ○

在我看来这个网站是符合逻辑的。　　　　　○ ○ ○ ○ ○

这个网站需要更多的介绍性说明。　　　　　○ ○ ○ ○ ○

这个网站上的网页非常吸引人。　　　　　　○ ○ ○ ○ ○

当我使用该网站时，我感觉可以掌控操作。　○ ○ ○ ○ ○

这个网站太慢。　　　　　　　　　　　　　○ ○ ○ ○ ○

这个网站可以帮助我找到正在查找的内容。　○ ○ ○ ○ ○

学会浏览这个网站是个问题。　　　　　　　○ ○ ○ ○ ○

20 个陈述句中的 11 ～ 20　　　　　　强烈　　强烈
　　　　　　　　　　　　　　　　　　　　同意　　反对

我不喜欢使用这个网站。　　　　　　　　　○ ○ ○ ○ ○

在这个网站上我可以容易地联系上我想联系的人。　○ ○ ○ ○ ○

当使用该网站时，我感到效率高。　　　　　○ ○ ○ ○ ○

很难说这个网站是否有我想要的东西。　　　○ ○ ○ ○ ○

第一次使用这个网站容易。　　　　　　　　○ ○ ○ ○ ○

这个网站有些令人讨厌的方面。　　　　　　○ ○ ○ ○ ○

难以记住自己在这个网站上的位置。　　　　○ ○ ○ ○ ○

使用这个网站就是浪费时间。　　　　　　　○ ○ ○ ○ ○

当我在这个网站上点击时，可以得到我期望的内容。　○ ○ ○ ○ ○

这个网站上的每件事情都容易理解。　　　　○ ○ ○ ○ ○

图 6.14　WAMMI 在线服务所用的 20 个评分题项。

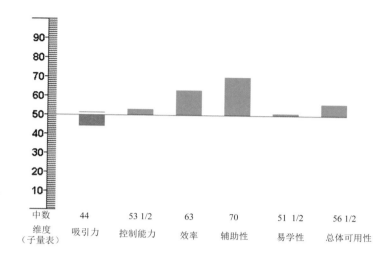

图 6.15　来自 WAMMI 在线服务的样例数据：显示了 5 个类别上的平均分数，及一个总体可用性分数。

6.6.2　美国客户满意度指数

美国客户满意度指数（The American Customer Satisfaction Index，ACSI—— www.The ACSI.org）是在密歇根大学的 Stephen M.Ross 商学院研制的。它包括的行业范围很大，例如，零售、自动化和制造业。Foresee Result（www.ForeseeResults.com）使用 ACSI 方法完成了网站分析。ACSI 已成为分析美国政府网站非常流行的工具。例如，2012 年第四季度对美国电子政务网站（e-government websites）的分析中就包括了 100 个美国政府网站（ForeseeResult，2012）。类似地，他们每年的前 100 名线上零售满意度指数（Top 100 Online Retail Satisfaction Index）会评价一些人气较旺的站点，如：Amazon.com、NetFlix、L.L.Bean、J.C.Penny、Avon 和 QVC。

ACS 网站调查问卷包括 14 个问题，如图 6.16 所示。每个问题都要求对不同的特性进行一个 10 级评分，这些特性包括:信息质量、信息的新颖程度、站点组织的清晰程度、对站点的总体满意度以及返回可能性。ACSI 的具体实现通常要添加额外的问题或评分量表。

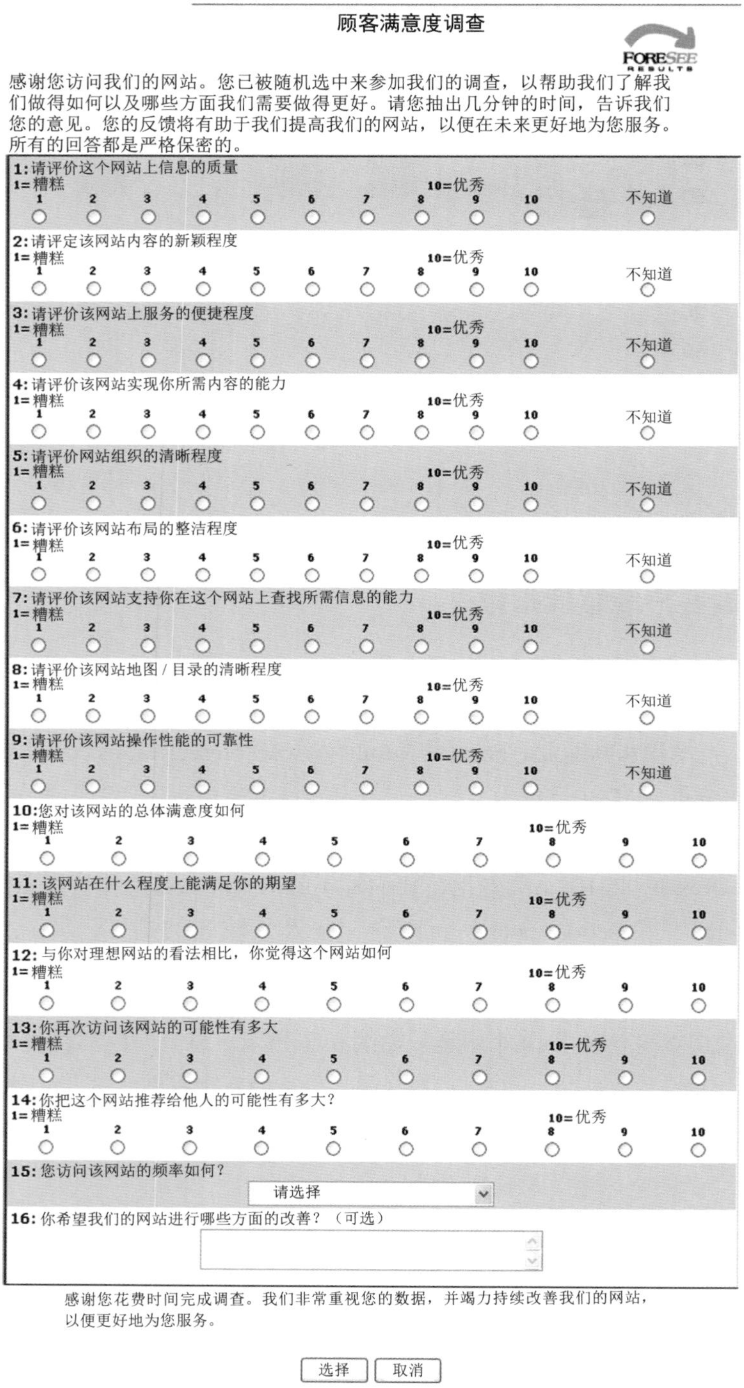

顾客满意度调查

FORESEE RESULTS

感谢您访问我们的网站。您已被随机选中来参加我们的调查，以帮助我们了解我们做得如何以及哪些方面我们需要做得更好。请您抽出几分钟的时间，告诉我们您的意见。您的反馈将有助于我们提高我们的网站，以便在未来更好地为您服务。所有的回答都是严格保密的。

1: 请评价这个网站上信息的质量
1=糟糕 10=优秀
1 2 3 4 5 6 7 8 9 10 不知道

2: 请评定该网站内容的新颖程度
1=糟糕 10=优秀
1 2 3 4 5 6 7 8 9 10 不知道

3: 请评价该网站上服务的便捷程度
1=糟糕 10=优秀
1 2 3 4 5 6 7 8 9 10 不知道

4: 请评价该网站实现你所需内容的能力
1=糟糕 10=优秀
1 2 3 4 5 6 7 8 9 10 不知道

5: 请评价网站组织的清晰程度
1=糟糕 10=优秀
1 2 3 4 5 6 7 8 9 10 不知道

6: 请评价该网站布局的整洁程度
1=糟糕 10=优秀
1 2 3 4 5 6 7 8 9 10 不知道

7: 请评价该网站支持你在这个网站上查找所需信息的能力
1=糟糕 10=优秀
1 2 3 4 5 6 7 8 9 10 不知道

8: 请评价该网站地图 / 目录的清晰程度
1=糟糕 10=优秀
1 2 3 4 5 6 7 8 9 10 不知道

9: 请评价该网站操作性能的可靠性
1=糟糕 10=优秀
1 2 3 4 5 6 7 8 9 10 不知道

10: 您对该网站的总体满意度如何
1=糟糕 10=优秀
1 2 3 4 5 6 7 8 9 10

11: 该网站在什么程度上能满足你的期望
1=糟糕 10=优秀
1 2 3 4 5 6 7 8 9 10

12: 与你对理想网站的看法相比，你觉得这个网站如何
1=糟糕 10=优秀
1 2 3 4 5 6 7 8 9 10

13: 你再次访问该网站的可能性有多大
1=糟糕 10=优秀
1 2 3 4 5 6 7 8 9 10

14: 你把这个网站推荐给他人的可能性有多大？
1=糟糕 10=优秀
1 2 3 4 5 6 7 8 9 10

15: 您访问该网站的频率如何？
请选择

16: 你希望我们的网站进行哪些方面的改善？（可选）

感谢您花费时间完成调查。我们非常重视您的数据，并竭力持续改善我们的网站，以便更好地为您服务。

选择 取消

图 6.16　使用 ACSI 调查网站时的典型问题。

如图 6.17 所示，一个网站的 ACSI 结果被分成了 6 个质量类别，分别是内容（Content）、功能（Functionality）、外观及感觉（Look & Feel）、导航（Navigation）、搜索（Search）和站点绩效（Site Performance），进而获得总体满意度分数。另外，对两种未来行为（再次使用该网站的可能性和把该网站推荐给他人的可能性）提供了平均评分。所有的分数都以一个 100 点的指数标度显示。

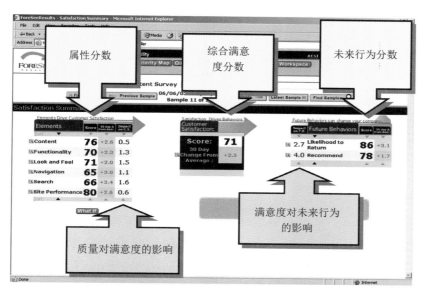

图 6.17 使用 ACSI 对一个网站分析时的结果示例。6 个属性的分数见左侧，每个分数对总体客户满意度的影响估计值见中间；两个 "未来行为" 分数见右侧，满意度影响这些分数的程度（估计值）。

最后，他们也评估了每一个质量分数对总体满意度的影响。这会看到一个四象限的结果，如图 6.18 所示，纵轴上是质量分数，横轴上是对总体满意度的影响。右下象限（高影响、低分数）表明应该集中改进的区域，以获得满意度和投资的最大回报。

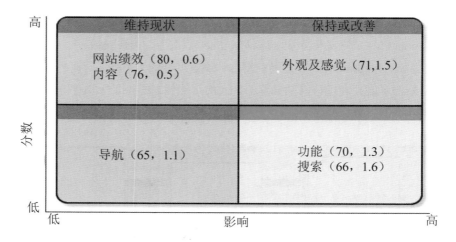

图 6.18　使用 ACSI 对一个网站的分析案例。纵轴表示 6 种属性的分数高低,横轴表示影响分数的高低。落在右下象限的区域（功能和搜索）是应该优先改善的区域（本例中是功能和搜索）。

6.6.3　OpinionLab

OpinionLab（www.OpinionLab.com）采用了一个在某种程度上有所不同的方法,它提供用户对网页层面的反馈（page-level feedback）。在某种程度上，可以把这种页面反馈类比于前面所讨论的任务层面的反馈（task-level feedback）。如图 6.19 所示，OpinionLab 处理这种页面反馈的常用做法是通过浮动图标来进行，这个图标总是位于页面右下角，而不管滚动条在哪里。

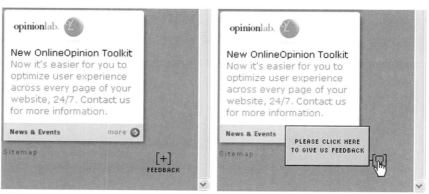

图 6.19　含有 OpinionLab 反馈方法（右下角）的网页示例。 当用户滚动页面时，这个动画图标会始终停留在这个位置，把鼠标放在该图标上时会出现如右侧所示的设计。

单击图标，就会出现如图 6.20 所示的获取反馈的一个方法。OpinionLab 使用的是五点评分等级，只是简单的标为：－－、－、＋－、＋ 和 ＋＋。OpinionLab 提供了很多视觉化呈现网站数据的方法，包括如图 6.21 所示的方法，这种方法可以很轻易地看到哪些页面获得最负面的反馈，以及哪些页面获得最正面的反馈。

图 6.20　用 OpinionLab 方法获取针对某网页进行反馈的例子。左边的版面可以让用户对页面进行一个快速的整体评价。右边的版面可以让用户从几个不同的方面进行更详细的评价。

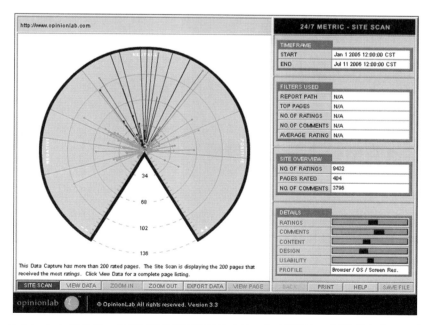

图 6.21　OpinionLab 提供了一些把网站数据视觉化的方法。如本图所示，评价最高的 200 个网页以图形化的方式呈现在左侧。该图左侧是负面评价最多的网页，上部是受到中性评价的网页，右侧是正面评价最多的页面。

6.6.4 在线网站调查的问题

当你使用在线网站调查（live-site surveys）时，下面是一些需要解决或关注的问题。

- **问题的数量**。问题越少，回答率可能就越高。这就是为什么像 OpinionLab 这样的公司把调查问题的数目保持在最小范围内的原因。在得到所需要的信息和"吓退"潜在的回答者之间，需要保持平衡。对每一个要增加的问题，都要问问自己这个信息是否绝对有必要。一些研究者认为在这种类型的调查中，20 个问题应该是最大的数量。

- **回答者的自我选择**。由于回答者要决定是否完成调查，他们自己是可以选择的。研究者至少应该考虑一下，这是否会以某种形式给回答带来偏差。一些研究者坚信对网站不太满意的人比那些对网站满意的人会更有可能对调查问题进行回答。如果研究者的主要目的是揭示站点中那些需要改进的地方，那么这种偏差还不会构成问题。

- **回答者的数量**。许多这样的服务都要有一定比例的访问者参加调查。基于网站的流量，这个比例可能很小，但也可以得到大量的回答。应该密切监视回答，如果需要，可以增加或减少这个比例。

- **回答者的非重复性**。当调查已经提供给访问者之后，这种服务大部分都会提供一种记录或标识的方法（通常通过一个浏览器 Cookie 或 IP 地址）。只要用户不清除他的 Cookie，而且使用同样的计算机，那么在一个特定的时间段内，该调查就不会再次呈现。这会防止来自同一个人的重复回答，而且也会防止打扰那些不想回答的用户。

6.7 其他类型的自我报告度量

截至目前，我们所描述的许多自我报告方法都试图评估用户对产品或网站整体而做出的反应，或评估用户对在使用产品或网站完成任务时的反应。但由于可用性研究的目的不同，研究者可能想评估用户对产品的特定**属性**（attributes）或产品的特定**部分**（parts）而产生的反应。

6.7.1 评估特定的属性

下面是研究者可能感兴趣想要评估的产品或网站的一些属性：

- 视觉吸引力（Visual appeal）
- 感知效率（Perceived efficiency）
- 自信程度（Confidence）
- 有效性（Usefulness）
- 愉悦性（Enjoyment）
- 可信程度（Credibility）
- 术语的适当程度（Appropriateness of terminology）
- 导航的易用性（Ease of navigation）
- 响应程度（Responsiveness）

有很多方法都可以用来评价属性，但是对所有这些方法都进行详细的介绍，这已超出本书的范围。下面举几个对具体属性进行评估的可用性研究的例子。

Carleton 大学的 Gitte Lindgaard 和他的同事饶有兴趣地考察了用户在多快的时间内可以对网页的视觉吸引力形成印象（Lindgarrd 等，2006）。 在他们的研究中，他们让参与者观看闪现 50ms 或 500ms 的网页。他们用一个视觉吸引力的总体量表对每个网页进行评分，所有的评分都在两级评价标度上进行，如：有趣 / 沉闷、好的设计 / 差的设计、好的色彩 / 差的色彩、好的布局 / 差的布局，以及富有想象力 / 无想象力。他们发现所有这 5 个评分都与视觉吸引力有很强的相关（$0.86 \leqslant r^2 \leqslant 0.92$）。他们也发现 50ms 和 500ms 呈现水平的结果是一致的，表明即使在 50ms 内，用户也能对网页的视觉吸引力形成一个统一的印象。

Bentley 大学的 Bill Albert 和他的同事（Albert、Gribbons 和 Almadas，2009）对这项研究进行了扩展，他们想知道：通过非常简短的方式呈现网页的图片，能不能使用户快速形成关于对网站信任程度方面的看法。他们使用 50 张很受欢迎的金融和卫生保健网站的截图。每个截图仅浏览 50ms 后，参与者被要求在一个 9 点量表上给出他们对网站信任度的评分。稍作休息后，他们对同样的 50 张截图再次重复相同的测试程序。结果发现两个测试的信任分数显著相关（$r = 0.81$，$p < 0.001$）。

几年前，Tullis 进行了一项包括 10 个不同网站的在线研究，目的是想了解什么因素使一个网站具有**吸引力**。他对有吸引力网站的定义是:(1) 激起了你的兴趣和好奇心,(2) 使你想进一步探索该网站，(3) 使你想再次访问该网站。在浏览了每个网站后，参与者用五点标度的方法对一个只有单一评价词（"这个网站：一点也不吸引人……非常吸引人"）的量表进行评价。得到最高评分的两个网站如图 6.22 所示。

图 6.22　评价的 10 个网站中评为最吸引人的两个网站的截图。

在分析主观评分量表的数据时，经常用到的一个方法是集中关注和处理落在量表两端的回答：最高或最低的一个值或两个值。就如前面提到的，这些值经常被称为"首项"或"末项"分数。我们最近把这种方法用在了一个在线研究中，以评价用户对一个内部网首页的不同加载时间的反应。我们人为地把加载时间控制在 1s 到 11s 的范围内。随机呈现不同的加载时间，而且也从未告诉用户加载的时间是多少。体验每个加载时间后，要求用户在一个五点标度（"完全不可接受的"到"完全可接受的"）上对加载时间进行评价。在分析这些数据时，我们集中关注"不可接受的"评分（1 或 2）和"可接受的"评分（4 或 5）。按不同的加载时间对这些数据进行处理，结果如图 6.23 所示。以这样一种方式来查看数据，可以很清楚地看到，从可接受到不可接受的"分界"发生在 3s 到 5s 之间。

斯坦福诱导技术实验室（Stanford Persuasive Technology Lab）的 B.J. Fogg 和他的同事进行了一系列研究，以探讨哪些因素会使一个网站更可信（Fogg 等，2001）。例如，他们使用了一个包括 51 个题项的问卷来评估网站的可信度，每个题项都是一个有关网站某些方面的陈述句，诸如："这个网站使得广告和内容难以区分"，使用的是七点评分标度，标度从"非常不可信"（much less believable）到"非常可信"（much more believable），用户在这个七点标度上评价这些方面对该网站可信度的影响。他们发现来自 51 个题项的数据可分为 7 个分量表，这 7 个分量表被分别标识为：现实感（Real-World Feel）、易用性（Ease of Use）、专业性（Expertise）、可信赖度（Trustworthiness）、适应性（Tailoring）、商业应用（Commercial Implications）和业余性（Amateurism）。例如，51 个项目中在"现实感"分量表上权重最大的是"该网站列出了机构的实际地址"。

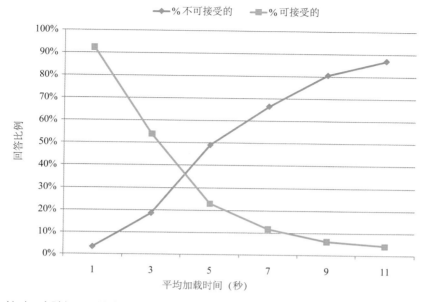

图 6.23　针对一个随机呈现的内网首页，参与者对不同页面加载时间的接受程度。使用了 5 点量表进行评价，这里只呈现了后两个（不可接受的）和前两个（可接受的）值。

6.7.2　具体元素的评估

除评估一个产品或网站的具体**属性**外，研究者可能对评估它们的具体**元素**或内容也感兴趣，诸如使用说明、FAQ（常见问题解答）、在线帮助、首页、搜索功能或站点地图。对具体元素而做出的主观反应，其评估方法基本上等同于评估具体属性的方法。只需要求参与者聚焦在具体的元素上，然后呈现一些相应的评价量表即可。

Nielsen Norman 小组（Nielsen Norman Group）（Stover、Coyne 和 Nielsen，2002）进行了一个研究，专门对 10 个不同网站的站点地图进行了考察。与网站交互后，参与者完成了一个问卷，包括 6 个与站点地图有关的陈述题项：

- 该网站地图容易被发现
- 该网站地图上信息是有帮助的
- 该网站地图容易使用
- 该网站地图使我能容易地发现自己寻求的信息
- 该网站地图使得对网站结构的理解更容易
- 该网站地图使网站上可获得使用的内容更清楚

每个陈述句都伴随着一个七点 Likert 标度，评价标度从"强烈反对"到"强烈同意"。

然后他们把 6 个题目的评价分数合并起来求平均数，这样每个网站中的网站地图都获得一个总体评价分数。就网站的某一个元素（网站地图）来说，这是一个获得更可靠评分的例子：通过要求参与者对该元素进行几个不同的评分，然后把几个分数合并起来求得一个平均数。

Tullis（1998）进行了一项研究，该研究聚焦于某网站的几个可能的首页设计。（事实上，这些设计仅仅是一些只包括"占位符（placeholder）"或"假文字（lorem ipsum[1]文本的模板）"。为了比较不同的设计，他所使用的一个方法是要求参与者在三个评价量表上对每个设计进行评估。这三个评价量表分别是：页面格式、吸引力和颜色的使用。每个评价都在五点标度（-2、-1、0、1、2）（从"糟糕"到"优秀"）上进行。（请提醒自己和他人：不要再使用这种量表。用户在使用这种标度方法评分时会倾向于避免使用负值和零。但如果我们的兴趣点在于比较不同设计的评分间的相对差别，那么结果仍然有效。）这 5 个设计的结果如图 6.24 所示。得到最好评价的设计是模板 1，得到最差评价的是模板 4。这个研究也说明了另一种在对不同设计方案进行比较时常用的研究方法。要求参与者对 5 个模板按照最喜欢到最不喜欢进行排序。该研究中，48% 的参与者把模板 1 列为首选，而 57% 的参与者把模板 4 列为最后。

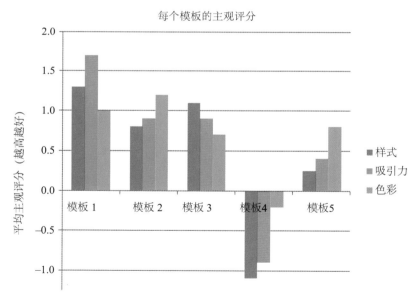

图 6.24　对某网站首页的 5 个不同设计进行评价的数据，用户分别在三个维度上进行评价：样式、吸引力和色彩搭配。节选自 Tullis（1998），已授权使用。

1　这是一段没有意义的假文字，主要用于测试文章或文字在不同字型、版型上看起来的效果，可避免使用真文字时将读者的注意力吸引到文字意义上。——译者注

6.7.3　开放式问题

除了前面介绍的几种评价量表外，可用性研究中的大部分问卷都包括一些开放式问题。事实上，一个常用的方法就是允许参与者填写任何与评价量表有关的评论。尽管在把这些评论用于具体度量的计算时会受到限制，但是它们对确认产品改进的方向是非常有帮助的。

另外一个在可用性研究中常用到的开放式问题是：要求参与者回答他们**最喜欢**该产品的哪些方面（3 到 5 个）及**最不喜欢**该产品的哪些方面（3 到 5 个）。通过计算相同的方面被提及或被列出的数目，然后报告这些频次，上述定性数据可以被转化成度量指标。当然，也可以把参与者思考时自言自语的话（出声思维）当作这类口头评论来分析。

有些专著专门介绍了如何使用我们通常所说的文本挖掘技术来分析这类口头评论（如，Miner 等，2012），在文本挖掘领域还有很多工具可用（如，Attensity、Autonomy、Clarabridge 等）。我们仅介绍几个收集和汇总这些评论的简单方法。

汇总开放式问题的结果始终是一个挑战。我们还没想出一个快速而且简便的解决方案。开放式问题越具体，越利于分析回答的结果。例如，让参与者描述对界面的困惑比让他们直接发表"评论"会更容易回答。

我们喜欢的一个非常简单的分析方法是，将所有受访者对问题的反馈评论复制到一个工具中生成词云，就像 World.net 一样。例如，图 6.25 展示了一个根据问题反馈得到的词云，这个问题是请参与者描述当他们访问 NASA 网站查找阿波罗计划时遇到的任何挑战或挫折（Tullis，2008b）。在词云里，大字号的文本用来展现出现频率更高的词汇。从词云里明显可以看出，用户对网站的"搜索"和"导航"功能给出了更多的评价。（因为 NASA 网站主题的关系，诸如"阿波罗"这样的词汇出现频率很高是不足为奇的。）

Excel技巧

找到所有包含某个特定词汇的评论

在研究了词云之后（也包括大部分此类工具可以生成的词频），有时候找到所有包含某个特定词汇的评论是很有帮助的。例如，在看了图 6.25 所示的词云后，找到所有包含"导航"的评论或许会比较有用。这可以通过 Excel 中的"=Search"函数实现。然后可以对 Search 函数搜索的结果列进行排序。包含目标词汇的条目会有一个数值（实际上是目标词汇在该条目中开始出现的位置），没有包含目标词汇的条目会出现"#VALUE!"错误。

图 6.25　使用 Wordle.net 对 NASA 网站在线研究中的用户反馈所创建的词云图。在这项研究中，参与者要回答一个有关阿波罗空间计划的问题，他们可以使用与这个网站相关的任何让他们感到特别沮丧或挑战的词语。

6.7.4　知晓度和理解

有的方法在某些程度上会模糊自我报告数据和绩效数据，比如，当用户在设备或网站上完成一些任务后，问他们一些关于他们在与设备或网站的交互过程中，看到的或记得的一些内容或问题，而且在回答问题时不允许他们再查看或使用该设备或网站。这种方法一般用于检测用户对一个网站不同特征的知晓程度（Awareness）。例如，对如图 6.26 所示的 NASA 首页。首先，会给用户一个机会浏览该站点并完成几个非常一般的任务，比如：阅读最新 NASA 的消息、学会如何获取哈勃太空望远镜（Hubble Space Telescope）拍摄成的图片。然后该网站不再呈现给参与者，之后给他们一个问卷，问卷中列出了一些网站可能包括，也可能不包括的具体内容。

问卷中的这些内容一般与要求用户完成的具体任务没有直接关系。研究者感兴趣的是其他的内容对用户来讲是否足够"突显"。用户需要根据记忆标示出哪些内容是他在网站上看到的。例如，问卷上的两个项目可以是："国际空间站什么时候返回"和"卫星观测到西部森林大火"。这两个项目都是首页上的链接。设计这样一个问卷的难点是：该问卷必须包括逻辑"干扰"项目，即该干扰项目没有出现在网站（或网页，如果你把研究限制在一个网页的话）上，但是看起来应该出现在网站或网页上。

图 6.26　这个 NASA 首页对一项评价"注意力撷取"（attention-grabbing）网页内容的方法进行了说明。在让参与者与其交互后，你可以让他们在一系列内容项中确认哪些是网站上确实有的内容。

一个与此紧密相关的方法是测量用户对网站上一些内容的学习和理解。在与一个网站进行交互后，给他们安排一个测验以测试他们对网站上一些信息的理解。如果这些信息是一些参与者在使用该网站前就了解的信息，那么就有必要进行一个前测以确定他们已经了解的内容，然后把该结果与后测结果进行比较。当参与者在与网站的交互过程中没有明显地注意到该信息时，这通常被称为一个"无意学习"（incidental learning）方法。

6.7.5　知晓度和有用性差距

一种非常有价值的方法是分析用户对特定信息或功能的**知晓度**（awareness）和产生感知后对其**有用性**（usefulness）**感知**之间的差别。例如，假设多少参与者没有察觉或意识到一些具体的功能，但一旦他们注意到该功能，他们会发现该功能非常有用，那么应该通过一些方法推进或强调该功能。

为了分析"知晓度和有用性"之间的差距，必须同时具有知晓度度量和有用性度量。一般我们用一个是 / 否的问题询问参与者的知晓程度。例如，"在参加本研究之前，你知道这种功能吗？（是 / 否）。"然后我们接着问："在一个 1 到 5 的标度上，这个功能对你有多大用处？（1= 没有一点用；5 = 非常有用）。"这种方式需要参与者有几分钟的时间去摸索一下该功能。下一步，需要把等级评价数据转化为一个前 2 项分数，以便进行一一对应的比较。简单地把知晓该功能的用户比例与发现该功能有用的用户比例绘制在一起。这样，两个条形图之间的差距就叫作**"知晓度和有用性差距"**（awareness-usefulness gap）（见图 6.27）。

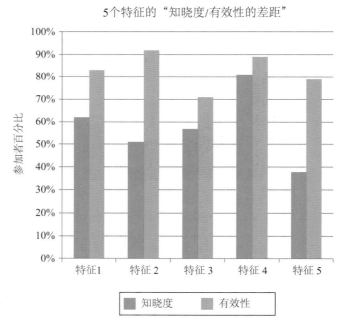

图 6.27　一项考察感知度—有用性差距（awareness-usefulness gap）研究的数据。感知度和有效性评价中差距最大的项目（如特征 2 和特征 5）就是那些研究者应该考虑如何使它们在界面上更明显的内容。

6.8　总结

有许多不同的方法可以用于对自我报告数据进行分析，从而获得可用性度量。下面是一些需要记住的关键点。

1. 在任务阶段和可用性研究结束阶段，都可以考虑收集自我报告数据。任务阶段的数据可以帮助研究者确认那些需要改进的部分。研究单元后收集的数据可以帮助研究者了解总体可用性。

2. 当在实验室进行测试时，可以考虑使用一个标准的问卷评估用户对系统的主观反应。系统可用性量表（SUS）已被证明是相当有效且灵活的，即使对参与者数量相对较小（如 8~10 人）时也是如此。

3. 当测试一个在线网站时，可以考虑使用一种在线服务，比如 WAMMI 或 ACSI。他们所提供的主要优点是：有能力把网站评价结果与他们参考数据库中的大量网站进行比较，并呈现比较后的结果。

4. 除简单的评分量表外，在使用其他方法时既要有创造性，又要谨慎。如果可能，要求用户以不同的方式对一个给定的题目进行评价，然后把几个结果平均以得到一个更符合实际情况的数据。在编制任何新的评分量表时都要很认真。恰当地使用开放式问题，并可以尝试考虑使用一些方法来测查用户在与产品交互之后对产品的知晓程度或理解程度。

第7章
行为和生理度量

在可用性研究中，大多数参与者除完成任务、回答问题和填写调查问卷外，还会有其他方面的表现。他们可能大笑、叹气、傻笑、做苦相、微笑、坐立不安、漫无目地四处张望，或者用手指敲击桌子。他们经历着丰富的情感体验，比如紧张、兴奋、挫败、惊奇。产品某些部分引起了他们的注意，然而其他部分则完全被忽略了。这些都是可以测量到的行为和情绪变化，并且能够为理解被测试产品的用户体验提供有价值的信息。本章将讨论与这些自发的言语表情相关的度量方法，包括眼动追踪、情感投入和紧张。

7.1 自发言语表情的观察与编码

自发的言语表情可以为理解研究参与者使用产品时的情绪和心理状态提供很有价值的信息。即便没有被提问，参与者也可能会主动对产品做出许多评价，包括负面评论（"这太难使用了"或者"我不喜欢这种设计"）和正面评论（"哇，这比我想象中的还简单"或者"我非常喜欢它的外观"）。还有一些中性的或者难以解释的评论，例如，"这很有趣"或者"这不是我所期望的那样"。

言语表情最有价值的度量方式是正面评论和负面评论的比值。做这类分析时，首先需要将所有的言语行为或者评论记录下来，然后将行为编码分为正面评论、负面评论或者中性评论。完成这些后，就能看到如图 7.1 所示的正面评论和负面评论的比值。但如果仅仅知道正面评论和负面评论的比值是 2∶1，并不能提供多少有用的信息。但是，如果比较不同迭代版本的设计方案或者不同产品的比值，就会更有意义。例如，如果每个新版本的设计所获得的正面评论和负面评论的比值都显著增加，这说明设计得到了改进。另外，如果参与者体验了不止一种设计方案，并且体验不同方案的时间是相同的，就可以计算出每一位参与者提供的正面反馈与负面反馈的比值。

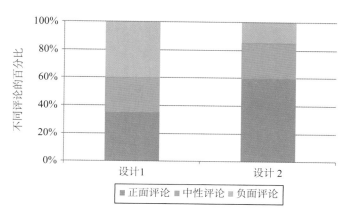

图 7.1　两种不同设计方案的正面、中性和负面评论的比例。

　　对不同类型的自发言语评价进一步细分，有可能会得到更多有价值的信息，例如以下评论：

- 很高的正面评论（如"这棒极了！"）
- 其他正面评论（如"那个相当好。"）
- 很差的负面评论（如"这个网站真糟糕！"）
- 其他负面评论（如"我不太喜欢它工作的方式。"）
- 改进建议（如"如果……，那将会更好。"）
- 询问（如"它是如何工作的？"）
- 与期望的差别（如"这与我期望得到的不一样。"）
- 表示迷惑或者不理解（如"这一页的内容没有任何意义。"）
- 表示挫败感（如"到了这个地方我会直接离开网站！"）

通过比较每种类型评论出现的频率，来分析这些类型的数据。比如上面提到的例子，比较针对不同的设计迭代方案或产品出现的不同类型评论的比例是最有价值的。但是，将言语评论一一区分为正面评论、负面评论和中性评论不是一件轻松的事情。研究者可以与其他用户体验研究者一起工作，力求对每个言语评论的分类达成一定程度上的一致，这有助于解决分类的困难。要充分利用视频录像，因为即使是最好的记录员，也可能遗漏一些重要信息。另外，我们建议需要结合当时的研究情境对言语评论进行分析。例如，如果一个参与者说无论在任何情况下，他（她）都不会使用这个产品，但对颜色给出了一些正面的评价，需要研究者在整理相关方面的指标时加以辨析，并在呈现研究发现的时候给出必要的解释说明。尽管由于这些指标的采集相当耗时且很少用，但是它们可以为理解一个具体设计所带来的感受提供有价值的信息。

7.2 眼动追踪

最近几年，利用眼动追踪技术进行用户研究变得越来越常见。部分原因是由于眼动追踪系统更加易用，特别是在分析方法、精确性、移动技术（以眼镜的形式）和基于网络摄像头的新技术方面的发展，也促进了眼动技术的普及应用。

7.2.1 如何进行眼动追踪

虽然实现的技术细节有差异，但许多眼动追踪系统（见图 7.2）都使用红外摄影机和红外线光源来追踪参与者的注视位置。红外光在参与者眼球表面形成反射（称为角膜反射），然后系统将该反射的坐标位置和参与者的瞳孔位点进行对比。角膜反射相对瞳孔的位置随参与者的瞳孔移动而改变。

图 7.2　SMI 公司（www.smivision.com）的眼动追踪系统。红外光源和红外摄影机直接嵌入监视器下方的面板上。该系统自动实时追踪参与者的眼睛。

　　进行眼动追踪研究首先要求参与者注视一系列已知点来进行系统校准。随后，系统可以基于角膜反射的坐标位置来对参与者的注视位置进行定位（见图7.3）。在通常情况下，研究者会检查系统校准的质量，这时一般会看在X轴视平面和Y轴视平面上偏离的角度。偏差值小于1°时通常被认为是可以接受的，小于0.5°被认为是非常好的。校正结果符合要求是至关重要的，否则，眼动数据的所有记录和分析都没有价值。如果没有较好的系统校准，参与者实际注视的位置与研究者认为参与者注视的位置之间将存在偏差。进行系统校准之后，研究主持人必须确保眼动数据被较好地记录。往往最常遇到的问题是参与者在座位上坐立不安。有时需要研究主持人让参与者前／后移动、左／右移动，或者升高／降低他们座椅的位置来重新抓取参与者的注视点。

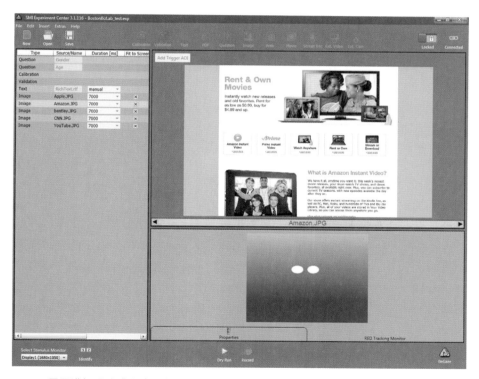

图7.3　SMI用于进行眼动球追踪研究和眼动实时监测的软件示例。图示中的三个窗口包括研究详情（左侧窗口）、被追踪的刺激物料（右上窗口），以及被追踪到的注视点（右下窗口）。

　　眼动追踪系统提供的信息在可用性测试中非常有用。只是让观察者实时观察参与者所注意的位置就非常有价值。即使对眼动追踪数据不做任何的进一步分析，这种实时显示的眼动信息就能提供一些其他方法不可能提供的洞察视角。例如，假设一名参与者正在某网站上操作一项任务，主页上有一个超链接，单击这个链接就能直接打开完成这一任务所需要的页面。但是，参与者却在这个网站上不停地探索，直到进入死胡同，又不得不返回主页，始终没能找到所需的页面。遇到这种情况时，研究者希望知道参与者是否看到了主页上要找的那个链接，还是参与者看到了链接，却认为这不是他所想要的（例如，因为它的用词）而放弃了。虽然可以通过随后询问参与者来获取这些信息，但他们可能不会记得完全准确。通过眼动追踪系统，可以知道参与者的视线是否在该链接上停留了足够长的时间来读它。

7.2.2　眼动数据的可视化

将眼动数据可视化的方法有很多，这些可视化的数据可以告诉我们人们在什么时间点关注了什么地方。这些可能是利益相关者唯一真正关心的事情。所有的眼动可视化结果既可以是个体层面的，展示一位参与者的眼动情况，也可以是群体层面的，汇总展示多位参与者的眼动情况。

> **基于网络摄像头的眼动追踪**
>
> 随着技术的进步，用户体验研究者可以用参与者端的网络摄像头来进行远程的眼动研究。基于网络摄像头的眼动追踪设备操作起来与相对传统的眼动系统的使用方式类似。然而，网络摄像头不使用一个红外光源信号，只通过识别参与者的眼睛，特别是瞳孔的运动，就能确定参与者所注视的刺激物的位置点。供应商EyeTrackShop（www.eyetrackshop）就提供这种基于网络的眼动追踪服务，服务内容包括研究设计、数据存储、数据分析与报告。首先需要参与者允许他们的网络摄像头被研究所使用，然后要在正式研究之前进行校准。图7.4是参与者在研究准备过程中所看到的界面示例。与任何其他的眼动研究类似，不同的图片或视觉刺激物会被展示给参与者，与此同时，可以添加不同的调查问题。这项技术使得在较短的时间内跨越地理限制，采集大样本量参与者的眼动数据成为可能，因此，对用户体验研究者有非常高的潜在价值。例如，广告商现在能够在很多不同的市场，对统计学上可靠的样本量进行广告效果的测试，EyeTrackShop 提供的研究数据清晰表明，擎天柱广告（Devil Ad）在吸引视觉注意力方面明显比其他两种广告的效果要好（见图7.5）。

图 7.4 EyeTrackShop 的启动程序示例。参与者被要求将他们的脸部对准在屏幕中的轮廓范围内，以确保适当的校准效果。

图 7.5 采用 EyeTrackShop.com 网站进行的一个广告效果研究案例。屏幕上部展示的是实验刺激材料（标出了兴趣区），截图下方展示的是基本的统计数据，比如注意到每个广告的用户占比，注视每个广告花费的时长，首次注意到每个广告所经历的时间。左侧"擎天柱广告"的效果最好。

图 7.6 显示了单个参与者在 Amazon 视频网站上的注视点序列或顺序，又被叫作注视路径图（a scan path）。这可能是在展示单个参与者的眼球运动时最常用的方式。注视点被定义为眼球运动在某个固定区域内的一次暂停，这些暂停通常会持续至少 100ms 或更长。注视点通常都会用数字编码来标明它们的顺序。圆圈的大小与注视点持续的时长成正比。**眼跳**或注视点之间的移动用连线表示。在图 7.6 中，能够很容易地发现参与者的关注点主要集中在脸部，以及第一个"了解更多"区块（最左边的）。扫描路径图是一个非常好的展现参与者如何浏览一个页面，以及他们按照什么样的顺序看到了哪些部分的指标。

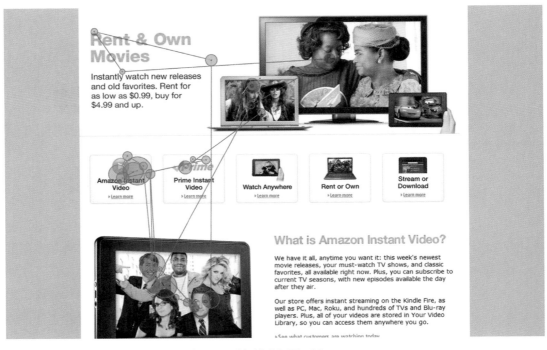

图 7.6 单个用户在 Amazon 视频网站上的眼动扫描路径图示例。

你知道吗？

在眼跳的过程中，我们的眼球从一个点移动到另一个点，这时我们实际是处于失明状态的。无论我们是在浏览一个网页，还是在阅读一本书，都是如此。当然，我们没有察觉到这个现象。我们的大脑一直持续不断地整合不同注视点传来的信息，因此，我们感觉到的是持续不断的视觉信息流。

迄今为止，热区图（a heat map）（见图7.7）是最常见的将多位参与者的眼动数据进行可视化展现的方式。在这个可视化图形中，相对最亮（红）的区域表示注视更密集。这是一个非常好的了解页面哪些区域吸引了更多（或更少）视觉注意力的方式。但请记住的重要一点是，分析软件中很多可视化效果的标尺是允许研究者定义的，比如研究者可以自定义什么区域是"红色"，什么区域是"橙色"。因此，研究者可以较轻松地放大热区图来显示更多或更少的颜色。我们建议使用大多数软件的默认设置。不过，尝试使用不同标尺来检验可视化后的效果也是很重要的。一种与热区图相反的可视化方法是焦点图（a focus map），这个图把受到较多视觉注意力的区域标识为透明的区域，把受到较少以及没有视觉注意的区域标识为黑色不透明区域。在某种意义上，焦点图更加直观，但是不常用，因为在焦点图中很难看清楚那些被用户忽略的区域。

图 7.7　Amazon 视频网站上的热区图示例，显示这项研究中所有参与者的眼动注意力分布。红色、橙色和黄色表示所标识的高亮度区域受到了更多的视觉注意。

7.2.3　兴趣区

最常用的眼动数据分析的方式是测量特定元素或特定区域内的视觉注意力。大多数研究者并不仅仅对视觉注意力在一个网页或界面上如何分布感兴趣，他们也想知道参与者是否注意到特定的事物，以及在关注这些事物上花费了多少时间。尤其是在营销领域，衡量一个广告活动是否成功的标准与让顾客关注到特定事物直接关联到一起。同样，当一些特定元素对任务成功非常关键，或者可以带来积极体验时，在这些特定元素上的视觉注意力也是很重要的。如果用户没有看到这些元素，研究者会很有把握地知道问题出在哪里。

图 7.8 提供了一个如何定义页面特定区域的示例。这些区域通常被称为"注视区域（look-zones）"或"兴趣区（Areas of Interest，AOI）"。兴趣区实际上是研究者想要测量的那些元素或区域，使用页面上的 x 和 y 坐标来标定。在分析这些不同区域所受到的关注时间时，谨记以下几点。

- 仔细定义每一个区域。在理想情况下，在不同的区域之间彼此最好保留一小块空白区域，以确保眼动数据不同时落入两个紧挨着的兴趣区内。
- 同一区域里的内容应该具有同质性，如导航、目录、广告和法律信息等。如果研究者喜欢把兴趣区再进一步细分成独立的单个元素，需要再把数据合计在一起。
- 当用兴趣区域来展现数据时，需要考虑用户在该区域里实际注视了哪些地方。因此，我们建议提供一个热点地图（见图 7.7），表示注视点的连续分布情况。

图 7.8　划分了兴趣区的 Amazon 电影网站上展现每一个兴趣区的汇总统计数据的示例。

图 7.9 所示的堆积柱形图（a binning chart）是分析眼动数据中兴趣区域时的另一个有效方式。堆积柱形图展示了在一些时间间隔内，花费在每一个兴趣区内的时间百分比。需要注意的是，除非页面上所有可能被关注到的空间都被划分在兴趣区内，百分比的和一般达不到 100%。从图 7.9 可以看出，兴趣区 1（绿色区域）在最初的几秒钟相对最后几秒钟获得了更多的视觉注意力。与此相反，兴趣区 2（灰色区域）在最后几秒钟则相对最初几秒钟获得了更多的视觉注意力。这种方式对发现每个兴趣区在哪个时间段时所受到的视觉注意相对较多是有用的，而不是仅仅列出一个总的时间。图 7.10 所示是一个栅格化的兴趣区，显示了面积相同的单元格的受关注量。这种可视化的形式对观察整个页面的视觉注意力非常有用，特别是在所有页面上的元素不同的情况下。例如，研究者可以选择把多个网页的数据汇总在一起形成一张单独的栅格化兴趣区域图，来观察用户通常在看哪些区域。

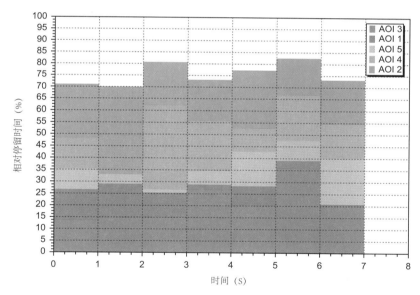

图 7.9 Amazon 电影网站的堆积柱形图示例。图中显示了在每一秒的时间内每一个兴趣区被关注的时间百分比。

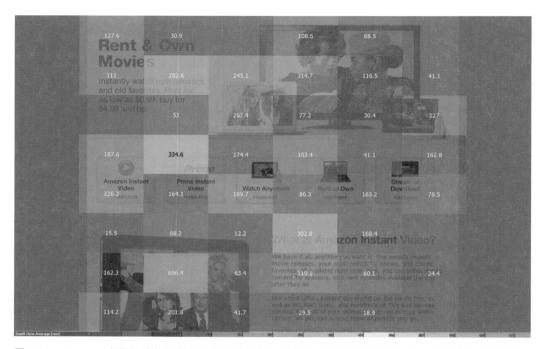

图 7.10　Amazon 电影网站的栅格化兴趣区的示例。栅格化的兴趣区展现了页面上相同大小的单元格获得的视觉注意力的数量。

7.2.4　常用眼动度量指标

　　和眼动数据有关的度量指标有很多，以下列出了用户体验研究人员相对最常用的一些眼动度量指标。重要的是，所有的这些指标都是和特定的兴趣区相联系的，图 7.11 给出了跟单个兴趣区相关的度量指标。

图 7.11　SMI 软件提供的用于度量单个兴趣区的常用指标。

停留时间

停留时间是关注某个兴趣区的时间总和，包括兴趣区内所有的注视点和眼跳，也包括回访的时间。停留时间是表示对特定兴趣区感兴趣程度的一个非常好的指标。很显然，停留时间越长，对特定兴趣区感兴趣的程度就越高。这里有一条常用的经验法则，低于 100 ms 的停留时间通常意味着参与者处理了较少量的信息，超过 500 ms 的停留时间通常意味着参与者有机会进行信息加工。

注视点数量

注视点数量就是兴趣区内所有注视点数量的总和。注视点的数量与预想的一样，和停留时间是强相关的。正因为如此，我们通常只是报告停留时间。

注视时间

注视时间是所有注视点的平均持续时长，通常从 150 ms 持续到 300 ms。注视时间与注视点数量和停留时间比较相似，代表被关注对象吸引的程度。平均注视时间越长，投入程度越高。

浏览顺序

浏览顺序是每一个兴趣区首次被关注到的时间排序。浏览顺序可以告诉研究者在指定的任务背景下，每一个兴趣区的相对吸引力。有时候，知道哪些兴趣区一开始就映入了用户的眼帘，哪些兴趣区在后来才被关注到是非常有用的。在通常情况下，浏览顺序是通过计算每个兴趣区被访问的平均顺序得到的。因此，请记住很多参与者可能不是按照完全相同的顺序访问的，浏览顺序只是一个最佳估计。我们同样建议考虑用堆积柱形图（见图 7.8）作为兴趣区访问顺序的另一种视图展现形式。

首次注视所需要的时间

在有些情况下，需要知道用户花费多长时间才第一次注意到一个特定的元素。例如，研究者可能知道用户在一个页面上平均只访问了 7 秒时间，但是研究者想要确信一个特定的元素（比如"继续"或"注册"按钮）是否在前 5 秒就被注意到了。较为实用的是，大多数眼动追踪系统都为每个兴趣区标记了时间戳，比如，每一个注视点发生的精确时间。

分析这些数据的一种方法是计算特定元素被首次注视到的所有时间的均值。计算这个时间数据时，从开始呈现元素开始计算，到这个元素被注意到的时间点结束。对所有注意到特定元素的参与者来说，均值表示首次注意到这个元素花费的时间。当然，可能一些参与者根本没有注意到这个元素，更不用说在前 5 秒注意到了。因此，如果没有把所有的参与者考虑进去，可能得出一些有误导的假数据，例如，用户能在非常短暂的时间内能找到特定的元素。

重访次数

重访次数是指眼睛注视到一个兴趣区，并在视线离开这个兴趣区之后，又再次返回注视到这个兴趣区的次数。重访次数可以代表一个兴趣区的"黏性"。用户在注视一个兴趣区又离开之后，再也没有返回继续关注，还是他们一直用眼睛来回关注？

命中率

命中率就是在兴趣区内至少有一个注视点的参与者百分比。换句话说，就是看到兴趣区的参与者数量。在图 7.10 中，13 个参与者中有 10 个（或者 77%）注意到了这个特定的兴趣区。

7.2.5 眼动分析技巧

多年来，我们学会了一些关于如何分析眼动数据的知识。然而最重要的是，我们建议研究者仔细制定研究计划，并花时间去探索数据。仅基于几张热区图会很容易产生错误的结论，下面有一些重要的技巧需要在深入分析数据时记住。

可用性测试中人们描述的关于他们所看到的信息可信吗？

Albert 和 Tedesco（2010）开展了一项实验，他们在实验中采用眼动追踪来检验可用性测试参与者所报告的他们所看到的信息是否准确。在这项研究中，参与者观看了一系列的网站主页。在每个首页展示之后，研究主持人指出一个特定的元素，其中半数参与者从三个潜在答案选项（"没有看到这个元素""不确定是否看到这个元素"和"看到这个元素"）中选择他们是否看到了这个特定元素，另外一半参与者在一个五分制量表上选择他们注视这些元素时都看了多长时间（五分制量表从"一点时间都没有"递增到"看了很长时间")。结果显示,眼球运动通常和参与者报告看到的信息是一致的。然而,大约有10%的参与者自称清楚地看到一个元素,但是眼动数据显示他们根本没有注视到。在第二组参与者中,大约5%的参与者表示他们在注视一个元素时花费了很长时间,然而在相应的元素上却没有任何眼睛注视点。总之,这些结果说明在可用性测试中参与者关于他们看到了什么的自我报告总体上是可靠的,但确实也不是完美的。

- 控制好向每一位参与者呈现刺激材料的时间。如果他们没有用相同的时间观看同样的图片或刺激材料,就需要事先设定好在分析数据时只包括前 10 秒或 15 秒的数据,或者最能说明相应研究问题的任何时长。

- 如果不能控制参与者的实验测试时间,则分析停留时间占页面总访问时间的百分比,而不是绝对时间。因为如果某人花费 10 秒,而另一个人花费了 1 分钟,不但他们的眼动不同,而且实际关注每一个元素的时间也不同。

- 只分析参与者在完成任务时的时间数据。不要包括其他任何时间,如用户讲述其使用经历时的数据,尽管此时眼动仪依然在记录数据。

- 研究期间,确保参与者的眼球运动处于实时被追踪的状态。一旦参与者开始低头或转头,就要温和地提醒他们保持最初开始时的姿势和位置。

- 分析动态网页上的眼动数据时要格外谨慎。网页由于广告、Flash、动画等经常变化,导致大部分眼动追踪系统记录的数据出现混乱。动态网页的每一个新画面实际上是被作为单独隔离开的实验刺激物来对待。我们强烈建议在注意到这些页面不是完全相同的情况下,尽可能把许多类似的网页合并在一起。否则,实验结束后会发现每一位参与者都浏览了太多的网页。另一种选择是只使用静态图像,这样分析起来比较容易,但是缺少交互体验的过程。

- 在实验开始的时候考虑使用一个触发的兴趣区来控制参与者最初看的位置。这个触发的兴趣区可能是一句话"看这里来开始试验",这句文字可能会在页面中间的位置。在参与者注视这段文字一定时间之后,试验才开始,这意味着所有参与者从相同的位置开始浏览。这对典型的可用性测试来说可能是过分之举,但是对需要更严格控制的眼动追踪研究来讲则需要考虑这一问题。

7.2.6 瞳孔反应

在可用性研究中,与眼动追踪技术紧密相关的是利用瞳孔反应的信息。大多数眼动追踪系统都必须检测参与者瞳孔的位置和直径，以确定参与者眼睛注视的位置。因此，大多数眼动追踪系统都提供了瞳孔直径信息。瞳孔反应（或瞳孔的收缩和扩张）的研究被称为瞳孔测量法（pupillometry）。很多人都知道瞳孔会随着光线的强度而相应地收缩和扩张，但鲜为人知的是，瞳孔也随认知加工、唤醒和兴趣增加而相应地变化。在通常情况下，随着唤醒水平或兴奋程度的增加，瞳孔也变大。

由于瞳孔扩张与许多不同的心理和情绪状态相关，研究者很难判断平常的可用性测试中的瞳孔变化意味着成功或者失败。但是，当研究关注的重点是思维集中程度或者情绪唤醒程度时，测量瞳孔的直径或许会有帮助。例如，如果研究者主要关心网站上的新图形所引起的情绪反应，那么测量瞳孔直径的变化（与基线水平比较）可能很有用处。进行这个分析时，只需要测量每位参与者的瞳孔直径对比基线水平的离散度百分比，然后计算所有参与者平均的离散度即可。此外，也可以测量在注视一个特定图片或者操作某项功能时，瞳孔扩张（超过一定程度）的参与者占所有人数的比例。

7.3　情感度量

测量情感非常困难，情感通常是快速变化的、隐藏的且矛盾的。通过访谈或问卷的方式询问参与者的感受可能并不总是有效。许多参与者往往告诉我们他们认为我们想要听的话，或者难以描述他们的真实感受。还有一些参与者甚至在完全陌生的人面前犹豫或者不敢承认自己的真实感受。

尽管测量情感很困难，但理解参与者的情感状态对用户体验研究人员仍然非常重要。参与者在体验一些事情期间的情绪状态几乎是一个一直受到关注的话题。大多数用户体验研究人员会综合使用各种探询性问题（probing questions）、参与者面部表情的分析，甚至肢体语言来推测参与者的情绪状态。对一些产品可以采用这类方式，然而，对另外一些产品并不总是足够有效。一些产品或体验的情绪感受要相对复杂得多，并且会对整体的用户体验带来更大的影响。例如，参与者在计算当他退休时将会拥有多少钱，或者参与者阅读自己的健康状态报告，或者仅仅是和朋友一起玩动作游戏，仅在这几种情况下用户体验到的情绪波动范围就可能很大。

测量情感主要有三种不同的方法。情感可以通过面部表情、皮肤电或者脑电波扫描设备推测出来。接下来的这部分章节将着重介绍分别应用这三种不同方法的三个不同的公司。现在这些产品和服务都已经得到商用。

7.3.1　Affectiva 公司和 Q 传感器

本节的内容基于对 Affectiva（www.affectiva.com）公司产品经理 Daniel Bender 的访谈。

Rosalind Picard Sc.D. 教授致力于发展可以深入了解情感的技术，他于 1998 年在麻省理工学院媒体实验室（MIT's Media Lab）创建了情感计算研究小组（The Affective Computing Research group）。这个研究小组的目标是在设计技术来满足人类的需求时能在情绪和认知之间做出恰当的平衡。Picard 和他的合作研究者 Rana el Kaliouby 博士在 2009 年四月共同创建了 Affectiva 公司来将麻省理工学院研究团队研发的技术商业化。Affectiva 公司推出的第一款产品叫作 Q 传感器（见图 7.12）。

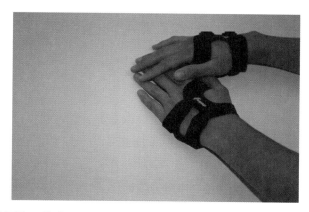

图 7.12　Affectiva 公司的 Q 传感器，一个无线、可穿戴生物传感器。

Q 传感器是一种戴在手腕上的可以测量皮肤电导（也就是常说的皮肤电活动）（Electrodermal Activity，EDA）的设备。出汗时，皮肤电活动会增强，湿度的微量增加跟交感神经活动的增强密切相关，故交感神经系统活动增强则表示情绪状态的激活或唤醒。三种激活类型可以提高唤醒程度，包括认知负荷增加、情感状态以及身体活动。与皮肤电活动增加相关的情绪状态包括害怕、生气和快乐。唤醒程度增加也与认知需求相关，会在集中精力解决问题时表现出来。当我们处于轻松或无聊状态时，我们的唤醒状态以及由此引发的皮肤电活动会减弱。

许多领域的研究者使用 Q 传感器来客观地测量交感神经系统的活动。Q 传感器最初应用的案例是被用于理解自闭症学生的情绪状态。患有自闭症的个体即使在感受到威胁、困惑或别的悲伤情感时也通常表现出中性的面部表情。从事于自闭症学生相关工作的研究者通过查看 Q 传感器捕捉的皮肤电活动数据可以更好地理解情绪爆发的诱因。最终，这项技术将被应用在教室中，即便学生受到压力但外表看不出来时，也能为老师提供预警信号。这将使老师能够及时采取合适的方法来对学生做出反馈。

在用户体验研究领域，Q 传感器可以用来帮助定位参与者体验到兴奋、沮丧或者认知负荷增加的确切时间点。用户体验研究者为每一位参与者建立了一条基线。然后就可以将他们的体验和基线进行对比，特别注意峰值，以及情绪唤醒峰值所处的位置。

虽然知道是什么诱发了更高的唤醒水平是有帮助的，但却无法告诉研究者这种体验是积极或消极的。这被称为效价（valence）。在 2007 年 1 月，Picard 将 Affectiva 的合伙人 EL Kaliouby 引入麻省理工学院时，Picard 认识到需要客观地测量效价（valence）。EL Kaliouby 的研究曾经专注于利用计算机视觉和机器学习技术测量面部表情。这项技术已经成熟，并且被整合应用在 Affectiva 的第二个产品：Affdex 面部表情识别系统上。Affdex 是一个被动的网络平台，可以将流媒体视频作为输入，而且几乎可以实时地预测面部表情。Affdex 目前被可用性实验室以及在线样本库（online panel）应用在测量对媒体的情绪反应上。Affdex 面部表情识别可以帮助辨别与唤醒状态相关的体验类型。

通过参与者计算机中的标准网络摄像头抓取面部表情，并和 Q 传感器的数据进行时间同步。Affdex 提供了丰富的数据，最高的唤醒状态往往与一个积极或者消极的效价相关。利用 Affdex，Affectiva 正在建设世界上最大的自发面部表情数据库，这将有助于 Affectiva 研发更先进的分类器（classifiers）来区分不同的情绪，继而用于预测销售额或者品牌忠诚度的增加。这项强大的技术将为用户体验研究者额外提供一套有力的工具，可以更好地理解各种不同体验的情感投入情况。10.5 节的案例重点介绍了在使用投影和掌上计算机的情况下如何使用 Q 传感器。

任务绩效、主观评分和皮肤电之间的关系

在参与者玩耍 3D 视频游戏（《超级玛丽奥 64》）的一个研究中，Lin、Hu、Omata 和 Imamiya（2005）分析了任务绩效、主观紧张评分和皮肤电反应的关系。研究任务是尽可能快速、准确地操作游戏的三个不同部分（任务）。每个任务 10 分钟，在这个时间内，玩家有可能多次实现目标（成功完成）。在完成每个任务时，游戏者对每个任务的主观紧张程度评分和常规的皮肤电反应（相对于每个参与者的基线进行校正）之间的相关性很高。除此之外，参与者操作每个任务时越成功，其皮肤电水平越低，这也说明失败与高紧张状态相关（见图 7.13）。

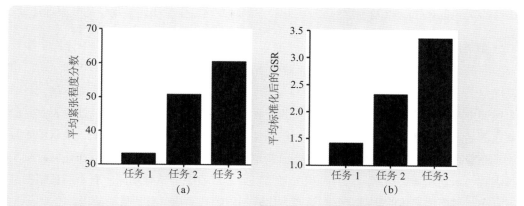

图 7.13 图中的数据表示在视频游戏的三个任务中，参与者的主观紧张程度评分（a）和常规的皮肤电反应（b）。二者都表明任务 3 给人的压力最大，其次是任务 2，任务 1 导致的压力最小。摘自 Lin 等（2005）。

7.3.2 蓝色泡沫实验室和 Emovision

本节基于对蓝色泡沫实验室创建者暨首席执行官 Ben van Dongen 的访谈。

坐落于 Palo Alto 和 Amsterdam 的蓝色泡沫实验室是一家传媒技术公司，专注于根据消费者的情绪和行为来分析和提供更多的相关信息给消费者。蓝色泡沫实验室有一家子公司叫"第三只眼"，开发了集成机器视觉、面部表情分析和眼动追踪技术的一整套技术方案。其中一款叫 Emovision 的产品，研究者可以在确定参与者注视区域的同时理解参与者的情感状态。这是一个强大的技术组合，研究者可以在任何时刻随时发现视觉刺激物和情感状态之间的直接关系。这对测试不同的视觉刺激物如何产生一系列的情感反应将是非常有价值的。

Emovision 基于参与者的面部表情来判断情绪状态。在 20 世纪 70 年代，Paul Ekman 与 Wallace Friesen（1975）研制出表征所有可能的面部表情的分类法。其中包括 46 种涉及面部肌肉的特定动作，他们将其命名为面部动作编码系统。在 Ekman 的研究中，他发现存在 6 种基础情绪，包括：高兴（happy）、惊奇（surprise）、悲伤（sadness）、害怕（afraid）、厌恶（disgust）和生气（anger）。每一种情绪都表现为不同的面部表情，并能用机器视觉的算法可靠地自动识别出来，展现出一组截然不同的面部表情。Emovision 利用网络摄像头来实时识别面部表情，并将其归类到 7 种不同的情绪之一：中立的（neutral）、高兴的（happy）、惊奇的（surprise），悲伤的（sad）、害怕的（scared）、厌恶的（disgusted），以及困惑的（puzzled）。同时，网络摄像头还被用于捕获眼球运动。

图 7.14 展示了 Emovision 应用程序如何工作。在图 7.14 的左侧窗口中分析了参与者的面部表情。首先，特定的面部肌肉被识别出来，其次，根据他们的形状和运动，可以确定表情的类型。在图 7.14 的右侧窗口展示了正被浏览的刺激物以及眼球运动。在这个案例中，参与者正在观看一个电视广告，目光注视在两位女士之间，以红点表示。屏幕底部显示了情绪（这个案例中是高兴的情绪）以及不同情绪的分布比例，线状图表描述了随着时间推移的情绪变化情况。在分析这些数据的时候，研究者可以在任何时刻实时观察、识别相关的情绪。而且，研究者可以通过观察整个试验期间所有不同情绪的频率分布，来确定整体的体验状态。这会为比较不同的产品提供有价值的数据。

图 7.14　整合基于网络摄像头的实时眼动追踪和面部表情分析的 Emovision 应用程序示例。

这项技术最吸引人的应用场景之一是根据消费者的情绪来向他们定向投放信息。图 7.15 是这项技术如何应用于在现实世界中捕获面部表情的示例，在确定消费者的整体情绪状态（是积极的还是消极的）之后，结合诸如性别、年龄之类的人口学信息，就可以通过电子广告牌或者其他平台传递有针对性的信息。

图 7.15　"第三只眼"（ThirdSight）的产品根据消费者的情绪和其他人口学信息来定向传递有针对性的信息示例。

7.3.3　Seren 公司和 Emotlv

本节基于对 Seren 公司客户总监（key account director）Sven Krause 的访谈。

位于伦敦的 Seren 是一家客户体验咨询公司，Sven Krause 结合脑电波技术和眼动数据开发出一套测量用户的情感投入和行为的方法。Seren 将这项技术广泛应用在很多领域，包括品牌、游戏、服务和网站设计。Seren 的研究人员认为这项新技术可以测量参与者对刺激物的无意识的反应，从而让他们对用户体验形成一个更完整的刻画。

Seren 使用 Emotiv 开发的脑电扫描设备，可以测量脑电波，特别是参与者大脑皮层的不同部位的脑电活动的数量。脑电活动与认知和情感状态有关，与安静状态相比，当参与者处于相对兴奋的状态时，将会有一个特定模式的脑电活动。类似地，沮丧、无聊以及投入等其他情绪状态也对应于另外几种特定的脑电活动模式。脑电波扫描技术已经在诸如帮助诊断癫痫患者、睡眠障碍患者、中风以及其他神经病学系统疾病领域应用了很多年。直到最近几年，才被应用在市场营销和客户体验领域。

Seren 正在与 SMI 公司合作将 SMI 的眼动追踪设备与 Emotiv 耳机设备整合。这样 Seren 的研究人员可以确定参与者正在观察什么，以及什么事情触发了他们的情感和认知状态。脑电波扫描技术和眼动追踪数据的整合是至关重要的，由于所有的数据将拥有一个一致的时间戳，研究人员可以同时探索一个特定事件的眼动数据和脑电数据。

Seren 系统的安装和使用是相当简单的。参与者将脑电扫描设备戴在头上，将一系列小导电块连接头皮和额头。脑电扫描设备通过无线网络和眼动追踪设备连接。首先通过几分钟的基线测量，让参与者适应设备环境。在研究人员认为已经达到可以接受的基线之后，研究正式开始。图 7.16 展示了一个典型的设置，研究人员正在同时实时监测眼球运动和脑电反馈（见图 7.17）。

图 7.16 使用 Seren 脑电技术时的典型场景。

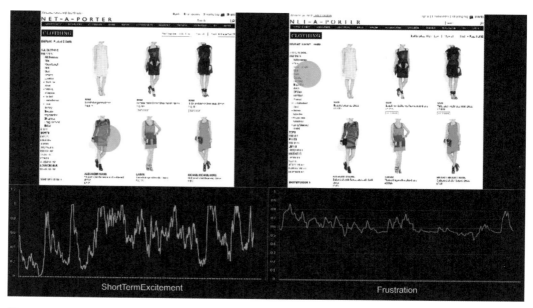

图 7.17 SMI 的应用程序允许研究者实时观察脑电反馈和眼球运动。

脑电波数据对监测参与者在一段时间内的情感投入是非常有用的。基于其结果可以发现一些其他的问题，或者创建"情感热图"来确定导致情绪状态改变的区域。

7.4　紧张和其他生理指标

毋庸置疑，紧张是用户体验的一个重要组成部分。参与者在寻找重要信息遇到困难的时候可能感到紧张，或者当他们对正在经历的事务存在不确定的时候，也可能会紧张。由于很难弄清楚紧张的原因，在典型的可用性研究中，很少将测量紧张作为一部分。或许参与者处于实验室环境中会感到紧张不安，可能担心做不好，或者只是不喜欢被测量他们的紧张程度。由于将紧张程度和用户体验联系起来很困难，这些度量指标必须谨慎使用。然而，他们在某些情况下仍然可能是有价值的。

7.4.1　心率变异性

测量心率，特别是心率变异性（Heart Rate Variability，HRV）是最常见的测量紧张程度的方式之一。心率变异性测量心跳之间的时间间隔。有些不合常理的是，心率存在一定程度的变异性比不存在任何变异性更健康。主要由于人们对健身和健康的痴迷，以及移动技术的发展，测量心率变异性在最近几年变得容易了很多。许多跑步运动员或其他运动员对测量自己在运动过程中的心率感兴趣。这些运动员很可能在他们的胸部戴着一个设备来直接测量他们的心率和脉搏，这些信息可以直接发送到任何设备。想要减少生活中压力的人们现在可以利用一些智能手机应用程序，来帮助他们测量和监控自己的紧张程度。一个受欢迎的叫作 Azumio 的应用程序可以让使用者利用他们的智能手机测量自己的紧张程度。使用者只需轻轻地将手指放在摄像头上，软件就可以探测他们的心率，并且计算心率变异性（见图 7.18）。 心率变异性在大约 2 分钟后可以被计算出来，并计算出紧张程度得分。

这些新应用程序可能对用户体验研究有用，尤其是在评估更加情感化的产品时，比如处理和人的健康或与金融相关的产品。在使用不同的设计方案前后测量心率变化是非常容易的，很可能一个设计相对其他设计导致所有参与者产生更大范围的心率变化。我们当然不建议将这种方法作为测量用户体验的唯一方式，但是它可能提供一些额外的数据，并有助于洞察用户体验背后的原因。

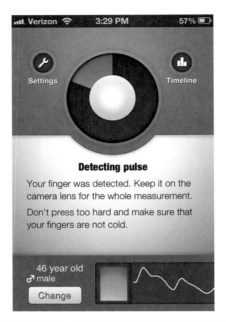

图 7.18　iPhone 手机中利用摄像头检测心率、计算心率变异性来测量压力的 Azumio 压力检测应用程序。

7.4.2　心率变异性和皮肤电研究

有几项研究试图判断皮肤电反应和心率是否可用于可用性测试环境中紧张或者其他负面反应的度量指标。例如，Ward 和 Marsden（2003）用皮肤电反应和心率测量用户对某网站两个不同版本的反应：一个设计优秀的版本和一个设计拙劣的版本。设计拙劣的版本在主页上使用了过多的下拉列表"隐藏"大多数功能、提供了无效的导航线索、使用了不必要的动画，有时还会有弹出广告。以实验前一分钟的数据作为基线，将心率和皮肤电反应相对于基线的变化绘制成图。

对设计优秀的版本，这两种测量都显示心率和皮肤电反应下降。对于设计拙劣的版本，皮肤电反应数据在实验的前五分钟增加，然后在最后五分钟回到基线水平。设计拙劣的版本所引起的心率也有相似的变化，但总体趋势保持在与基线相同的水平上。与设计优秀的版本不同，心率相对于基线水平反而下降了。这两种测量都显示：使用设计拙劣的版本时，会引起更高程度的紧张。

Trimmel、Meixner-Pendleton 和 Haring（2003）通过测量皮肤导电性和心率来评估由网页加载的响应时间所引起的紧张程度。他们将网页加载时间人工设置为 2s、10s 和 22s。如图 7.19 所示，他们发现网页加载的响应时间增加时，心率显著上升。皮肤导电性方面也发现了相似的规律。这说明了生理上的紧张与较长的网页加载时间有关。

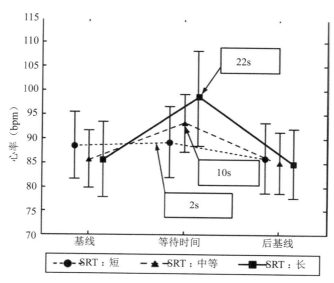

图 7.19 数据显示了参与者们在面对不同的网页加载时间（即等待时间）时的心率。在加载时间为 10s 和 22s 的情况下，心率相对于基线数据大大增加，表明参与者处于生理紧张状态。来源：摘自 Trimmel 等（2003）；已授权使用。

7.4.3 其他测量手段

一些具有创新精神的研究者已经提出了一些可能适合评估用户与计算机交互过程中的受挫感或者精神集中程度的其他方法。值得称道的是，麻省理工大学媒体实验室情感计算研究小组的 Rosalind Picard 和她的团队研究了多种新技术，用来评估人机交互中用户的情感状态。其中有两项技术可能被应用到可用性测试中，分别是压力鼠标（PressureMouse）和姿势分析座椅（Posture Analysis Seat）。

压力鼠标（Reynolds，2005）（见图 7.20）是具有 6 个压力传感器的计算机鼠标，它可以探测用户抓握鼠标的力度。研究者们让使用压力鼠标的用户填写 5 页基于网页的调查（Dennerlein 等，2003）。当他们提交其中一页调查结果时，参与者会看到一条错误信息，提示该页面的记录有误。确认错误信息后，用户会重新回到原来的网页，但是所有以前填写的数据都被删除，他们必须重新输入。如图 7.21 所示，被分到"高反应"组的参与者（针对该在线调查设计了一份可用性问卷，根据在该问卷上的负面评分对参与者进行划分）在丢失数据后的 15s 内手握鼠标的力度明显远远超过数据丢失前 15s 内的力度。

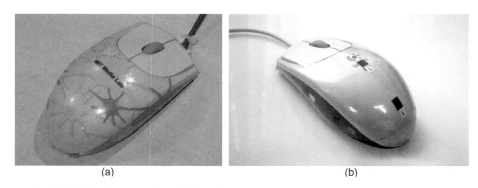

图 7.20　压力鼠标是一个可以测定用户抓握鼠标力度的试验鼠标。（a）塑料外壳将压力传递至位于鼠标顶部和两侧的 6 个传感器。（b）当用户对界面感到越来越烦躁时，很多人会潜意识地将鼠标握得更紧。压力鼠标由麻省理工学院媒体实验室的 Carson Reynolds 和 Rosalind Picard 研制。

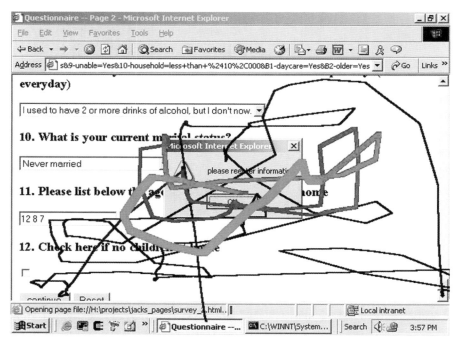

图 7.21　压力鼠标数据的可视化结果，鼠标在屏幕上留下了"痕迹"。痕迹的宽度表明了参与者抓握鼠标的力度。在这个例子中，参与者在完成在线调查表时，最初用正常力度握住鼠标。当他单击"继续"按钮时（#1），压力仍然正常，直到开始阅读错误信息提示时，错误信息使他将鼠标握得要紧一些（#2）。最后，在退出对话框，并看到自己输入的数据都消失后，他用更大的力度握住鼠标（#3）。来源：摘自 Reynolds（2005）；授权使用。

坐姿分析椅可以测量参与者施加在座椅底部和靠背上的压力。Kapoor、Mota 和 Picard（2001）发现他们能够可靠地检测到参与者姿势的变化，如坐直、向前倾、向后下滑或者向一侧倾斜。这些也许可用于推断参与者精力集中程度或对某事物感兴趣的程度。当然，有教学经验的人能够通过学生在座位上是多么无精打采来轻易发现学生的精神集中程度。

这些新技术虽然还没有被用于常规的可用性测试中，但是它们看起来都很有前景。随着测试精神投入程度或受与挫感类似的其他技术的价格变得越来越可以承受，以及使用起来越来越让人感到舒适和自然，它们将会被用于很多可以提供有价值测量指标的场景，比如为持续注意时间有限的儿童设计合适的产品，测量用户对下载时间或错误信息提示的忍耐程度，或者测量青少年对新型社交网络应用的沉迷程度。

7.5 总结

本章概括介绍了测量用户行为和情感的各种方法。这些方法对洞察那些在可用性测试期间容易被忽略的更深层次的用户体验可能有价值。这些工具变得更加易用、精确、灵活和强大，甚至也很实惠。尽管取得了这么多进步，我们还是强烈建议研究者使用用户体验度量的其他方法，而不是仅仅依赖这些技术来得知用户体验的一切。下面是一些需要记住的要点总结。

1. 在可用性测试中采用结构化的方法来收集用户自发的言语评论数据会非常有帮助，采用这种方法时需要将参与者在每一个测试任务中的积极评论和消极评论的数量制作成表。

2. 眼动追踪技术在很多类型的可用性测试中都很有意义。这项技术在不断改进，变得越来越精确，越来越易用，而且使用起来越来越自然，没有被侵入的感觉。它的价值是不仅可用于比较不同设计的效果，而且可以基于不同的兴趣区计算度量指标。关键的度量指标包括注视停留时间、首次注视时间，以及命中率。可视化眼动数据结果的方式有很多，比如注意力热区图和栅格化的兴趣区。

3. 测量情感的方式有三种：皮肤电、面部表情和脑电波。皮肤电测量唤醒程度，面部表情在分类后可以与六种基本的情绪进行关联，脑电图测量与特定情感反应相关的带有独特特征的脑电波活动。基于各种方法的新技术甚至将眼动数据整合到他们的应用程序中，这些都是可以用来洞察用户情绪反应的强大的新工具。

4. 紧张是用户体验的重要组成部分，通常可以通过心率变异性来测量。研究者可以用一些新的应用来轻松地测量心率变异性。然而，在用户体验之外，还有很多因素可以影响紧张状态。

5. 其他用于记录参与者的行为信息的技术，比如用于记录抓握力度大小的鼠标，很快就可以投入使用，将为可用性测试增加新的有用工具。

第8章

合并和比较度量

可用性数据就像搭积木，每块可用性数据都能用于创建新的度量。原始可用性数据可以是任务完成率、任务时间、自我报告式的易用性。所有这些可用性数据都可用于产生先前不存在的新度量，如总体可用性度量、可用性记分卡。为什么要这样做呢？我们认为最主要的原因是可以对研究中所收集的各种度量有一个便于理解的分数或是总结。这可以使其方便地展示给高层的管理者，可以追踪几个迭代版本和上线产品在度量上的变化，或者是比较不同的设计。

有两种常用的方法可以基于现有数据生成新的可用性度量：（1）将一个以上的度量合并为单一的可用性测量指标；（2）将现有的可用性数据与专家或理想的结果进行比较。本章将介绍和评价这两种方法。

8.1 单一可用性分数

在许多可用性测试中，收集的度量指标不止一个，例如，任务完成率、任务时间和自我报告式度量（如系统可用性量表（SUS）分数）。在大多数情况下，研究者不太关心每个单独度量的结果，而比较关心所有这些度量所反映出来的产品可用性的总体情况。本节内容介绍了对多种不同的度量进行合并或表征的方法，通过这些方法可以对一个产品的可用性或产品的不同方面（可能通过不同的任务来测量获得）形成整体的判断。

在一个可用性测试之后，最常被问到的问题是"产品表现如何？"，问这个问题的人（经常是产品经理、研发者或项目组的其他成员）通常想了解的不是任务完成率、任务时间或者问卷分数，而是某种类型的综合分数：产品表现得好不好？与前一轮可用性测试相比，它表现得如何？如果要以能说得通的方式对这些问题做出判断，就涉及将可用性测试中的多个度量合并为某种类型的一个综合可用性分数。其中的难点是要解决如何恰当地把具有不同度量单位的分数进行合并（如以百分数为单位的任务完成率、以分或秒为单位的任务时间）。

8.1.1 根据预定目标合并度量

也许，最简单地合并不同度量的方法是将每个数据点与预定目标进行比较，然后根据能够达到一组综合目标的参与者百分比，呈现一个单一的度量。例如，假设目标是要求参与者以平均不超过 70s 的时间成功地完成至少 80% 的任务。根据这一目标，请考虑表 8.1 中的数据，表格显示了 8 名参与者在一个可用性测试中的任务完成率和每个任务的平均完成时间。

表 8.1 显示了一些有趣的结果。任务完成率（82%）和任务时间（67s）的平均值似乎暗示这一测试达到了目标。即使查看达到任务完成目标的参与者人数（6 人或 75%）或达到任务时间目标的参与者人数（5 人或 62%），也会发现结果是令人鼓舞的。然而，分析结果的最恰当的方法是检验每个参与者是否都达到了既定目标（如以平均不超过70s 的时间完成至少 80% 的任务的综合指标）。结果发现，如表 8.1 的最后一列所显示，实际上仅有 3 个（或 38%）参与者达到了这一目标。这个例子说明了单独分析每个参与者数据而不仅只看平均数的重要性。

表 8.1 来自 8 位参与者的任务完成情况和任务完成时间 [1]

参与者编号	任务完成率	完成任务时间（s）	达到目标？
1	85%	68	1
2	70%	59	0
3	80%	79	0
4	75%	62	0
5	90%	72	0
6	80%	60	1
7	80%	56	1
8	95%	78	0
平均值	82%	67	38%

1 还展示了任务完成度和时间的平均值，以及每个参与者是否在 70s 内完成了至少 80% 的任务目标的度量指标。

根据预定目标合并度量的方法适用于任何类型的度量。唯一需要决定的是使用什么样的预定目标。预定目标可以参照商业目标和 / 或与理想的绩效进行比较。这种方法容易计算（每个参与者只是得到 1 或 0），而且结果容易解释（测试中达到既定目标的参与者百分比）。

8.1.2　根据百分比合并度量

虽然，我们非常清楚可用性测试应该有可测量的预定目标，但实际上我们经常无法得到它们。因此，当缺少预定目标时，我们如何合并不同的度量？就合并具有不同单位的分数来说，一个简单的方法是将每个分数转换为百分比，然后求其平均数。例如，请看表 8.2 中的数据，表中显示了 10 名参与者可用性测试的结果。

表 8.2　来自 10 位参与者的可用性测试数据 [1]

参与者编号	完成每个任务的时间（s）	完成的任务（共 15 个）	评分（0~4）
1	65	7	2.4
2	50	9	2.6
3	34	13	3.1
4	70	6	1.7
5	28	11	3.2
6	52	9	3.3
7	58	8	2.5
8	60	7	1.4
9	25	9	3.8
10	55	10	3.6

1　完成每个任务的时间指完成任务的平均时间，以秒（s）为单位。完成的任务指参与者成功完成任务的数目（共 15 个任务）。评分指五点主观评定量表的平均数，评分越高，表示越好。

从这个研究的结果中要获得一个总体性的认识，有一个方法是先将这些度量转换为百分比。就任务完成数量和主观评定来说，很容易计算百分比，因为我们知道每个分数的最大可能值（"最好的"）：任务共计 15 个，量表中可能的最大主观评分是 4。因此，我们只需用每个参与者的得分除以相应的最大分数，就得到了其百分比。

就时间数据来说，百分比的计算较难一些，因为没有预先定义的"最好"时间和"最差"时间——预先不知道测量的端点。一种处理方法是让几位专家完成任务，并将其平均数作为"最好"时间。另一种处理方法是将参与者中的最快时间定义为"最好"（本例中是 25s），将最慢时间定义为"最坏"时间（本例中是 70s），并参照这一时间表示其他时间。具体地说，可以用最长时间与观测时间的差除以最长时间和最短时间的差。在这种方法中，最短时间为 100%，最长时间为 0%。使用这种转换方法后，可以得到表 8.3 中显示的数据。

表 8.3　将表 8.2 的数据转换为百分比 [1]

参与者编号	时间	任务	评分	平均值
1	11%	47%	60%	39%
2	44%	60%	65%	56%
3	80%	87%	78%	81%
4	0%	40%	43%	28%
5	93%	73%	80%	82%
6	40%	60%	83%	61%
7	27%	53%	63%	48%
8	22%	47%	35%	35%
9	100%	60%	95%	85%
10	33%	67%	90%	63%

[1]　对任务完成数据，用得分除以 15。对评价数据，用分数除以 4。对时间数据，用最长时间（70s）与观察时间之差除以最长时间（70s）与最短时间（25s）之差。

　　我们对来自本特利大学设计和可用性中心的 David Juhlin 表示感谢，因为他建议了时间数据的这种转换方法，在这本书的第一版中，我们用了一种不同的方法，那种方法导致了非线性的转化，而这种新的转换方法是线性的，更加合理。

在Excel中转化时间数据

　　下面是在 Excel 中进行时间数据和百分比转化时的一些步骤。

　　1. 在 Excel 的单列中输入原始时间数据，如这个例子，我们假设它们都在 A 列，从序号 1 开始往下输入。一定要确定除这些数据外，此列没有其他数值，比如不能在这一列的底部放上这一列的平均值。

　　2. 在函数栏的右侧输入公式：

$$=(MAX(A:A)-A1)/(MAX(A:A)-MIN(A:A))$$

　　3. 需要转换几行就将这个公式复制几次依次粘贴到相应的位置。

　　表 8.3 也显示了每个参与者百分比的平均数。如果一名参与者以最短的平均时间成功地完成了所有的任务，而且在主观评分量表上给了产品满分，那么他的平均数将为 100%。相反，如果一名参与者没有完成任何一项任务，每个任务都花费了最长的时

间，并且在主观评分量表上给了产品最低分数，那么他的平均数将接近0%。当然，这两种极端情况很少见。如表8.3中的样例数据所示，大部分参与者都介于两个极端值之间。在这个例子中，最低平均数是28%（第4名参与者），最高是85%（第9名参与者），总体平均百分比为58%。

> ### 计算不同迭代版本与设计方案的百分比
>
> 　　这种整体分数的最有价值之处在于可以对产品的不同迭代版本或上线产品以及不同设计方案进行比较。但是，一次性对所有的数据进行转换，而不是对不同迭代版本或设计分开进行转换也是很重要的。对时间数据来讲，这点尤为重要，尤其是收集的时间数据决定最优时间和最差时间。在选择最优和最差时间时，需要综合考虑要比较的不同条件、迭代版本和设计。

　　因此，如果必须给表8.2和表8.3所示的测试结果的产品一个"总体分数"，可以说总体得分为58%。大多数人也许会对58%不太满意。因为多年的学校学习经历形成的分数概念也许已经给我们设置了一个思维定势：这么低的百分比意味着"失败的分数"。但是，也应该考虑一下这个百分比的准确性如何。因为它是根据十个不同参与者分数的平均数得到的，所以，可以计算它的置信区间（见第2章的说明）。在这个例子中，90%的置信区间在这个情景下是±11%，也就是47%至69%。测试更多的参与者可以更加准确地估计这个值，而较少的参与者可能导致估计值不够准确。

　　当我们将三个百分比（来自任务完成数据、任务时间数据和主观评分）进行平均时，需要注意一件事情：我们给予它们相同的权重（weight）。在许多情况下，这样做是非常合理的。但是，有时候需要根据产品的不同商业目标而改变权重。在这个例子中，我们将两个绩效测量（任务完成和任务时间）和一个自我报告式测量（评价）进行合并。为了对每种测量给予相同的权重，我们赋予绩效测量的权重实际上是自我报告式测量的两倍。在计算平均数时，我们可以通过权重对此进行调节，如表8.4所示。

表8.4　加权平均数的计算[1]

参与者编号	时间	权重	任务	权重	评分	权重	加权平均数
1	38%	1	47%	1	60%	2	51%
2	50%	1	60%	1	65%	2	60%
3	74%	1	87%	1	78%	2	79%
4	36%	1	40%	1	43%	2	40%
5	89%	1	73%	1	80%	2	81%

续表

6	48%	1	60%	1	83%	2	68%
7	43%	1	53%	1	63%	2	55%
8	42%	1	47%	1	35%	2	40%
9	100%	1	60%	1	95%	2	88%
10	45%	1	67%	1	90%	2	73%

1　每个单独的百分比都乘以其所占的权重，对这些结果再相加，然后这个结果除以所有权重的和。

在表 8.4 中，主观评分的权重为 2，每种绩效测量的权重为 1。最直接的影响就是在计算平均数时主观评分的权重与两种绩效测量的权重之和相等。这样做的结果是，与表 8.3 中的相等权重所得平均数相比，每个参与者的加权平均数（weighted average）更接近于主观评分。对任何指定产品的权重赋值取决于产品的商业目标。例如，如果要测试一个普通公众使用的网站，并且有许多竞争者的网站可供用户选择，那么可能就要给自我报告式测量更多的权重。因为与其他指标相比，研究者可能更关心用户对这一产品的"感知"。

另外，如果要研究的是一个速度和精确度都更重要的产品，如操盘应用，那么可能要给予绩效测量更多的权重。研究者可以根据情况，使用任何合适的权重。但是，请记住计算加权平均数时要除以权重之和。

这些基本规则适用于对可用性测试中的任意度量进行转换，请看表 8.5 所示的数据。在这个例子中，我们列出了成功完成的任务数（10 个任务中）、网页访问量、整体满意度评分，以及整体的有用性评分。

表 8.5　来自 9 位用户的可用性测试数据示例 [1]

参与者编号	完成任务数（10）	页面访问量（最少为20）	满意度评分（0~6）	可用度评分（0~6）	任务	页面访问比例	满意度	有用性	平均数
1	8	32	4.7	3.9	80%	63%	78%	65%	71%
2	6	41	4.1	3.8	60%	49%	68%	63%	60%
3	7	51	3.4	3.7	70%	39%	57%	62%	57%
4	5	62	2.4	2.3	50%	32%	40%	38%	40%
5	9	31	5.2	4.2	90%	64%	87%	70%	78%
6	5	59	2.7	2.9	50%	34%	45%	48%	44%
7	10	24	5.1	4.8	100%	83%	85%	80%	87%
8	8	37	4.9	4.3	80%	54%	82%	72%	72%
9	7	65	3.1	2.5	70%	31%	52%	42%	49%

1　任务完成数指参与者成功完成的任务（共 10 项）数量。页面访问量指用户在完成任务过程中访问过的页面总数（通常情况下，对同一页面的再访问都会被记为另一次访问）。两个评分是满意度和有用性的平均主观评分，使用的都是 7 点量表（0~6）。

从这些得分中计算百分比的方法和之前给的例子十分相似。用完成的任务数除以10，而另外两个得分分别除以 6。其他的度量，如页面访问量，在某种层面上与时间度量相似。但是对页面访问量而言，更可能是计算对完成任务所需的最小值，在这个例子中是20。可以通过用实际访问量除以20（最小的访问量）来进行数据转换。访问量越接近20，则百分比越接近100%。表8.5展示了原始的数值、百分比以及等权重平均值。在这个例子中，等权重赋值（正常的均值）也导致性能数据（任务完成度和页面访问量）以及反馈数据（2项得分）被赋予了同样的权重。

将评分转换为百分比

　　如果使用的主观评分要求从1开始，而不是从0开始，该怎么办呢？这种变化会对将评分转换为百分比的过程产生影响吗？答案当然是肯定的，让我们来假设得分的范围从0~6变为了1~7，评分越高越好。这两种范围都是7分制，并且希望最低可能得分代表0%，最高可能得分代表100%。当评分范围是0~6时，仅需要简单地将每个得分除以6（最高可能得分）。但是当得分范围是1~7时，这种方法就不再合适了。如果用每一个得分去除以7（最高可能得分），那么得到了最高得分所代表的正确的百分比，但是最低得分所代表的百分比却是1/7，或者是14%，这并不是我们所期望的0%。对此的解决方法是对每个得分先用其减去1（转换为0~6的范围），再用其除以最高得分（在这里是6）。这样，最低得分就变成了（1-1）/6，即0%，最高得分就变成了（7-1）/6，即100%。

　　让我们来看看另一组指标的转换，如表8.6所示。在这个例子中，错误数量被列出来了，这些错误包括使用者犯的具体的某类错误，如数据输入错误。很明显，使用者可能（或期望）不会犯任何错误，因此犯错的最小数量为0。但是对使用者所犯错误的最高值通常没有任何预定值。在这种情况下，转换这些数据的最好方法是将这些错误数据除以错误的最大值，然后用1减去所得的数值。在这个例子中，最大错误数是5，是第四个参与者所犯的错误。按这种方法得到了表8.6中的正确率。如果使用者没有犯任何错误（最佳情况），那么它的正确率就是100%。而犯了最多错误的那个使用者的正确率就是0%。应注意，在计算其中的任何百分比时，我们通常希望越高的百分比代表越好的可用性。因此，在计算错误的例子中，将结果转换为对"正确"的度量会使数据看起来更有意义。

表8.6　来自12个参与者的可用性测试数据示例[1]

参与者编号	完成的任务（10）	错误数	满意度评分（0~6）	任务	正确率	满意度	平均数
1	8	2	4.7	80%	60%	78%	73%
2	6	4	4.1	60%	20%	68%	49%

3	7	0	3.4	70%	100%	57%	76%
4	5	5	2.4	50%	0%	40%	30%
5	9	2	5.2	90%	60%	87%	79%
6	5	4	2.7	50%	20%	45%	38%
7	10	1	5.1	100%	80%	85%	88%
8	8	1	4.9	80%	80%	82%	81%
9	7	3	3.1	70%	40%	52%	54%
10	9	2	4.2	90%	60%	70%	73%
11	7	1	4.5	70%	80%	75%	75%
12	8	3	5.0	80%	40%	83%	68%

1　任务完成数指参与者成功完成的任务（共 10 项）数量。错误数指用户所犯的特定错误的数量，比如入口相关的错误。满意度是在一个 0 到 6 的量表上的打分。

当将可用性度量转换为百分比数值时，一般的原则是先确定该度量可能取得的最大值和最小值。在许多情况下，这一点很容易做到。可以根据可用性测试的情况预先定义好这两个值。以下是研究者可能遇到的各种情况。

- 如果最小可能得分是 0，最大可能得分是 100（如 SUS 分数），那么就已经获得了百分比。

- 在许多情况下，最小值为 0，且最大值是已知的，例如，任务总数或者等级量表上的最高可能评分。在这种情况下，简单地将得分除以最大值就能得到百分比（这就是为什么对评分量表进行编码时，以 0 为最差值起点的量表编码起来更容易）。

- 在一些情况下，最小值为 0，但最大值未知，如例子中的错误数。在这种情况下，需要通过数据（如参与者所犯的最高错误数）来定义最大值。具体地说，就是将所得的错误数除以参与者所犯错误数的最大值后用 1 去减。

- 最后还有一些情况，其中的最小可能得分和最大可能得分都没有被预先定义，如时间数据。在这种情况下，可以使用数据来决定最小值和最大值。假设数值越大表示越差（如时间数据），常常通过将最高数值与观察值之差除以最高值与最低值之差来转换数据。

如果数值越大，表示越差怎么办？

尽管在诸如任务成功率的例子中，数值越大越好，但是在其他情况下则表示越差，比如，统计的是时间或者是错误数。评分情景下的数值越大也可以表示情况越糟，如果这样定义（如 0 ~ 6，其中 0= 非常简单，6= 非常困难）。在以上任何一种情况下，对这些百分比与其他那些数越大越好的百分比求平均值之前，都必须将其进行转换。举个例子，如刚刚提到的 0 ~ 6 的评分方式，需要用 6（最大值）减去每一个评分值来进行转换，使得 0 变为 6，6 变为 0。

8.1.3 根据 z 分数合并数据

另一种将测量单位不同的分数进行转换，从而合并数据的方法是使用 z 分数（示例见 Martin & Bateson，1993，p.124）。z 分数基于正态分布（normal distribution），表示特定数值在距离正态分布的平均值上下多少个单位的位置。将一组得分转换为其相应的 z 分数后，就会相应地得到一个平均值为 0、标准差为 1 的分布。将原始数据转换为相应 z 分数的公式如下：

$$z=(x-\mu)/\sigma$$

其中，x 是需要转换的得分，μ 是得分分布的平均值，σ 是得分分布的标准差。

这种转换也可以在 Excel 中通过使用 "=STANDARDIZE" 函数来实现。表 8.2 中的数据也可以转换为 z 分数，如表 8.7 所示。

表 8.7 把表 8.2 的样例数据转换为 z 分数的示例[1]

参与者编号	完成每个任务的时间(s)	完成的任务（共 15 个）	评分（0~4）	z 时间	z 时间 ×(-1)	z 任务	z 评分	平均数
1	65	7	2.4	0.98	-0.98	-0.91	-0.46	-0.78
2	50	9	2.6	0.02	-0.02	0.05	-0.20	-0.06
3	34	13	3.1	-1.01	1.01	1.97	0.43	1.14
4	70	6	1.7	1.30	-1.30	-1.39	-1.35	-1.35
5	28	11	3.2	-1.39	1.39	1.01	0.56	0.99
6	52	9	3.3	0.15	-0.15	0.05	0.69	0.20
7	58	8	2.5	0.53	-0.53	-0.43	-0.33	-0.43
8	60	7	1.4	0.66	-0.66	-0.91	-1.73	-1.10
9	25	9	3.8	-1.59	1.59	0.05	1.32	0.98
10	55	10	3.6	0.34	-0.34	0.53	1.07	0.42
平均数				0.0	0.0	0.0	0.00	0.00
标准差				1.0	1.0	1.0	1.00	0.90

[1] 对每个原始分数，将其减去分数分布的平均值，然后除以标准差，就可以得到其 z 分数。通过 z 分数可以知道某一分数高于或低于平均分多少个标准差。因为希望所有的度量指标都是值越大越好，所以时间相关的 z 分数都乘以 -1。

Excel技巧

如何一步步计算 z 分数

任何原始数据（时间、百分比、点击率等）转换为 z 分数都包括以下步骤。

1. 在 Excel 中，单列输入原始分数。在这个例子中，我们假定它们在第 1 行第 A 列，确认在这一列中没有其他类型的数据，比如均值之类的。

2. 在第一行最右方的单元格输入公式：

$$= \text{STANDARDIZE}（A1, \text{AVERAGE}（A:A）, \text{STDEV}（A:A））$$

3. 向下复制"标准分数"公式单元格，直到与原始分数行数相等。

4. 作为复查，复制公式行到平均数和标准差行。平均数应该为 0，标准差应该为 1。

表 8.7 的最后两行列出了每组 z 分数的平均值和标准差，它们的值总是分别为 0 和 1。在使用 z 分数时请注意，我们没有必要去推断任何分数可能的最大值和最小值。实质上，我们让每组分数定义自身的分布，并重新测量它们，所以这些分布的平均值为 0，标准差为 1。按照这种方法，当对它们的总体求平均数时，每个 z 分数都对平均 z 分数具有相等的贡献度。请注意，当对 z 分数求总体平均时，每个测量都必须具有相同的方向。换句话说，值越高，表示越好。就时间数据而言，值的反向才是真值[1]。因为 z 分数的平均值为 0，通过简单地将 z 分数乘以（-1），就能轻松地使其反向。

如果将表 8.7 中的 z 分数平均值与表 8.3 中的百分比平均值进行比较，会发现基于这两种平均值的参与者排序几乎是相同的：在两种方法中，前三名参与者（编号为 9、5 和 3）相同，后三名参与者（编号为 4、8 和 1）也是相同的。

使用 z 分数的一个缺点是，不能将 z 分数的总体平均值看成是某种类型的总体可用性得分。因为根据定义，其总体平均数总是为 0。那么，什么时候需要使用 z 分数呢？当需要将一组数据与另一组数据进行比较时，这种方法是有用的。例如，某一产品不同版本的迭代可用性测试产生的数据，不同组别的参与者在相同的可用性测试单元中的数据，或者同一个测试中不同条件或设计上的数据。此外，也需要选择一个合适的样本大小来使用这种 z 评分方法，一般至少有 10 个参与者。

以图 8.1 中的数据为例（来自 Chadwick-Dias、McNulty 和 Tullis 2003），它表示某

1　即负的 z 分数表示好的方向。——译者注

原型两个迭代版本的绩效 z 分数。这一研究考察了年龄因素对网站使用绩效的影响。研究 1 是基线实验。基于研究 1 中对参与者的观测，特别是年长的参与者遇到的问题，研究者对原型做出了修改，然后用一组新的参与者进行了研究 2。z 分数是任务时间与任务完成率以相等权重合并得到的。

需要提醒的重要一点是，z 分数转换使用了研究 1 和研究 2 的全集数据。然后在绘图时进行了适当的处理，以区分哪个 z 分数来自哪个研究。有一个重要的发现是研究 2 的绩效 z 分数显著高于研究 1，并且这一效应与年龄无关（两条线是彼此平行的）。如果分别独立地将研究 1 和研究 2 的数据转换为 z 分数，那么结果将是无意义的。因为通过这种转换，研究 1 和研究 2 的平均数都被强制赋为 0。

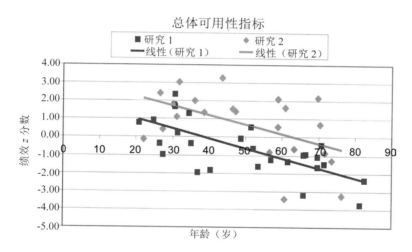

图 8.1 表示绩效 z 分数的数据（这些数据源于由不同年龄（范围较大）的参与者参与的某原型两次研究）。绩效 z 分数是任务时间和任务完成率以相等权重合并而得到的。研究 1 的原型和研究 2 的原型之间做过一些变化处理。研究 2 的绩效 z 分数显著好于研究 1，与参与者年龄无关。数据来源：引自 Chadwick-Dias 等（2003）；授权使用。

8.1.4 使用单一可用性度量（SUM）

Jeff Sauro 和 Erika Kindlund（2005）开发了一个将多个可用性度量合并为单一可用性分数的量化模型。他们关心的是任务完成情况、任务时间、每个任务的错误数和任务后的满意度评分（与第 6 章讲述的 ASQ 类似）。请注意，他们所有的分析都在任务层面，而前面章节所描述的分析是在"可用性测试"层面。在任务层面，对每个参与者而言，任务完成是一个典型的二分变量：每个人要么成功地完成了任务，要么没有。在可用性测试层面,任务完成（正如我们在前面章节所看到的）表示每个参与者完成了多少个任务,它可以表示成每个参与者的百分比。

Sauro 和 Kinlund 用源于六西格码（six sigma）（如 Breyfogle，1999）方法体系中的技术把他们的四个可用性度量（任务完成、时间、错误和任务评分）标准化并转换为单一可用性度量（Single Usability Metric，SUM）。从概念上说，他们的方法与前面章节所描述的 z 分数、百分比转换的方法差别不大。另外，他们使用主成分分析的方法来判断是否所有的四个度量都对单一度量的总体计算有显著贡献。结果发现所有的四个度量都有显著贡献,事实上,每个度量的贡献是相等的。因此,他们决定在计算 SUM 得分分数时,四个度量（已标准化）的贡献应该相等。

从 Jeff Sauro 的"可用性记分卡"网站（http://www.usabilityscorecard.com/SUM/）上能够获得输入可用性测试数据和计算 SUM 分数的 Excel 电子表格。对可用性测试中的每个任务和每个参与者，必须输入以下内容。

- 参与者是否成功地完成任务（0 或 1）。
- 参与者完成某个任务中所犯的错误数（也可以为每个任务设定具体的可能错误数）。
- 参与者的任务时间（单位为秒）。
- 任务完成之后的满意度评分，为三个任务后 5 点式评分（任务难度、满意度和知觉时间）的平均数（这与任务后问卷 ASQ 类似）。

在输入每个任务的数据后，电子表格会将这些分数标准化，并计算总体 SUM 分数和每个任务的置信区间。表 8.8 显示了每个任务的标准化数据。请注意，每个任务都计算了一个 SUM 分数，用来进行任务间的总体比较。在这些样例数据中，参与者在"取消预订"任务中表现最好，在"查看用餐时间"任务上完成得最差。在这个例子中，计算得出的总体 SUM 分数为 68%。同时也计算了它的 90% 水平上的置信区间（53% 至 88%），即每个任务 SUM 分数的置信区间的平均数。

表 8.8　可用性测试数据的标准化[1]

任务	SUM						
	低	中	高	完成	满意度	时间	错误
预订房间	62%	75%	97%	81%	74%	68%	76%
查找旅馆	38%	58%	81%	66%	45%	63%	59%
查看房间价格	49%	66%	89%	74%	53%	63%	74%
取消预订	89%	91%	99%	86%	91%	95%	92%
查看用餐时间	22%	46%	68%	58%	45%	39%	43%
获得（指路）提示	56%	70%	93%	81%	62%	66%	71%
总计	53%	68%	88%				

1　输入每个参与者和每个任务的数据后,SUM 就能计算出标准化的分数,包括总体 SUM 分数和它的置信区间。

这个在线工具同时还提供根据可用性研究的测试数据，包括 SUM 得分。如图 8.2 所示，就是这个工具绘制图形的一个示例。

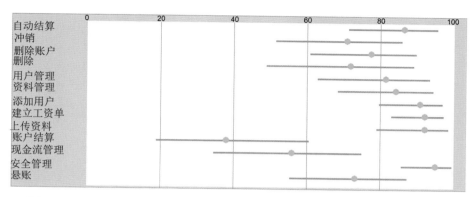

图 8.2　关于 SUM 得分所绘制图形的示例。可用性测量所包括的任务都被列在了图形的左侧。对每一项任务，橘黄色的圆圈表示 SUM 得分的平均值，而条形表示每一个任务 90% 的置信区间。在这个例子中，很明显地可以看出"账户结算"和"现金流管理"是最有问题的任务。

8.2　可用性记分卡

合并不同的度量以得到总体可用性得分的另一种备选方法是以图形的形式将度量结果呈现在一个概要性图表上。这种类型的图表常被称为可用性记分卡。这种方法的目标是提供一种呈现可用性测试数据的方法，能够轻松地看出其中的总体趋势和重要方面，例如，那些对用户来说非常有问题的任务。如果只有两个要呈现的度量，那么一个简单的 Excel 组合图是恰当的。例如，图 8.3 显示了某可用性测试中 10 个任务的任务完成率和任务容易度评分。

图 8.3 中合并后的图给出了一些有趣的属性。它清晰地说明了哪些任务对参与者来说最有问题（任务 4 和任务 8），因为这两个任务在两个测量指标上的值都是最低的。还可以从图中清晰地看出在哪里出现了任务完成数据和主观评分之间的不一致，例如，任务 9 和任务 10，它们只有中等程度的任务完成率，却得到了最高的主观评分（这个发现非常麻烦，因为它可能意味着有的用户并没有成功完成任务但却认为自己完成了）。最后，通过图表能够很容易地发现在两种度量指标上都得到高分值的任务，如任务 3、任务 5 和任务 6。

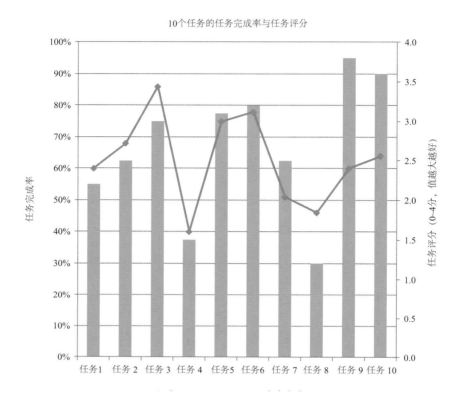

图 8.3　10 个任务的条形图和线形图组合。条形图表示任务完成数据，标记在左侧坐标轴上。线形图表示主观评分，标记在右侧坐标轴上。

如何用Excel生成联合图表

用旧版本的 Excel 可以很容易就生成有两个坐标轴的联合图表，但是对较新的版本（Excel 2007 及以上版本）而言就比较困难。接下来向大家介绍一下应该如何操作。

1. 在电子数据表中输入两列数据（例如，一列是任务完成度，另一列是任务评分）。对两个变量生成柱状图。这个图看起来会比较奇怪，因为两个变量同时被表示在一个坐标轴上，相互重叠。

2. 选中两列数据中的一列，然后单击鼠标右键，在弹出的快捷菜单中选择"设置数据系列格式"，在出现的对话窗口中，选择"系列选项"。在"系列绘制在"区域中，选择"次坐标轴"。

3. 关闭对话框，图表看起来依然会很奇怪，两列数据重叠。

4. 选择左侧坐标轴的那一列数据，然后单击鼠标右键，选择"改变系列图表类型"。

5. 改变变量至线形图表后关闭对话框。

（是的，我们知道这种合成图表打破了我们对连续数据只能使用线形图表示的规则。但是必须打破这种规则，才能在 Excel 中使用它，而且规则本来就是用来打破的！）

如果只有两个度量需要呈现，这种类型的组合图是足够的。但是，如果有更多的度量要呈现呢？其中一种方法是使用雷达图（radar chart）（在第 6 章中也有相关介绍）来呈现三个或更多度量的总体数据。图 8.4 就是一个雷达图的例子，表示包含 5 个因素的可用性测试综合性结果：任务完成、页面访问、准确性（无错误）、满意度评分和有用性评分。在这个例子中，虽然任务完成、准确性和有用性都相对较高（好），但是页面访问和满意度却相对较低（差）。

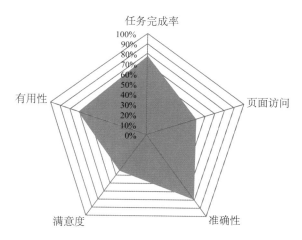

图 8.4　汇总一个可用性测试中的任务完成、网页浏览、准确性（无错误）、满意度评分、有用性评分的雷达图。每个得分都使用本章前面提到的方法转换为百分比。

　　虽然雷达图对呈现高级层面的信息是有效的，但是它不太可能在其中呈现出任务层面的信息。图 8.4 中的例子显示的是不同任务数据的平均值。假如要呈现三个或更多度量的综合数据，并且要保持任务层面的信息，该如何做呢？其中一种方法是使用被称为 Harvey 球的方法。这种方法的一个变式因**"消费者报告"**而被广泛应用。例如，表 8.7 所示的数据，它呈现了一项可用性测试中 6 个任务的结果，包括任务完成、时间、满意度和错误数。与之相对应，这些数据被总结在如图 8.5 所示的图表中。这种类型的对比图能够很快看清参与者在每个任务中的表现如何（体现在每一行上）或参与者在每个度量上的表现如何（体现在每一列上）。

Harvey球是什么？

　　Harvey 球是一种小而圆的象形图，通常被应用在一个对比表中表示不同项目的取值：

　　Harvey 球以 Harvey Poppel 命名。Harvey Poppel 是 Booz Allen Hamilton 的一名咨询顾问，在 20 世纪 70 年代发明了 Harvey 球，用于汇总描述长表格（long tables）中的数字型数据。Harvey 球包含 5 个图形，逐渐从一个空心圆变为实心圆。在通常情况下，空心圆用于表示最差值，而实心圆表示最佳值。请不要将 Harvey Balls 与 Harvey Ball 混淆，后者是笑脸 ☺ 的创造者！

任务	SUM（分数）	完成率	满意度	时间	错误
取消预订	91%	◕	●	●	●
预订房间	75%	◔	◑	◔	◑
获得提示	70%	◔	◔	◔	◑
查看房间价格	66%	◑	◑	◔	◔
查找旅馆	58%	◔	○	◔	○
查看用餐时间	46%	○	○	○	○

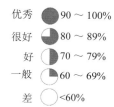

优秀 ● 90 ～ 100%
很好 ◕ 80 ～ 89%
好 ◔ 70 ～ 79%
一般 ◑ 60 ～ 69%
差 ○ <60%

图 8.5 根据表 8.7 中的数据绘制出的对比图。任务已经以其 SUM 得分（由最高分开始）进行了排序。对 4 种标准分数（任务完成、满意度、任务时间、错误数）的每一个值用代表不同状态的编码圆表示（即 Harvey 球）。

8.3 与目标和专家绩效比较

前面章节集中介绍了在没有外部标准参照情况下总结可用性数据的方法，但是在一些情况下，可能有一个外在标准可用于比较的参照点。两个主流的外部标准是预设的目标和专家级的（或最优的）绩效。

8.3.1 与目标比较

也许评价可用性测试结果的最好方法是将其与测试前已确定的目标进行比较，这些目标可以设定在任务层面或总体层面上。我们可以对所讨论过的任何度量设定目标，包括任务完成、任务时间、错误数、自我报告式度量。下面是一些具体的任务目标示例。

- 至少 90％的典型用户能够成功地预订到合适的旅馆房间。
- 在线启用一个账户所用的平均时间不会超过 8 分钟。
- 至少 95％的新用户在选择产品后的 5 分钟内能够成功购买他们选定的产品。

类似地，总体目标的例子可以包括如下内容。

- 用户能够成功地完成至少 90% 的任务。
- 用户完成每个任务所花的时间平均不到三分钟。
- 用户对该应用的 SUS 平均评分至少 80%。

通常，可用性目标涉及任务完成、时间、准确性和 / 或满意度。关键问题是目标必须是可测量的。需要确定给定条件下的数据是否支持目标的达成。例如，表 8.9 中的数据。

表 8.9　本例中的数据说明了 8 个任务的页面目标访问量与页面实际访问量

	页面的目标访问量	页面的实际访问量
任务 1	5	7.9
任务 2	8	9.3
任务 3	3	7.3
任务 4	10	11.5
任务 5	4	7
任务 6	6	6.9
任务 7	9	9.8
任务 8	7	10.2

表 8.9 表示在某个网站可用性研究中 8 项任务的数据。对每一项任务而言，页面访问量的目标值都是事先确定的（在 4 到 10 之间）。图 8.6 生动形象地展示了每一项任务的页面访问量的目标值与实际值。这个图非常有用，因为它可以直接比较每一项任务的实际访问量，以及与目标值相关的置信程度。事实上，所有任务的实际访问量都明显多于目标值。只是对不同任务的绩效之间的对比关系表示不太清楚，换句话说，就是不太容易看出哪些任务的绩效更好，哪些更差。为了使这种对比更容易，图 8.7 展示了每个任务的目标访问量占实际访问量的比率。这个可以被视为"页面访问效率"的指标：值越接近 100%，访问者的效率越高。这让我们更容易找到那些不容易完成的任务（如任务 3），以及那些容易完成的任务（如任务 7）。这种方法可以用于表示那些在完成任务过程中遇到问题（如时间、错误数、SUS 评价）的参与者比例，既可以计算不同任务的，也可以计算整体的。

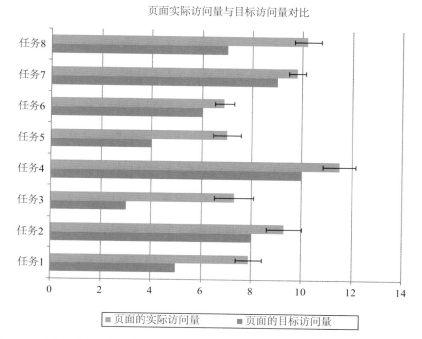

图 8.6 8 个任务中每一个任务的目标与实际访问量。误差线表示每个页面实际访问量的 90% 的置信区间。

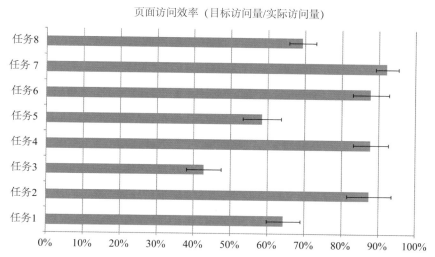

图 8.7 8 个任务中每个任务目标访问量与实际访问量之比。

8.3.2　与专家绩效比较

将可用性测试结果与预定目标进行比较的另一种方法是将结果与一个"专家级"的绩效进行比较。确定专家级绩效水平的最好方法是让一个或者多个假定的"专家"实际操作任务，测量的内容要与可用性测试中测量的内容一致。显然，"专家"需要是真正的专家，即具有相关领域专业知识或技能的人，对任务和被测产品、仪器或网站都非常熟悉。如果能够将一个以上专家的绩效进行平均，那么数据会更好。某些任务本身就比较困难或耗时长，即便对专家而言也是如此，将可用性测试结果与专家结果进行比较能够弥补这一不足。当然，最终还是要看参与者在测试中的绩效与专家绩效的实际接近程度。

在理论上，虽然研究者能够将任何绩效度量与专家绩效进行比较，但是最常见的是将之应用于分析时间数据。对任务完成数据，通常的假设是一个真正的专家能够成功地完成所有的任务。类似地，对错误数据，假设专家不会犯任何错误。但是，即使专家也需要一定时间去完成这些任务。例如，请看表8.10中的任务时间数据，该表表示每个任务的平均实际完成时间、每个任务的专家所用时间及专家所用时间与实际时间的比率。

表8.10　一个可用性测试中10个任务的时间数据，包括平均每个任务的实际完成时间（单位是秒）、每个任务的专家完成时间和专家与实际完成时间之比

任务	实际完成时间	专家所用时间	专家 / 实际
1	124	85	69%
2	101	50	50%
3	89	70	79%
4	184	97	53%
5	64	40	63%
6	215	140	65%
7	70	47	67%
8	143	92	64%
9	108	98	91%
10	92	60	65%

用图形形式呈现专家所用时间与实际完成时间的比率后（见图8.8），我们能够较容易地看出：与专家数据相比较，测试参与者在哪些任务上的绩效较好（任务3和任务9），在哪些任务上的绩效较差（任务2和任务4）。

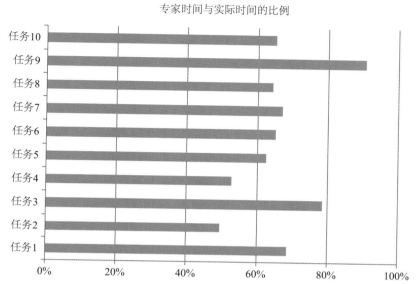

图 8.8　表 8.10 中专家时间与实际时间的比例图。

8.4　总结

本章的一些关键要点如下。

1. 合并不同的可用性度量的一个简单方法是确定达到综合目标的参与者百分比。这种方法能表示产品形成了好的体验的所有参与者的百分比（基于预定目标）。这种方法适用于任何度量方法，而且容易被管理者理解。

2. 将不同度量合并为一个总体可用性得分的另一种方法是将每个度量转换为百分比，然后将这些百分比平均。这种方法要求为每个度量确定一个合适的最小分值和最大分值。

3. 合并不同度量的另一种方法是将每个度量转换为 z 分数，然后计算这些 z 分数的平均数。使用 z 分数进行合并时，每个度量的权重变得相等。但是，z 分数的总体平均数为 0。这种度量方法在比较数据的不同子类时很有用，如源于不同的迭代版本、不同组别或不同条件的数据。

4. SUM 技术是合并不同度量的另一种方法，特别是对任务完成、任务时间、错误和任务层面满意度评分的合并。这种方法需要输入在这 4 种度量上的每个任务和每个参与者的数据。该计算可以为单个任务和所有的任务都计算出一个

SUM 分数（表示为百分比），包含置信区间。

5. 不同类型的图形和表格在使用可用性记分卡对可用性测试的结果进行总结时都是非常有效的。线形图和条形图的组合图可以有效地汇总测试任务中使用两种度量方法时所获得的结果。雷达图在概括三个或更多度量方法的总体结果时很有效。通过用 Harvey 球做对比图来表示各种度量的不同水平，能够有效地总结不同的任务在三个或多个度量指标上的结果。

6. 判断可用性测试成功与否的最好方法或许是将结果与一系列预先定义好的可用性目标进行比较。在通常情况下，这些目标包括任务完成、时间、准确性和满意度。汇总达到既定目标的参与者百分比是一种非常有效的总结方法。

7. 把结果与预定目标进行比较的另一种合理方法是将实际绩效与专家绩效进行比较，该方法尤其适用于时间数据。实际绩效与专家绩效越接近，结果就越好。

第9章
专题

本章会介绍一些与用户体验数据测量和分析相关的专题，这些专题在传统观点看来并不能算是"主流"的用户体验数据。这些信息可以从产品网站上的实时运营数据中获取，也可以来自卡片分类研究和网站的可及性分析，还可以是用户体验投资回报相关的信息。这些专题放在其他章节中都不是非常合适，但我们相信它们也是一个完整的用户体验评测工具箱的重要组成部分。

9.1　实时动态网站数据

如果你正在负责一个实时动态网站（live website），就有可能获得一堆犹如珍宝般的数据资料，这些数据会告诉你网站访问者在你的网站上都做了些什么：他们访问了哪些页面、点击了哪些链接，以及通过何种路径浏览了网站。你所面临的挑战通常并不是如何获取这些原始数据，而是如何解释这些数据。实验室研究中会有几十个参与者，线上研究中可能会有 100 个参与者，与这些研究不同的是，实时在线网站生成的数据有可能来自上千甚至几十万名用户。

有些专著会使用全部篇幅来专门讲述网站度量和网站分析的问题（比如 Burby & Atchison，2007；Clifton，2012；Kaushik，2009），甚至还有一本针对这个主题的《达人迷》（*For Dummies*）图书（Sostre & LeClaire，2007）。很明显，在本书中，我们无法只用一章就对该专题给予全面的阐述。我们要做的是向读者介绍一些能从实时动态网络数据中获取的信息，尤其是对网站可用性有启示的信息。

9.1.1 基本的网站分析

有些网站每天的访问用户量非常大。但无论有多少人访问（假设有人访问），都能从他们在站点上的行为中获得一些信息。

有很多现成的获取网站分析数据的工具。多数的网站托管服务中都会提供基本的分析服务，还有一些免费的网站分析服务。最受欢迎的免费分析服务可能就是谷歌分析（Google Analytics），图 9.1 是谷歌分析的一个截屏示例。

图 9.1 所示的是网站在一段时期内的数据指标表现，比如访问情况的线性趋势图、平均访问时长和页面浏览情况。这些有关访问和页面浏览情况的图形展示了一些网站中存在的典型模式，周末和平时的访客量、访问次数和页面浏览量会存在一定的差异。还可以获得网站访客的一些基本信息，比如饼图中所示意的，包括用户正在使用的操作系统、屏幕的分辨率和他们正在使用的浏览器。

图 9.1　谷歌分析截屏示例。

网站分析术语

下面是网站分析中一些常用术语的解释。

- **访客**：访问网站的人。通常情况下，在一次报告周期中一个访客只会被统计一次。有些分析包中会用"单一访客"这个术语来说明他们不会将同一个人统计为多次。有些分析报告会用"新访客"来将第一次访问网站的用户与之前曾经访问过网站的用户区分开来。

- **访问**：与网站的单次接触，有时也称为"会话"。一次报告周期中单个访客可以多次访问网站。

- **页面浏览**：网站单个页面被浏览的次数。如果一个访客重新加载了一个页面，一般会被计为一次新的页面浏览。同样，如果一个访客通过导航浏览了网站上的其他页面，也会被计为一次新的页面浏览。通过页面浏览数据可以了解网站上的哪些页面最受欢迎。

- **登录页面或进入页面**：访客访问网站时浏览的第一页。通常是首页，但也可能是通过搜索引擎或书签而发现的低层级的页面。

- **退出页**：访客浏览网站时最后停留的页面。

- **跳出率**：访客只浏览了网站的一个页面就离开网站的访问比例。这个指标可以说明网站缺少忠诚度，也可能是访客只看了一个页面就找到了自己想找的内容。

- **退出率（一个页面）**：从某一个页面上离开网站的访客比例。退出率是一个针对单独页面的衡量指标，经常会与跳出率混淆，但跳出率是针对整个网站的衡量指标。

- **转化率**：从随机访客到开始在网站上进行操作的访客比例。比如购买、注册索取简报或开新账户。

只看网站上不同页面的浏览量就能获得很多启发，尤其是网站在一定时期内或不同迭代设计间的变化。例如，假定网站上产品 A 的页面在某个月的每天平均页面访问量是 100。后来改变了网站的主页，包括链接到产品 A 页面的描述。接下来的一个月的统计分析发现，产品 A 页面每天的平均访问量变为 150。表面上看可以很确定的是对主页的修改显著地提升了产品 A 的页面访问量。但需要注意的是会有其他因素可能影响访问量的增长。比如，在金融服务领域，有些页面的访问量存在着季节性的差异。比如个人退休账户（Individual Retirement Account，IRA）存款页面的访问量会在接近 4 月 15 日时增加，因为在美国，这一天是向前一年个人退休账户存款的最后期限。

某些事件也可能会提高网站的整体访问量，这当然是好事。但访问量的提高也可能源于一些与网站设计或可用性无关的因素，比如发生了与网站上的某些主题相关的新闻事件。这也带来了"爬虫"（search bots）对网站统计量影响的问题。"爬虫"或搜索"蜘蛛"是多数搜索引擎采用的一种自动程序，这种程序会沿着它们碰到的链接或索引页面在网络上"爬行"。一旦网站深受欢迎，从而被多数主要的搜索引擎"发现"后，所面临的一个挑战就是如何过滤掉搜索引擎带来的访问量。多数的搜索引擎（比如谷歌和雅虎）在做网页访问请求时都会首先识别自身带来的访问量，然后把相关的数据过滤掉。

应当采用何种分析方法来判断对某些页面的浏览情况是否明显异于对另一些页面的浏览情况？下面来看一下表 9.1 中的数据，这些数据是在两周内对某一个页面每天浏览量的统计。第一周和第二周的页面浏览量分别是在新首页发布前后对统计的在新主页上对导向存在问题的页面链接做了重新设计。

表 9.1　一个页面在两个不同星期内的页面访问量 [1]

	第一周	第二周
星期天	237	282
星期一	576	623
星期二	490	598
星期三	523	612
星期四	562	630
星期五	502	580
星期六	290	311
平均值	454	519

1　第一周是在新主页发布前，第二周是在新主页发布后。在新主页上对导向这个页面的链接使用了不同的文字。

这类数据可以通过配对 t 检验来分析第二周的平均访问量（每天浏览量为 519）与第一周的平均访问量（平均浏览量为 454）相比是否存在显著差异。考虑到每周中不同日期之间存在的变异，采用配对 t 检验就非常重要，这样就可以通过将每周中的某天与前一周中的同一天做比较以去除不同工作日之间的变异带来的影响。在本例中，配对 t 检验表明两周的浏览量之间存在显著差异（$p < 0.01$）。如果没有做配对样本的 t 检验，而是做了两个独立样本的 t 检验，结果（$p = 0.41$）就不显著。（在 Excel 中做配对样本 t 检验的详细说明请见第 2 章。）

9.1.2　点击率

点击率可以用来测量不同链接或按钮呈现方式的有效性。点击率表示访问一个带有某链接或按钮的页面，并点击了这个链接或按钮的用户比例。如果一个链接投放了 100 次而点击次数为 1，那么这个链接的点击率就是 1%。这个指标通常被用来测量网站广告的效果，但它同样也适用于测量任何链接、按钮或可点击的图片。例如 Holland（2012）描述了一项研究，如图 9.2 所示，在这项研究中一个商业网站的产品页面分别采用了两个不同的按钮。这两个页面的唯一差别就是绿色按钮被分别命名为"个性化"和"定制化"。名为"个性化"的按钮的点击率高于 24%。研究者通过实际的销售量持续追踪这个按钮设计的效果，结果发现对这个版本的按钮的点击带来了高于 48% 的访客收益。为什么命名为"个性化"能产出更多的点击和销量？我们可以猜想出很多原因，但真正的原因我们确实无从知道。这就是实时在线数据的一个局限性。

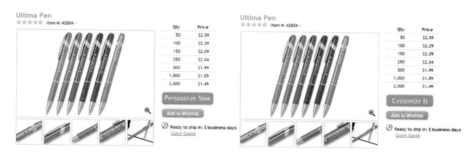

图 9.2　产品页面上两种不同按钮的设计效果测试举例。

在确定一个链接的点击率是否显著不同于另一个链接的点击率时应当采用哪种分析方法？其中一种方法就是卡方检验（x^2 检验）。卡方检验的结果可以帮研究者确定实际的观测频次与期望频次之间是否存在显著的差异。（更多细节参阅第 2 章。）比如表 9.2 中的数据是两个不同链接的点击率。链接 1 的点击率是 1.4% [145 /（145 + 10 289）]。链接 2 的点击率是 1.7% [198 /（198 + 11170）]。那么这两个链接的点击率之间是否存在显著差异？虽然链接 2 的点击率要高一些，但它的呈现次数也高。在做卡方检验时，首先需要整理一个期望频次的表格，表示链接 1 与链接 2 的点击率没有差别时的数据。这就需要像表 9.3 那样将原始表中的行和列的数据求和。

表 9.2　不同链接的点击率：每个链接被点击的次数和每个链接呈现后没有被点击的次数

	点击	未点击
链接一	145	10289
链接二	198	11170

表 9.3　在表 9.2 基础上计算每行与每列的数据之和 [1]

测试对象	点击	未点击	总数
链接一	145	10289	10434
链接二	198	11170	11368
总数	343	21459	21802

1 这些数据可用于计算在点击率没有差别的情况下的期望频次。

通过将每一对应的行列数据相乘再除以总数，就会得到如表 9.4 所示的期望值。比如，"链接 1"的"点击"期望值就是链接 1 所在行的和与所在列的和相乘，再除以总数得到的：（343 ×10434）/ 21802。然后就可以用 Excel 中的"CHITEST"函数来对表 9.2 中的实际观测频次与表 9.4 中的期望频次做比较，得出的值是 $p= 0.04$，说明链接 1 与链接 2 的点击率之间存在显著差异。

表 9.4　链接一和链接二的点击率之间不存在差异时期望频率，依据表 9.3 中的求和数据

期望频率	点击	未点击
链接一	164.2	10269.8
链接二	178.8	11189.2

在进行卡方检验时请记住两个要点。首先，卡方检验的对象必须是原始的频次或计数数据，而不是百分比。通常，会用百分比来说明点击率，但在进行显著性差异检验时则不能用百分比。其次，表中的类别相互之间没有重合，而且要包括所有的类别。这就是为什么在前面的例子中对每个链接都使用了"点击"和"未点击"来标识观测数据的类别。这两个类别互斥，并且涵盖了与这个链接相关的所有可能的行为：用户或者点击，或者未点击。

9.1.3　弃用率

在查看站点上是否有可用性问题时，弃用率（drop-off rates）尤为有用。弃用率最适用于观察用户是不是在由一系列网页构成的操作流程中中途退出或放弃，如开通一个新账户或完成一次购物流程。假设用户要注册某一个新账户，必须要在 5 个页面上填写相关信息。表 9.5 列出了开始注册并分别完成注册流程中的 5 个页面的用户百分比数据。

在这个例子中，所有的百分比都是与一开始填写信息的用户（也就是访问了第一页的用户）数量相比而得出来的。因此，可以说所有到达页面 1 的用户中有 89％成功地完成了该页上的信息填写，80％的先前用户完成了页面 2 的信息填写，以此类推。那么在表 9.5 中，用户在填写 5 个网页时哪一个页面上遇到的困难看起来最大？这关键是要看有多少用户从该页面中退出来。换句话说，需要计算在进入该页面的用户中有多少人完成了相关的操作。表 9.6 列出了每个网页上的"弃用率"。

表9.5 在由多个页面构成的一系列操作流程中从第一页开始操作的用户数量和成功完成每一页
操作步骤的用户数量之比

页面 1	89%
页面 2	80%
页面 3	73%
页面 4	52%
页面 5	49%

表9.6 表9.5所显示的每个页面的弃用率：到达页面也成功完成页面操作的百分比之差

页面 1	11%
页面 2	9%
页面 3	7%
页面 4	21%
页面 5	3%

很显然，页面4的弃用率是最大的，为21%。如果你要重新设计这一包括多页面的操作流程，就需要清楚了解是什么导致页面4的弃用率如此之高，然后在新的设计方案中解决这一问题。

9.1.4 A/B 研究

A/B 研究是一种特定的在线站点研究方法。在 A/B 研究中，可以操作控制用户看到的页面。针对网站的传统 A/B 测试，通常会为一个页面或页面上的元素提供两种备选设计方案。一部分网站的访问者会看到"A"版本，另一部分网站访问者会看到"B"版本。在很多情况下，这种分配是随机的，因此，浏览每种版本的访客人数基本一致。有某些情况下多数的访问者会浏览现有的网页，而少数的访问者则会浏览正在测试的实验版本。虽然这类研究通常被称为 A/B 测试，但同样的理念也适用于针对某一个网页的不同备选设计方案的测试。

什么是好的A/B测试？

一个好的 A/B 测试需要认真地做准备工作。下面就是一些需要记住的小技巧。

- 确保采用随机分配的方式将访客分成"A"和"B"两组。如果有人提出在早晨让所有的访客访问"A"版本，而在下午访问"B"版本就足够了，千万别相信。因为早上访问页面的用户和晚上访问页面的用户本身就会存在一些差异。

- 测试一些小的变化，尤其是一开始的时候。测试两个完全不同的版本或许会很有诱惑力，但通过测试一些小的改进点，会获得更多的启示。如果两个版本之间完全不同，而测试的结果显示一个版本显著好于另一个版本，那么我们还是不知道为什么一个版本比另一个版本好。假如两个版本间唯一的差别就是按钮上引导用户操作的文字术语，那么我们就知道引起 A/B 测试结果差别的唯一原因就是文字术语的不同。

- 显著性检验：或许看起来一个版本胜过另一个版本，但还需要做统计检验（比如卡方检验）来确定。

- 快捷：如果确信一个版本确实比另一个版本好，那就"推销"这个胜出的版本（比如让所有访问网站的用户都使用这个版本），并继续做另一个 A/B 测试。

- 相信数据而不是 HIPPO（酬劳最高的人的观点）：A/B 测试的结果有时会让人吃惊地违背常理。在一个由多专业背景的人组成的团队中，用户体验研究者的一个重要作用就是尊重这些让人吃惊的发现，并用一些其他技术（比如调查、实验室研究或在线研究）来更好地理解这些发现。

在技术层面上，可以通过多种方式来将访问某一页面的访客导向任意一个备选页面，这些方法包括随机数字的生成、按某个准确时刻分配（比如从午夜开始的奇偶秒数）或者其他的一些技术。通常情况下都会使用一个 Cookie 来标识访客访问的版本，这样访客在一定时间内再回到这个站点时，他们访问的将是同样的版本。需要切记的是对不同备选方案的测试要在同一时间进行，这是因为在不同的时间测试，其结果就会受到我们前面提到的外部因素的影响。

Holland（2012b）描述了一项针对在线新闻网站的页面布局进行 A/B 测试的研究。如图 9.3 所示，两个版本之间的差别在于图文搭配的方式。在 A 版本中，图片左右交替地排在文字旁边，而在 B 版本中图片总是排在文字的右边。他们统计了文章的点击率（点击后读文章的全文）。在图片被排在文字右边的版本 B 中，点击率提升了 20% 且网站的整体浏览量提升了 11%。

图9.3　在线新闻的两种页面布局方式。版本 A（左）中，图片左右交替地排在文字旁边，而 B（右）版本中，图片总是排在文字的右边。

一个名为哪个测试会赢的网站（Testwon.com）

　　Anne Holland 运营了一个名为"哪个测试会赢"的网站，是一个包含大量 A/B 测试案例的宝库。在起笔撰写本书第 2 版之际，她在她的这个网站上提供了大约 300 个案例，大到对整个网页的不同设计方案的测试，小到对一个小按钮上的不同色彩方案的测试都包括在内。她每周都发布一个新测试，鼓励读者来猜测测试版本中的 A 或 B 哪一个会赢。当网站上有新测试发布时，她还通过免费邮件的方式来提醒读者去阅读。

严格设计的 A/B 测试可以帮助研究者深入地了解在设计网站时怎样做是可行的，怎样做是不可行的。许多公司（包括亚马逊、易贝、谷歌、微软、脸谱等）都在不断地在他们的网站上做 A/B 测试，尽管多数用户都没有意识到（Kohavi，Crook，&Longbotham，2009；Kohavi，Deng，Frasca，Longbotham，Walker，& Xu，2012；Tang，Agarwal，O'Brien，& Meyer，2010）。事实上，如 Kohavi 和 Round（2004）所说，在亚马逊 A/B 测试一直持续不断地进行着，通过 A/B 测试的方法来做实验是亚马逊网站改版的一个主要方式。

9.2　卡片分类数据

卡片分类（card-sorting）的技术至少在 20 世纪 80 年代早期就出现了，它是一种把信息系统中的元素组织得让用户容易理解的技术。比如 Tullis（1985）就用这种技术来架构操作系统中主框架上的菜单。最近，这项技术更是深受欢迎，被用于确定网站的信息架构（比如 Maurer & Warfel，2004；Spencer，2009）。在过去的几年里，这项技术又从使用真实的物理卡片进行分类发展成使用虚拟卡片进行在线卡片分类。虽然很多的用户体验专业人士都很熟悉卡片分类的基本技术，但很少有人知道在分析卡片分类的数据时可以采用的多种不同度量方法。

总体来讲，有两种主要的卡片分类方法：（1）开放式卡片分类，在这种卡片分类方式中，研究者提供给参与研究的用户要分类的卡片，由用户自己定义这些卡片所属的组别。（2）封闭式卡片分类，研究者向参与研究的用户提供要分类的卡片和要分成的组的名称。虽然有些度量方法可用于这两种分类方法，但另一些度量方法则只能用于其中一种分类方式。

卡片分类的工具

有很多工具都可用于做卡片分类。有些是基于桌面的，有些则是基于网络的。多数这类工具都包括基本的分析能力（比如层次聚类分析）。下面列出了我们比较熟悉的一些工具：

- CardZort（Windows 应用程序）

- OptimalSort（基于网络的服务）

- UsabilityTest Card sorting（基于网络的服务）

- User Zoom Card sorting（基于网络的服务）

- UzCardSort（对 Mozilla 的扩展）

- Websort（提供基于网络的服务）

- Xsort（Mac Os X 应用程序）

在没有专门的卡片分类工具的情况下，即使卡片的量不多，也可以用 PowerPoint 或者类似的程序来进行卡片分类。比如，新建一个幻灯片文件，在其中放上研究者希望用户分类的卡片和一些空的方框，然后把这张幻灯片通过 E-mail 发给研究参与者，让他们把这些卡片放到这些空框中，并对其进行命名。然后他们再把结果通过 E-mail 发回即可。当然，在这种情况下，你就要自己来分析这些数据。

9.2.1　开放式卡片分类数据的分析

分析开放式卡片分类数据的一种方法是将研究中所有的卡片两两之间的"感知距离"（也叫作相异矩阵）组成一个矩阵。比如，假设在一项卡片分类研究中有 10 种水果：苹果、橘子、草莓、香蕉、桃子、李子、西红柿、梨、葡萄和樱桃。假定其中的一位研究参与者对这些水果做了如下分组：

- "大且圆的水果"：苹果、橘子、桃、西红柿

- "小水果"：草莓、葡萄、樱桃、李子

- "长得很逗的水果"：香蕉、梨

接下来可以依据下面的规则将每一位参与者对 10 种水果所做的两两之间的"感知距离"组成一个矩阵：

- 如果用户将某一对水果放在同一组中，它们之间的距离就是 0。

- 如果用户将某一对水果放在了不同的组中，它们之间的距离就是 1。

依据这种规则，前面那个用户所完成的卡片分类的结果就可以做成表 9.7 所示的矩阵形式。

表 9.7　水果卡片分类例子中一位研究参与者的距离矩阵数据

	苹果	橘子	草莓	香蕉	桃	李子	西红柿	梨	葡萄	樱桃
苹果	—	0	1	1	0	1	0	1	1	1

续表

橘子		-	1	1	0	1	0	1	1	1
草莓			-	1	1	0	1	1	0	0
香蕉				—	1	1	1	0	1	1
桃					-	1	0	1	1	1
李子						—	1	1	0	0
西红柿							—	1	1	1
梨								—	1	1
葡萄									—	0
樱桃										—

一种用于卡片分类分析的电子数据表

Donna Maurer 开发了一种基于 Excel 数据表来对卡片分类数据进行分析的方法。与这里讲的方法更侧重于统计分析不同的是，她采用了一种完全不同的方法来分析卡片分类的结果，包括帮助分析人员将相似的卡片进行分组，从而将这些类别标准化。

除此之外，Mike Rice 也开发了一种电子数据表可以将卡片分类的数据制作成一个共生矩阵。通过这类分析可以知道任意两个卡片被分在同一组中的频率有多高。他的电子数据分析表与 Donna Maurer 用于做分析的数据表是一样的。

为简单起见，我们只把矩阵的上半部分画出来，但下半部分与上半部分是一模一样的。因为我们没有定义每个卡片与自己的距离，因此对角线是没有实际意义的（如果分析需要，也可以假设其为 0）。所以对每一位研究参与者而言，矩阵中的距离只能是 0 或者是 1。接下来的关键一步就是将所有用户的矩阵整合在一起。假设一共有 20 位用户参与了对水果的卡片分类，就可以总结出这 20 位用户的总体矩阵。就所创建的这个总体的距离矩阵而言，其中的数值在理论上会在 0（如果所有的研究参与者把两种水果放在同一个组中）到 20 之间（如果所有的研究参与者都没有把两种水果放在同一个组中）。数值越高，距离就越大。表 9.8 给出了一个总体矩阵结果的示例。在这个例子中，只有两位参与者把橘子和桃放在不同的组中，而所有 20 位研究参与者都把香蕉和西红柿放在了不同的组中。

表 9.8　20 位研究参与者对水果进行卡片分类后的总体距离矩阵

	苹果	橘子	草莓	香蕉	桃	李子	西红柿	梨	葡萄	樱桃
苹果	—	5	11	16	4	10	12	8	11	10
橘子		-	17	14	2	12	15	11	12	14
草莓			-	17	16	8	18	15	4	8
香蕉				—	17	15	20	11	14	16
桃					-	9	11	6	15	13
李子						—	12	10	9	7
西红柿							—	16	18	14
梨								—	12	14
葡萄									—	3
樱桃										—

　　在分析总体矩阵时可以使用任何研究距离（或相似性）矩阵的标准统计方法。我们发现两种方法很有用，一种是层级聚类分析（hierarchical cluster analysis），另一种是多维标度法（multidimensional scaling）或者 MDS。这两种方法在很多商业统计软件分析包中都能找到，包括 SAS、IBM SPSS 和 NCSS，以及 Excel 的一些附加包（如 Unistat）。

层级聚类分析

　　层级聚类的目的是建立一个树状图，研究参与者认为最相似的卡片会被放在相近的枝节上。比如，图 9.4 就是对表 9.8 中的数据进行层级卡片聚类后获得的结果。解释层级卡片分类结果的关键是要看树状图中任何一对卡片"结合在一起"的点在哪里。先结合在一起的卡片要比后结合在一起的卡片的相似度更高。比如表 9.8 中距离最小（最短）的一对水果（桃和苹果；距离为 2）在树状图中最先结合在了一起。

　　在聚类分析中可采用不同的算法来确定"连接"生成的方式。多数支持层级聚类分析的商业软件都会让用户选择使用哪种方法来进行分析。我们认为最行之有效的一种连接方法是群平均连接法（Group Average）。但读者可以尝试一下采用其他连接方法会出现什么样的结果，并没有绝对的规则证明一种方法比另一种方法好。

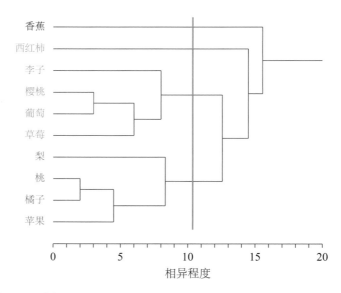

图 9.4 对表 9.8 中的数据进行层级聚类分析后的结果。

在分析卡片分类的数据时层级聚类分析之所以如此有用，是因为从层级聚类的结果中可以直接看到自己应当如何组织网站中的卡片（页面）。一种方法是对树状图进行垂直"切分"，然后就知道创建几个组。比如图 9.4 中切出来了 4 个组：垂直线与四条水平线交叉在一起，形成了 4 个用颜色来编码的组。在做这种"切分"时应当如何确定类别的数量？这同样没有固定的规则，但我们喜欢用的一种方法是计算卡片分类研究中用户创建的组数的平均数，然后用这个平均数来估计大概需要创建几个组。

在对树状图做切分并据此确定相应的类别后，下一步就是确定如何将这些类别与原始的卡片分类数据进行比较，从本质上讲，就是为分类结果提供一个"拟合度"（goodness of fit）的指标。一种方法就是：将创建类别中的各对卡片的分类情况与卡片分类研究中每位用户对各对卡片的分类情况做比较，然后确定这些卡片对有多少比例是一致的。以表 9.7 中的数据为例，45 对卡片中只有 7 对与图 9.4 中的分类结果不一致。这 7 对不匹配的卡片对是：苹果－西红柿、苹果－梨、橘子－西红柿、橘子－梨、香蕉－梨、桃－西红柿和桃－梨。就说明有 38 对或者 84%（38 / 45）是匹配的。对所有用户参与者的匹配比率求平均数，这样就可以知道所创建的分类与原始数据相比其拟合度是多少。

多维标度法（Multidimensional Scaling）

对卡片分类数据进行分析和视觉化的另一种方式就是使用多维标度（MDS）。或许理解多维标度分析的最佳方式就是类比。假设有一张标有美国所有主要城市之间里程数的表格，但却没有一张有关它们具体位置的地图。多维标度分析可以通过这张里程表绘制出一张近似地图，这张地图上会标明这些城市相互之间的相对位置。从本质上讲，MDS 在竭力画出一张地图，在这张地图上所有配对项目之间的距离尽可能地接近原始距离矩阵中的距离。

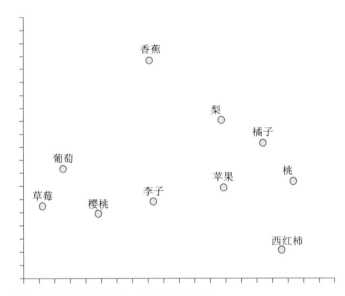

图 9.5 对表 9.8 中的距离矩阵进行多维标度分析后的结果。

对一项卡片分类研究来说，需要多少个参与者参与

Tullis 和 Wood（2004）进行了一项有关卡片分类的研究，这项研究的目的是说明在执行卡片分类研究时需要多少个用户的参与，才能从分析中获得可靠的结果。他们做的开放式卡片分类中一共使用了 46 张卡片，共有 168 位用户参与。他们对全部用户的分类结果和随机抽取的由 2 到 70 个用户组成的子样本的分类结果做了分析。图中显示了这些子样本的分类结果分别与全部用户的分类结果形成的相关关系。

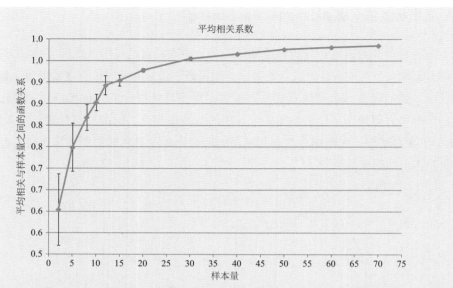

图中曲线的"拐点"看上去位于 10 到 20 之间，15 个样本量得出的分类结果与全部用户的分类结果之间的相关系数达到 0.90。不同的卡片分类会有不同的研究对象或卡片数量，因此，我们很难知道这些结果能否推广到其他卡片分类研究中，但其结果至少说明 15 或许是一个不错的目标用户数量。

MDS 所需要的输入与层级聚类分析所需要的输入一样，都是一个如表 9.8 所示的距离矩阵。对表 9.8 中的数据进行 MDS 分析后的结果如图 9.5 所示。多维标度分析结果中最明显的一点首先就是西红柿和香蕉游离于其他所有的水果之外。这与层级聚类分析的结果是一致的，这两种水果到最后才和其他水果聚合到一起。事实上，在层级聚类分析中，我们所做的 4 类"切分"（见图 9.4）也是将这两种水果本身作为一类来切分的。多维标度分析中另一点很明显的是草莓、葡萄、樱桃和李子聚集在了左侧，而苹果、桃、梨和橘子则聚集在了右侧。这个结果也与层级聚类的结果很一致。

需要注意的是，在进行多维标度分析时也可以使用两个以上的维度，但我们很少见到因为多加一个维度就能对卡片分类数据的理解变得格外有见地的情况。还需要记住的一点是，多维标度图中轴的方向是任意的。无论如何随心所欲地旋转或翻动多维标度图，结果都是一样的。唯一重要的是所有配对条目之间的相对距离。

在评测多维标度分析图在多大程度上能反映原始数据的真实情况时，最常用的衡量指标是"应力"（stress），有时也指 Phi。多数支持多维标度分析的商业软件包也都会报告相关解决方案的应力值。从根本上说，应力值的计算需要查看所有的条目对，找到在多维标度分析中每对条目之间的距离与其在原始矩阵中的距离之差，然后计算这些差的平方，再算出平方和。通过这种方式，图 9.5 中多维标度图的应力值是 0.04。值越小，结果越好。但是需要多小才行呢？一条不错的经验是应力值低于 0.10 时很好，而高于 0.20 则会很差。

我们发现同时进行层级聚类分析和多维标度分析是很有用的。有时会在一种分析中发现一些有趣的事情，而在另一种分析中却不明显。因为这是不同的统计分析方法造成的结果，因此，不能指望两种分析方法会得出同样的答案。比如，在多维标度图中很容易看出哪些卡片处于"局外"。也就是说，无法判断这些卡片明显属于哪一组。至少有两个原因说明为什么一个卡片处于局外：（1）它确实是一个局外元素，该元素与其他所有的元素都不一样；（2）它可能会"拖出"两个或多个组来。在设计一个网页时，可能会让每一种分类中的这些信息都变得有利用价值。

9.2.2　封闭式卡片分类数据的分析

在封闭式卡片分类中，不仅要给用户提供卡片，还要提供对这些卡片进行分组时的组名。封闭式卡片分类不像开放式分类那样更常用。在通常情况下，研究者首先会通过做开放式卡片分类来了解用户在自然分类状态下会创建什么样的组，以及他们对此可能会使用到的相应名称。有时候做完一个开放式分类后紧跟着做一个或多个封闭式分类，这有助于验证研究者对功能架构和分类命名的想法。在使用封闭式卡片分类时，研究者对应当如何组织这些功能已经有了自己的想法，因此，研究者想知道用户在组织这些元素时与自己头脑中已有想法的匹配程度。

我们使用封闭式卡片分类比较了架构网站功能时的不同方法（Tullis，2007）。首先，我们对 54 项功能做了开放式分类，从中获得了 6 种不同的功能架构方式；然后，通过 6 个同步进行的封闭式卡片分类研究来检测这 6 种功能架构方式。每个封闭式卡片分类都使用了同样的 54 项元素，但对这些元素进行分类时却使用了不同的组。每个"架构"（一系列的组名）内的组数从 3 个到 9 个不等。每位参与者只会看到并使用 6 个架构方式中的一个。

在查看封闭式卡片分类的数据时，研究者关心的主要是这些组是否如所想的那样把某些卡片"拖"到了自己的名下。例如，表 9.9 中的数据说明了在封闭式卡片分类中把每张卡片分别放到各组中的用户比例。

表 9.9 右侧呈现的另一个百分比数值是每张卡片归在每组中的最高比例。这个比例说明"获胜"组是如何把合适的卡片拖到自己这边来的。研究者想看到的情况应当像本

表中的卡片 10 一样，有 92％的用户把它放在了组 C 中，这是一种非常有把握的分类。而像卡片 7 则是比较麻烦的情况，有 46％的用户把它放在组 A 中，而 37％的用户则把它放在组 C 中。也就是说，用户在决定将卡片放在哪一组中时存在严重"分歧"。

表 9.9　在封闭式卡片分类中将 10 张卡片中的每张卡片放在限定的三个组中任意一组的用户比例

卡片	组 A	组 B	组 C	最大比例
卡片 1	17%	78%	5%	78%
卡片 2	15%	77%	8%	77%
卡片 3	20%	79%	1%	79%
卡片 4	48%	40%	12%	48%
卡片 5	11%	8%	81%	81%
卡片 6	1%	3%	96%	96%
卡片 7	46%	16%	37%	46%
卡片 8	57%	38%	5%	57%
卡片 9	20%	75%	5%	75%
卡片 10	4%	5%	92%	92%
			平均数	73%

　　所有的卡片被分到不同组的最大百分数的平均数可以用来衡量封闭式卡片分类中使用的一系列组名是否行之有效。对表 9.9 中的数据，这个均值为 73％。但如果想比较卡片数量相同而组别数量不同时的封闭式卡片分类结果，该怎么办？只要比较的分类结果中组别数量一致，那么最大百分数的平均数就是一个很好的指标。但是像 Tullis（2007）的研究中所说的那样，如果其中的一次分类只有三组，而另一次分类中却有 9 组，那么最大百分数的平均数就不是一个能做到公平比较的指标。在将卡片分为三类时，如果分类者按随机的方式进行分类，他们得到的最大百分数会是 33％。而将卡片分为 9 类时，如果分类者也是按随机的方式进行分类，那么他们得到的最大百分数仅为 11％。所以在使用最大百分数的平均数指标来比较不同的分类结果的有效性时，类别数量多的架构方式相比类别数量少的架构方式处于劣势。

　　我们对几种方法进行了实验，这些方法可用于对封闭式卡片分类中组的数量进行修正。表 9.10 列出了最行之有效的一种方法，其中的数据与表 9.9 中的数据一样，只是多了额外的两列。"第二"列列出了每张卡片被分到各组中时百分数第二高的组的百分数值，"差别"列列出的是最大百分数与第二百分数之间的差值。明显属于某一组的卡片，如卡片 10，通过此方法计算出的差值与最大值相比的损失会比较小。而对如卡片 7 那样分类比较分散的卡片来说，差值与最大值相比的损失会比较大。

有了这些差值后，就可以用这些差值的平均数来比较分类数量不同的架构方式。例如，图 9.6 就是 Tullis（2007）用这种方法所得出的数据结果。我们称之为用户认为每张卡片属于某个类别的百分数一致性度量指标。很显然，这个值越高越好。

表 9.10　与表 9.9 相同的数据加入另外两列后的结果 [1]

卡片	类别 A	类别 B	类别 C	最大值	第二	差别
卡片 1	17%	78%	5%	78%	17%	61%
卡片 2	15%	77%	8%	77%	15%	62%
卡片 3	20%	79%	1%	79%	20%	60%
卡片 4	48%	40%	12%	48%	40%	8%
卡片 5	11%	8%	81%	81%	11%	70%
卡片 6	1%	3%	96%	96%	3%	93%
卡片 7	46%	16%	37%	46%	37%	8%
卡片 8	57%	38%	5%	57%	38%	18%
卡片 9	20%	75%	5%	75%	20%	55%
卡片 10	4%	5%	92%	92%	5%	87%
			Average:	73%		52%

1 "第二"指的是仅次于最大百分数的次高百分数（next-highest percentage），"差别"列指的是最大百分数与第二百分数之间的差值。

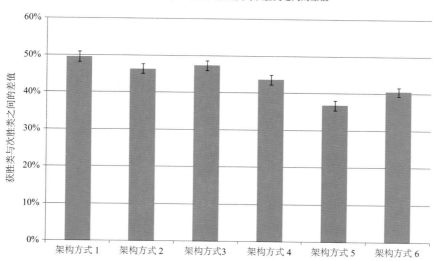

图9.6　6个平行的封闭式卡片分类得出的6种架构方式的比较。因为每种架构方式中使用的组数量不同，通过将获胜组的百分数减去第二组的百分数得到的数值来修正。摘自 Tullis（2007）；授权使用。

需要注意的是：对封闭式卡片分类的数据，也可以用层级聚类法或多维标度分析法来分析，分析的方法和开放式卡片分类一样。这样，就能很直观地了解在封闭式卡片分类中呈现给用户的信息架构是否行之有效。

9.2.3　树测试

与封闭式卡片分类密切相关的一种技术就是树测试（Tree Testing）。在使用这种技术时，需要将某个站点的建议信息架构方式用可交互的形式表现出来，在通常情况下会以菜单的方式让用户在这些信息层级中穿行。举个例子，图 9.7 给出了一个通过用户视角使用 Treejack 来做研究的样例。

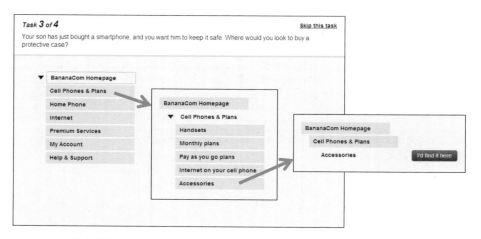

图 9.7　Treejack 研究样例。顶部列出了任务。一开始测试参与者只能看到左侧的菜单。从菜单中选择"手机与合约计划"后，会呈现一个子菜单。这个选择过程一直到测试参与者选择了"我会在这儿找"按钮后才会结束。测试参与者在任何时候都可选择返回树的上层菜单。

尽管不同的界面会千差万别，但在信息架构的概念层面上却都跟封闭式卡片分类相似。在树测试中，每一个任务类似于一张卡片，测试参与者会告诉研究者他们希望在这个树结构中的哪个地方找到那个功能元素。

图 9.8 给出了一个用 Treejack 来做测试时某个任务的数据样例，包括如下数据：

● **任务成功数据**：研究者要告诉 Treejack 在这棵树中每一个任务成功完成的节点是哪一个。

● **直线完成率**：在操作任务的过程中，在树的任何节点都没有走过回头路的测试参与者比例。这是一个用于判断测试参与者在做选择时的自信程度的指标。

- **时间**：测试参与者完成任务所耗费的平均时间。

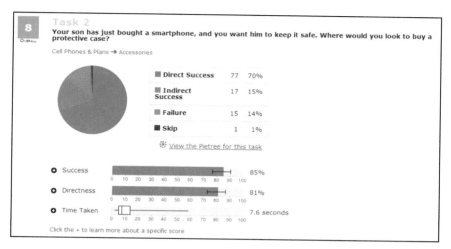

图 9.8　Treejack 中一个任务的数据示例，包括任务成功、走向和时间。

这三个度量指标的置信区间都达到了 95%！

Treejack 还对每个任务提供了如图 9.9 所示的有趣的可视化数据，名为"饼树"。在这个可视化的数据中，每个节点的大小表示在这个任务中访问了这个节点的测试参与者数量。每个节点上的颜色表示沿着正确路径、错误路径穿行或正确地说出"树叶"节点命名的测试参与者比例。在饼树的在线版本中，每个节点上的浮动信息都提供了测试参与者在这个节点上的详细操作。

树测试工具

下面列出了一些我们知道的树测试工具：

- C-Inspector
- Optimal Workshop's Treejack
- PlainFrame
- UserZoom Tree Testing

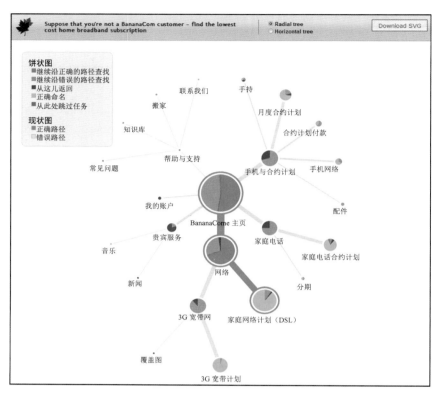

图 9.9　Treejack 中的一棵"饼树"表示测试参与者在做一个任务时走过的路径，在这个例子中展示了他们预期从什么地方能找到最省钱的家庭上网合约计划。绿色部分强调了正确的路径（从中心开始）。

9.3　可及性数据

可及性（accessibiltiy）通常指残障人士如何有效地使用某一系统、应用程序或网站。我们认为可及性实际上就是针对某类特殊用户的可用性。遵循这种思路时，很明显，我们在本书中讨论的多数其他度量指标（如任务完成时间、自我报告式度量）都能用于测量不同类型的残障用户所使用的任何系统的可用性。举个例子，Nielsen（2001）报告了对 19 个网站的三类用户群进行研究时使用的四个度量。这三类用户群分别是：盲人用户，使用屏幕阅读软件来访问网站；弱视用户，使用屏幕放大软件来访问网站；控制组，不使用辅助技术。表 9.11 列出了这 4 个度量的结果。

表 9.11 对盲人用户、弱视用户和视力正常用户所做的 19 个网站的可用性测试数据[1]

	屏幕阅读器用户	屏幕放大器用户	控制组（无残障）
成功率	12.5%	21.4%	78.2%
任何时间	16:46	15:26	7:14
错误	2.0	4.5	0.6
主观评分（1～7分）	2.5	2.9	4.6

1 资料来源：摘自 Nielsen（2001）；授权使用。

这些结果说明这个网站的可用性对使用屏幕阅读器和屏幕放大器的用户来讲要比控制组的用户差很多。另一条重要的信息就是：对一个面向残障人士使用的系统或网站来说，测量其可用性的最好办法是找典型用户来进行真实的测试。虽然这是一个最理想的目标，但多数设计师和开发人员都没有相应的资源从可能想使用他们产品的所有残障群体中找到具有代表性的用户来进行测试。这也就是可及性指南的用处所在。

可能得到最广泛认可的网站可及性指南就是来自万维网联盟（W3C）（World-Wide Web Consortium，1999）的网页内容可及性指南（WCAG，Web Content Accessibility Guidelines）第 2 版。这些指南被分成 4 大类。

1. 可感受性

   a. 对非文本内容提供文本形式的可替代内容。

   b. 对多媒体内容提供标题或其他形式的说明内容。

   c. 创建内容时要以多种方式呈现，包括一些辅助技术，且不会失去原意。

   d. 要让用户对内容的听读更简单。

2. 可操作性

   a. 通过一个键盘就能操作所有的功能。

   b. 给用户充足的时间来阅读和使用内容。

   c. 不要使用会引起癫痫的内容。

   d. 帮助用户定位和寻求内容。

3. 可理解性

   a. 文本要可读和可理解。

   b. 内容要以可预期的形式来展现和操作。

   c. 帮助用户避免和修正错误。

4. 鲁棒性（robust）

与当前和未来的用户工具实现最大程度上的兼容。

在对一个网站是否满足了这些标准进行量化分析时，有一种方法是评估网站上有多少页面没有满足这些指南中的某条或多条建议。

一些自动化的工具可以找出那些明显违反指南的地方（比如图片上遗漏了文字内容"Alt"）。尽管自动化软件发现的错误通常都是真正的错误，但它们通常也会漏掉一些错误。许多被自动化软件标识为警告的地方实际上存在真正的错误，但这种错误需要人找出来。比如，网页上的一张图片中没有定义 Alt 的文字内容（ALT = "   "），在这种情况下，如果这张图片是用于说明信息的，那么这种做法就是一个错误；而如果这张图片纯粹只是装饰用的，那么这种做法就可能是对的。确定系统是否满足了可及性指南的唯一真正准确的方法是对代码进行手动诊查，或用屏幕阅读器或其他合适的辅助技术来进行评估，这是底线。在通常情况下，两种技术都需要。

检测可及性的自动化工具

检测网页可及性错误时可用的工具包括如下几种：

- Cynthia Says

- Accessibility Valet Demonstrator

- WebAIM's WAVE tool

- University of Toronto Web Accessibility Checker

- TAW Web Accessibility Test

在根据可及性的标准对网页进行分析时，一种总结结果的方法就是统计存在不同类型错误的网页数量。比如，图 9.10 就是根据 WCAG 指南对某一网站进行假设分析后的结果。这一结果说明只有 10% 的网页没有错误，而 25% 的网页有超过 10 个以上的错误。多数（53%）存在 3~10 个错误。

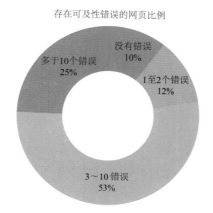

图 9.10 根据 WCAG 指南对一个网站进行分析的结果。

在美国，还有一套被称为第 508 部分的可及性指南，或者更技术化的说法是对 1973 康复法案中第 508 条所做的 1998 修改案（见第 508 条，1998；或见 Mueller，2003）。这条法律规定联邦机构应当保证残障人士能够使用他们的电子或信息技术，包括他们网站上的内容。这条法律适用于所有的联邦机构在开发、获取、维护或使用电子信息技术时的情况。第 508 部分详细规定了 16 条网站必须满足的标准。第 508 部分的要求实质上是 WCAG 2.0 指南的一个子集。我们认为用于评测对第 508 部分遵循情况的最有用的度量方法是基于页面的度量，其结果可以说明网页是否满足了所有的 16 条标准。还可以用图表画出通过和没有通过这些标准的网页比例。

第508部分升级版

在起笔撰写本书第 2 版的时候，第 508 部分的升级版估计很快就会发布。在 2011 年，发布了一个征求公众意见的初稿。新版本更加完整并真实地反映了 WCAG 2.0 的要求。

9.4 投资回报率数据

一本有关可用性度量的书如果没有介绍投资回报的问题（Return on Investment，ROI），那么就显得不完整，因为我们在本书中讲到的可用性度量对计算投资回报非常重要。但由于有些书会专门论述这个主题，因此，在这里我们的目的就是只介绍其中的一些概念。

当然，可用性 ROI 的一个根本概念就是计算一个产品、系统或网站在可用性方面的改进所带来的财务收益。这些收益通常来自可用性方面的改进所带来的销售量的增加、生产率的提高或支撑成本的下降等测量指标。关键是要计算与可用性改进相关的成本，并将之与财务收益做比较。

如 Bias 和 Mayhew（2005）总结的，有两类主要的 ROI，每类都有对应的回报：

- 内部 ROI
  - 生产率的提升
  - 用户错误的降低
  - 培训成本的降低
  - 在设计生命周期的早期做改进所节省的成本
  - 降低的用户支持成本
- 外部 ROI
  - 销售量的增长
  - 客户支持成本的降低
  - 在设计生命周期的早期做改进所节省的成本
  - 培训成本的降低（如果培训是由公司来提供的）

为了说明计算可用性 ROI 方面的一些问题和技术，我们看一个来自 Diamond Bullet Design（Withrow，Brinck, & Speredelozzi，2000）的案例。在这个例子中，对某个州政府的门户网站进行了重新设计。研究人员对原始网站做了可用性测试，然后又通过用户为中心的设计流程创建了一个新版本。在对两个版本的测试中，都采用了同样的 10 个任务，其中的几个任务如下。

- 你想在线更新一本｛州｝驾照。
- 护士是如何获得｛州｝级从业执照的？
- 为了有助于旅行，你想找一幅州公路地图。
- ｛州｝中有哪些四年制高等院校？
- ｛州｝鸟是什么？

来自本州的 20 位居民参与了研究，采用组间设计（一半人使用原先的网站，另一半人使用新网站）。收集的数据包括任务时间、任务完成率及多种自我报告度量。研究人员发现新网站的任务完成时间要显著低于旧网站的任务完成时间，新网站的任务完成率也显著高于旧网站的任务完成率。图 9.11 显示了新旧网站的任务完成时间。表 9.12 显示了网站两个版本的任务完成率、任务时间和总体的效率（单位时间内的任务完成率）。

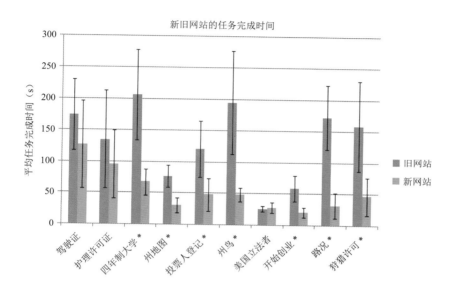

图 9.11 原网站和重新设计的网站的任务时间（* 标注符表示存在显著性差异）。资料来源：摘自 Withrow 等（2000）；授权使用。

表 9.12 任务操作数据汇总[1]

	原网站	重新设计后的网站
平均的任务完成率	72%	95%
平均的任务完成时间（分）	2.2	0.84
平均效率	33%	113%

1 平均效率是每单元时间内的任务完成率（任务完成率／任务时间）。摘自 Withrow 等（2000）；授权使用。

到目前为止，每件事情都很通俗易懂且简单地说明了我们在本书中已经讨论过的几个可用性度量。但接下来才是我们感兴趣的地方。在开始计算因网站修改所带来的 ROI 时，Withrow 等（2000）对**节省的时间**做了如下假设和估算。

- 在本州的 270 万居民中，我们的"保守估计"是其中四分之一会每月至少用一次本网站。

- 如果每个人都节省了 79s 的时间（本研究中的平均任务节省时间），那么每年就能节省 5300 万秒（14 800 个小时）的时间。

- 将这些时间换算成劳动力成本后，我们发现每月能节省 370 个人力周（person-weeks）（每周 40 小时）或者 7 个人力年（person-years）的成本，每年能节省 84 个人力年的成本。
- 本州每位公民平均每年能拿到 14 700 美元的薪水。
- 因此仅在节省的时间上就能带来 120 万美元的收益。

需要注意的是，这一系列的推理是以一个很重要的假设为前提的：四分之一的州居民每月会至少用一次本网站。因为其他的所有推算都依附于这一假设，这样肯定会惹来争论。为了让这些推算在一开始就基于一个合理的值，一种更优的计算方法就是用当前网站的实际使用数据（来计算这个合理的值）。

有了这个数据之后，再去计算在新站点上因提升了任务完成率所带来的收入增长。

1. 旧站点的任务失败率是 28%，而新站点则是 5%。
2. 我们假设有 10 万个用户每月至少会支付 2 美元来购买交易服务。
3. 10 万个用户中有 23% 在旧站点上失败而在新站点上成功交易，因此会带来 55.2 万美元的额外税收收入。

同样，在这一系列推算的最初有一个关键的假设作为前提：10 万个用户每月至少会向州付费 2 美元来购买一次交易服务。进行这种推算的一种更佳的方式就是：使用来自在线网站上产生费用的那部分交易频次（还有费用量）的数据。对这类数据进行转换后，也可以反映出在新站点上有更高的任务完成率。如果他们的假设成立，那么无论是计算为居民节省的时间还是计算为州带来的收入增长，这两类推算都会得出 175 万美元的年收入。尽管 Withrow 和他的同事们（2000 年）并没有具体说明重新设计这个门户网站的花费是多少，但我们可以确信的是肯定比 175 万美元少得多。

这个例子指明了在计算可用性 ROI 时面临的一些困难。在通常情况下，研究者在如下两种主要情况下计算可用性的投资回报率：产品的用户是公司的雇员和产品的用户是研究者的客户。当用户是公司的职员时，计算 ROI 就更加直截了当。研究者通常都知道公司是如何为雇员支付工资的，因此节省下的任务完成时间（尤其是重复性很高的工作任务）就会直接转变成现金的收益。除此之外，研究者也许知道用在改正某些错误上的支出，因此，减少这类错误发生的概率也会直接转换成节省下的现金。

当用户是研究者的客户（或者没有一个人是公司的雇员）时，计算可用性 ROI 会相当具有挑战性。收益更为间接。比如，客户完成一项重要的能带来收入的交易所用的时间会比以前少 30%，这对研究者的账本来讲没有实际意义。因为这并**不**意味着他们会显著地增加这种交易。但是它则**可能**意味着：随着时间的推移，这些客户还是研究者的客户，而其他的一些客户也成了研究者的客户，否则他们就成了别人的客户（假设网站上的交易时间明显短于竞争对手网站上的交易时间）。因此，收入也会相应地提高。对提高的任务完成率来讲，也可以做出同样的论断。

ROI 研究案例

有很多其他的关于可用性的 ROI 研究案例。下面只抽取其中一部分来介绍。

- 尼尔森·诺曼集团对 72 个可用性 ROI 案例研究做了详细的分析，发现在关键的业绩指标上实现了从 0% 到大于 6000% 的增长。这项案例研究涵盖了大量的网站，包括 Macy 的 Bell Canada、New York Life、Open Table、一个政府机构和一所社区大学的网站（Nielsen，Berger，Gilutz，&Whitenton，2008）。

- 对 BreastCancer.org 网站上的讨论板块的重新设计使得网站的访客量增长了 117%，新会员数增长了 41%，注册时间减少了 53%，月度帮助平台的花费减少了 69%（Foraker，2010）。

- 在重新设计 Move.com 网站的房屋搜索和联系代理的功能后，用户能找到一个房屋的能力从 62% 提升到了 98%，房地产代理相关的销售量增长了 150%，而且他们销售网站上的广告位的能力也明显地提升（Vividence，2001）。

- 采用以用户为中心的方法对 Staples.com 的重新设计使老顾客量增长了 67%，下单容易度的评分、总体购买体验与再次购买可能性增长了 10%。新网站上线运营后线上营收额从 1999 年的 940 万美元增长到 5.12 亿美元（Human Factors International，2002）。

- 一家大计算机公司花了 20700 美元来改善一个供几千名员工使用的系统，以提升其登录流程的可用性。由此带来的生产率的提升在系统被使用的第一天就为公司节省了 41700 美元（Bias & Mayhew，1994）。

- 在对 Dell.com 的导航结构进行重新设计后，每天的在线购买营收额从 1998 年 9 月的 100 万美元增长到 2000 年 3 月的 3400 万美元（Human Factors International，2002）。

- 在对一个软件产品进行以用户为中心的设计后，与这个产品的最初版本（没有可用性工作的支持）相比收入提升了80%。新系统的营收比预期多了60%，许多客户提到可用性是他们决定购买新系统的一个关键因素（Wixon&Jones，1992）。

9.5　总结

下面是本章中的一些关键启示。

1. 如果研究者正在进行一个在线网站可用性方面的工作，就应当尽力了解用户在网站上做什么。不要只看页面和与浏览相关的数据，还要看一下点击率和掉线率。只要有可能，就要做A/B测试来比较不同的设计方案（通常情况下，其差异都很小）。采用合理的统计方法（比如卡方检验）来确保所看到的任何差异都达到了统计上的显著水平。

2. 当研究者想知道如何组织某些信息或整个网站时，卡片分类会大有用武之地。可以从开放式卡片分类开始，跟着做一个或几个封闭式卡片分类。在总结和呈现结果时层级聚类分析和多维标度（MDS）是非常有用的技术。封闭式卡片分类可以用于比较不同的信息架构适合用户的程度。树测试工具也是一种用于测试备选架构方案是否合适的有效方法。

3. 可及性是某一类特定用户群体的可用性。要尽可能地邀请老年用户和各类残障用户参与到可用性测试中。另外，也可以用已经公开的可及性指南或标准来评估产品，比如WCAG或第508部分。

4. 虽然计算可用性工作的ROI有时很有挑战性，但在通常情况下是可行的。如果用户是公司的雇员，通常会很容易将诸如任务时间减少等可用性度量转换成节省的开支。如果用户是外部客户，在一般情况下，必须要把任务完成率的提升或总体满意度的提高等可用性指标换算成电话支持量的降低、销量的增加或客户忠诚度的提高等指标。

第10章
案例研究

本章列举了关于其他用户体验研究者和实践者在他们工作中如何使用度量方法的 5 个案例研究，这些案例研究中突出了产品和用户体验度量神奇的范围。感谢这些案例研究的作者们：Autodesk 公司的 Erin Bradner；美国国家标准与技术研究院（the National Institute of Standards and Technology，NIST）的 Mary Theofanos、Yee-Yin Choong 和 Brian Stanton；Open Text 公司的 Tanya Payne、Grant Baldwin 和 Tony Haverda；Open University 的 Viki Stirling 和 Caroline Jarrett；本特利大学的 Amanda Davis、Elizabeth Rosenzweig 和 Fiona Tranquada。

10.1　净推荐与良好用户体验的价值

作者：Erin Bradner，Autodesk

净推荐（Net Promoter）是一种客户满意度度量指标，最初是从 Frederick Reichheld（2003 年）的客户忠诚度研究中衍生出来的。由 Reichheld 倡导并开发出来的净推荐值（NPS），对当时典型的客户满意度研究中那些漫长而烦琐的调查进行了简化。Reichheld 的研究发现，公司的收益增长和客户推荐该公司的意愿之间存在相关。NPS 的计算过程非常简单，这里会做概述。简而言之，Reichheld 认为可以把收益增长看作是愿意推荐一个产品或公司的客户百分比的良性增长（相对于不推荐的客户百分比）。（注：净推荐（Net Promoter）是 Satmetrix、Bain 和 Reichheld 的注册商标。）

在 Autodesk 公司，我们使用这种净推荐的方法分析自有产品的用户满意度已有两年（Bradner，2010）。我们选择净推荐作为用户满意度的模型，是因为我们想要的不仅仅是一个平均满意度得分，我们还想弄明白产品的整体易用性和特征集如何影响顾客的整体产品体验（Sauro & Kindlund，2005）。通过多变量分析（经常和净推荐结合使用），我们可以识别出那些能够激发顾客积极推荐的体验属性。这些属性包括：软件的用户体验（易用性）、客户体验（产品电话支持），以及购买体验（价格所体现的价值）。

这个案例研究会介绍我们建立这个用户满意度模型的具体步骤，以及我们如何利用这个模型来量化一个良好用户体验的价值。

10.1.1 方法

2010 年，我们启动了一项调查，旨在测量用户与可发现性（discoverability）、易用性，以及软件某个特征的重要性（在这里把它称为 L&T 特性）相关的用户满意度。我们使用一个 11 点量表，测查用户对这个特性的满意度，同时也对用户推荐这个产品的可能性进行询问。推荐问题是确定净推荐模型的最典型问题。若要计算 NPS，则需要：

1. 使用一个 0 分到 10 分的量表询问顾客是否会推荐我们的产品，其中 10 分表示非常可能，0 分表示非常不可能。

2. 将用户反馈分为三种类型。

    推荐者：反馈分值为 9 分和 10 分

    被动者：反馈分值为 7 分和 8 分

    贬损者：反馈分值从 0 分到 6 分

3. 计算推荐者的百分比和贬损者的百分比。

4. 用推荐者百分比减去贬损者百分比，即获得 NPS。

通过这样的计算，我们得到净推荐值（NPS），知道支持我们产品的客户比批评我们产品的客户多 40% 有一定意义。但依然回避了一个问题：40% 是不是一个好的分值？

NPS 的行业基准确实存在。例如，客户软件行业的平均净推荐值是 21%（Sauro，2011），即 Quicken、QuickBooks、Excel、Photoshop 和 iTunes 这些类型产品的平均值。Autodesk 的常见做法是不过多关注这样的基准，而是聚焦在有哪些用户体验因素可以使推荐者数量增加，使贬损者数量减少。

为了能够抽取出良好用户体验的"驱动性因素"，我们的调查中也包括整体产品质量、产品价值和产品易用性方面的评分问题。我们使用与推荐问题一样的 11 点量表,对这些问题进行测查。然后计算出每一个体验变量的平均满意度分值。在图 10.1 中,x 坐标(横坐标)表示满意度。

接下来,我们运行一个多元回归分析,把净推荐分值作为因变量,把体验属性作为自变量。该分析可以向我们显示出哪些体验属性对用户推荐产品的可能性有显著贡献。由于使用的是 β 系数,所以该分析考虑了每个变量之间的相关性。这些相关系数在图 10.1 中以 y 坐标轴呈现,y 坐标轴表示的是标准化的 β 系数。因为与问题"你会推荐这个产品吗"的相关系数可以告诉我们每种体验变量对用户的重要程度,所以我们把 y 坐标轴称为"重要性"。绘制满意度和重要程度的交叉对比图,可以让我们了解哪些体验因素(界面、质量或价格)对我们的用户是最重要的。

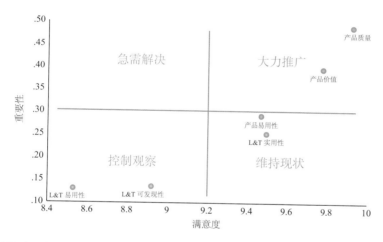

图 10.1　关键驱动因素剖析。注意,图中的一些数据是模拟数据。

10.1.2　结果

根据 Reichheld(2003)的研究,没有人会推荐一个并不是真正喜欢的产品。当我们推荐一些东西的时候,特别是在一些专业领域中,会涉及我们的声誉。推荐一个产品意味着我们不只是满意该产品,还表示我们愿意为该产品做一些类似于营销和推广方面的事情。

热心顾客的这些无私且高可信度的免费推广,使得度量与推荐相关的问题变得非常有意义。推荐者不但会积极鼓励其他人购买我们的产品,并且根据 Reichheld 的研究,他们自身也更有可能再次购买。

我们试图了解一个产品的特定功能及其整体易用性对顾客推荐该产品的可能性有多大的影响。在这个研究中，所针对的产品包含一个被称为 L&T 的新功能。当将用户对 L&T 功能的满意度与用户推荐该产品（包含 L&T）的意愿程度绘图对比时，我们发现 L&T 功能在 y 坐标轴的值相比界面其他元素更低（如图 10.1 所示）。使用 L&T 功能（L&T 的易用性）与找到这个功能（L&T 的可发现性）的满意度得分比对产品质量、产品价值和产品易用性的满意度都要低，而且它们在重要程度方面的分值也较低。这说明相比产品质量、价值及易用性来说，这个新功能更容易被用户忽视。数据显示 L&T 功能的用户满意度对用户推荐该产品的可能性的相关程度不如产品质量和易用性那么强，因此对驱动产品销售额增长并不重要。

图 10.1 中各象限中的标签能明确告诉我们用户体验的哪些因素需要改进。落在左上象限的产品特性被标注为"急需解决"，是需要优先改进的，因为它们的重要程度相对最高，同时用户满意度相对最低。

图 10.1 中的数据表明如果我们准备重新设计 L&T 的功能，我们应该多在 L&T 重要性上花工夫，因为在重要性这一坐标轴上，L&T 实用的重要程度比 L&T 功能可发现性和易用性的重要程度更高。L&T 功能的可发现性与易用性落于"控制观察"象限，表明这些属性可以放在最后优化。

10.1.3　在界面设计中对投入进行优先级设置

软件产品的用户界面对用户推荐产品的意愿贡献影响有多大？我们曾经被从事商务智能工作的同事告知，影响用户推荐产品意愿的因素中，预测效果最强烈的是：

1．有用的响应式客户支持（支持）

2．合理的性价比（价值）

我们对调查数据进行了多元回归分析，结果如图 10.2 所示，发现软件的用户体验因素对推荐可能性的贡献是 36%（调查样本量 n 为 2170），产品价值贡献为 13%，而客户支持贡献为 9%。为了验证软件用户体验对推荐意愿的贡献，我们利用另一项相似的调查数据（样本量 n 为 1061）再次进行多元回归分析，发现用户体验因素的贡献达到 40%。

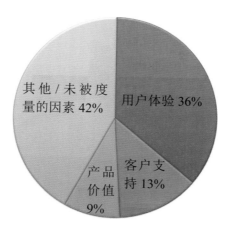

图 10.2 客户体验的因素对客户推荐一个产品可能性的模拟分析。注意，一些图标数据为模拟数据。

一年后，我们进行了第 3 次调查。在第 1 年调查中，我们计算出如图 10.3 上图所示的提升目标。我们设定用户推荐我们产品的可能性增加的目标是 5%，从回归公式中知道如何达到这样的增长目标：假设其他贡献因素保持不变，如果我们可以增加整体产品易用性、功能 1 的可用性和功能 2 的可用性的满意度得分，就可以看到用户推荐的可能性增长为 5%。

在第 2 年的公式中，我们再次进行分析，发现推荐可能性的实际提升是 3%。如图 10.3 下图所总结的，这 3% 的提升由易用性提升 3%、功能 1 可用性提升 1% 和功能 2 可用性提升 0% 导致。这项产品研究的回归公式如下：

第 1 年 产品 LTR = 2.8 + 0.39（易用性）+ 0.13（功能 1）+ 0.19（功能 2）（R^2=37%）

第 2 年 产品 LTR = 2.8 + 0.39（易用性）+ 0.11（功能 1）+ 0.24（功能 2）（R^2=36%）

其中，LTR 表示推荐的可能性。

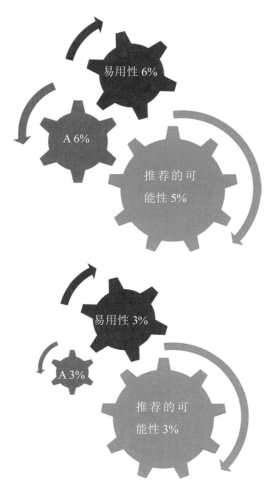

图 10.3　推荐可能性的目标提升（上图）与实际提升（下图）。

10.1.4　讨论

　　通过多变量分析，我们发现用户体验对推荐产品意愿提升的贡献率为 36%。在第 2 年，我们没有达到推荐产品提升 5% 的目标，但是通过在易用性和一些关键功能上的投入，我们可以将推荐的可能性提升 3%。净推荐模型为我们提供了在用户体验设计中确定投入并设置相应的优先级的方式，同时也给我们提供一个了追踪每年投资回报的方法。

　　我们想要进一步检验净推荐模型。这个模型能否像它本来想做的那样，用来预测销售增长额（Reichheld，2003）？我们知道产品的平均销售价格。从多变量分析中，我们还知道界面设计为提升或激励用户推荐我们的产品贡献了 36%。如果我们知道积极的产品推荐者有多少，就可以估计由于我们软件改善的用户体验而带来的收入增长。

接下来做的是确定在"推荐者"和顾客推荐增长之间是否存在联系。在我们的调查中，询问被调查者（全部是真实的顾客）在过去一年中是否曾经向朋友推荐过这个产品（Owen&Brooks，2008）。从这些数据中，我们获知通过推荐而带来的顾客比例，以及很可能推荐其他人的顾客比例。这允许我们粗略估计为了获得一个新顾客所必需的推荐者的数量（见图 10.4）。用来推导这个数值的数据是受专利保护的。为了能说明本章的内容，我们使用了一个假设性的数值 8，即：每争取一位新顾客，我们需要 8 次推荐（referral）。在净推荐值模型中，推荐者会积极推荐一个产品。但是我们不会假定每个选择 9 或 10 的被调查者都会积极推荐我们的产品。在上一年中，积极推荐我们产品的推荐者的实际比例是 63%。由此，我们推断出争取一位新顾客所需要的推荐者（promoter）的数量是 13。

图 10.4　争取一位新顾客需要多少推荐者。

10.1.5　总结

通过计算争取一位新顾客所需要的推荐者数量，我们能够把软件商务中众所周知的点联系在一起：好的用户体验设计驱动用户推荐我们的产品，产品推荐可以争取更多的顾客，进而提高收入增长。通过多变量分析，我们说明了体验设计对刺激用户推荐我们产品的贡献率是 36%。因为我们知道自己产品的平均销售价格，所以就可以估计与软件用户体验提升相关的收入增长。我们量化了好的用户体验的价值，通过将用户体验和争取客户放在一起，我们就能知道在对易用性和提高产品用户体验相关的研究时，如何对设计投入确定相应的优先级。

总之，这个案例研究表明：

- 用户体验属性的多变量分析可以用于决定在用户体验设计和研究投入时的优先级。
- 用户体验属性（比如易用性）对提高顾客忠诚度有重要的贡献。
- 知道产品的平均销售价格，以及获取一位新顾客所需的推荐者的数量，我们可以量化一项好的用户体验的投资回报。

在 Autodesk 中，我们发现仅计算净推荐值不如绘制和使用关键驱动因素图表实用。关键驱动因素图表可以准确定位出设计中最迫切需要改进的用户体验因素。通过计算每年的驱动因素，可以看到在关键领域的投入在提升用户推荐我们产品的可能性方面带来的回报。我们可以看到一个功能从"急需解决"象限安全移动到"大力推广"象限。令我们振奋的是，通过设计卓越的用户体验，可以刺激更多的顾客推荐我们的产品。这并不只是一个数字，或者仅仅为了争取新顾客，这会促使我们设计出具有优秀体验的软件，这样我们的用户就会积极推荐这些软件。

参考文献

Bradner, E. (2010,). *Recommending net promoter*. Retrieved on 23.10.2011 from DUX: Designing the User Experience at Autodesk <http://dux.typepad.com/dux/2010/11/recommending-net-promoter.html>.

Reichheld, F. (2003). The one number you need to grow. *Harvard Business Review*.

Owen, R., & Brooks, L. (2008). *Answering the ultimate question*. San Francisco: Jossey-Bass.

Sauro, J. (2011). *Usability and net promoter benchmarks for consumer software*. Retrieved on 23.10.2011 from Measuring Usability <http://www.measuringusability.com/software-benchmarks.php>.

Sauro, J., & Kindlund, E. (2005). Using a single usability metric (SUM) to compare the usability of competing products. In *Proceeding of the human computer interaction international conference (HCII 2005)*, Las Vegas, NV.

作者简介

Erin Bradner 供职于 Autodesk 公司。Autodesk 公司是 AutoCAD 软件的制造商，AutoCAD 是制造、建筑、工程、休闲娱乐领域 3D 设计软件的世界级领导者。Erin 管理多个 Autodesk 的工程产品和设计产品的用户体验研究，她积极研究"未来的计算机辅助设计""如何最好地将标记菜单整合到 AutoCAD""用户体验对推荐产品可能性的贡献"等多个主题。Erin 拥有人机交互博士学位，以及 15 年使用定量和定性研究方法的经验。在供职 Autodesk 之前，Erin 为 IBM、Boeing 和 AT&T 提供过咨询。

10.2　度量指纹采集的反馈效果

作者：Mary Theofanos、Yee-Yin Choong 和 Brian Stanton，美国国家标准与技术研究院（National Institute of Standards and Technology，NIST）

美国国家标准与技术研究院的生物测量学可用性团队（Biometrics Usability Group）为了提高美国入境口岸的生物测量采集效果，正在研究如何提供指纹用户提供更好的实时反馈。现在，美国出入境管理系统（the U.S. Visitor and Immigrant Status Indicator Technology，US-VISIT）利用操作人员辅助的程序（operator-assisted process）收集了所有进入美国的国外访客的指纹。US-VISIT 正在考虑如何将无辅助的生物测量采集技术（unassisted biometric capture）用于特定的应用。但是为了确保图像质量合格，需要用户能看到实时的效果反馈（以判断是否需要调整手指的放置）。许多因素会影响图像质量，包括指纹录入时的位置、是否对齐以及使用的力度等。为了形成这样一种信息化反馈所要做的这些事情，对国际访客来说是一个不小的挑战。

为了解决这个需求，Guan 和同事（2011）设计了创新的、成本合理的实时算法，以用于指尖探测、手掌 / 拇指旋转（slap/thumb rotation）探测和手指区域强度评估，这样能够在采集过程中通过测量图像的目标参数来实时向用户反馈丰富的信息。这项研究主要是想调查：在没有操作人员帮助的情况下，这种丰富的实时反馈信息是否能确保人们采集到他们自己的指纹。另一个目标是研究：如果提供一个概要性指南，是否有助于人们更好地放置他们的手以达到指纹自我采集的目的。

10.2.1　方法

实验设计

我们采用单因素组内实验设计，由 80 名参与者执行完成两项自我采集指纹的任务：在第一项任务中，在屏幕上提供了指纹叠加显示技术（overlay），这样在采集过程中可以引导参与者放置他们的手指；第二项任务中则没有叠加显示。完成条件（任务）的顺序进行了平衡（也就是一半用户先完成第一项任务，另一半则相反）。因变量包括：

- **任务完成率**：完成自我采集任务的参与者数量与没有完成任务及接受帮助后完成任务的参与者数量的比值。
- **错误次数**：在记录到可接受的指纹图像之前，调整手指位置的次数。

- **指纹图像质量**：指纹图像的 NIST 指纹成像质量（the NIST Fingerprint Imaging Quality，NFIQ）得分。
- **尝试时间**：从参与者伸出手指开始到采集结束这段时间。
- **任务完成时间**：完成一个采集任务所经历的总时间。
- **用户满意度**：任务后问卷的用户评分。

参与者

从华盛顿大区（Washington，DC，area）的普通人群中招募 80 名成年人（包括 36 名女性和 44 名男性；年龄从 22 岁到 77 岁，平均年龄是 46.5 岁）。参与者在教育、职业和宗教等方面保持分布多样性。54 名参与者表示他们曾经采集过指纹，其中 18 名有过墨滚指纹采集（inked and rolled fingerprinting）的先前经验，另外 36 人没有表明他们之前的指纹采集的类型。所有这些人的指纹采集经历都是在协助条件下完成的。

实验装置 [1]

实验中，我们使用的是 US-VISIT，采用 CrossMatch Guardian 指纹扫描器。其规格参数包括：分辨率为 550ppi，有效扫描区域为 3.2″ ×3.0″（81× 76mm），单棱镜，单一成像仪，统一采集区域。该系统运行在英特尔酷睿 2 CPU、4300 @1.8GHz 处理器、3.2GB 内存、20 英寸液晶显示器的 PC 上。

图 10.5 显示了实验配置：扫描器位于一个高度可调节的桌子上（桌子高度设置为 US-VISIT 设施的常见柜台高度），扫描器被安放在业界推荐的 20° 视角的位置（Theofanos 等，2008）。扫描器上方的天花板上安装了网络摄像头，用于记录参与者的手指移动。

---

1 说明具体的产品和技术仅仅是为了准确地描述实验过程，这种说明在任何情况下都不意味着美国国家标准与技术学会的推荐或认可，也不表示被标识出的产品和设备一定是达到这个目的的最好选择。

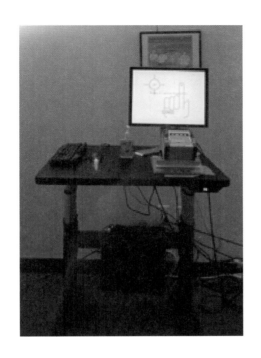

图 10.5　实验装置。

实验步骤

　　每一位参与者被要求按照屏幕上的指导语执行上述两个自我采集任务。参与者被口头告知每一个任务都要求他们按照相同的顺序采集四种指纹图像，采集顺序如下：右手四指（Right Slap，RS）、右手拇指（Right Thumb，RT）、左手四指（Left Slap，LS）、左手拇指（Left Thumb，LT）。

　　图 10.6 描述了测试场景：任务 1 包括指纹覆盖显示，任务 2 不包括指纹覆盖显示。半数参与者被随机分配，先从没有指纹覆盖显示的任务开始，然后再完成包含指纹覆盖显示的任务。另一半参与者的任务顺序相反。

　　当参与者准备好后，将显示如图 10.7 中通用的指纹采集标识，表示采集过程开始。

　　参与者在任务执行后填写调查问卷，并与测试人员讨论他们的整体印象和感受。

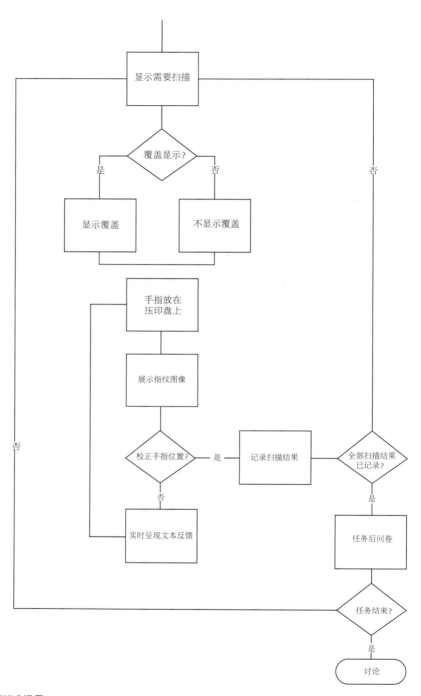

图 10.6　测试场景。

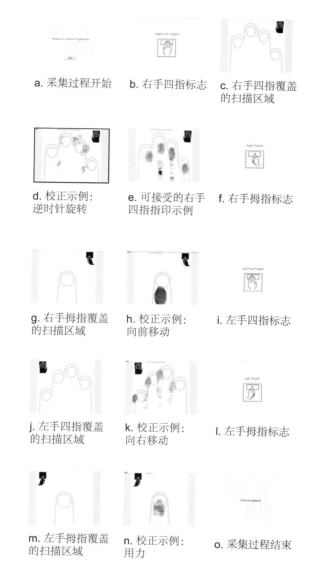

图 10.7 指纹覆盖层条件下自我采集指纹过程的示例 [2]。

结果

应用国际标准化组织 ISO（1998）对可用性的定义——"在特定的使用情境下，特定的用户完成特定的目标时，产品所表现出来的有效性、效率和用户满意度"——我们

---

2 为防止参与者的指纹可能被识别，指纹图像做了模糊处理。

测量了有效性、效率和用户满意度。所有统计差异性中的 α 系数均被设置为 0.05。数据不呈正态分布，因此，非参数差异检验（Wilcoxon 配对符号秩检验）被用于组内对比的所有统计检验。

有效性

与自我采集系统的有效性相关的因变量有 3 个：完成任务的参与者数量（任务完成率）、错误次数和指纹图像质量。

任务完成率

从整体上看，在没有测试人员的帮助或提示的情况下，任务 1 的 40 名参与者中有 37 人（92.5%），任务 2 的 39 名参与者中有 39 人（100%），根据屏幕上的指导语成功地完成自我采集任务。

错误次数

每个指纹手指位置的平均校正次数如表 10.1 所示，这些错误可以被分为四类，如表 10.2 所示。

表 10.1　不同条件下的错误次数（Errors by condition）

	平均值	标准差	最小值	最大值
右侧四个手指（RS）	6.4	6.689	0	31
右侧拇指（RT）	0.663	1.158	0	6
左侧四个手指（LS）	2.911	3.689	0	18
左侧拇指（LT）	0.55	1.993	0	14
错误汇总	10.50	9.69	0	49

表 10.2　错误类型、情境和文本提示

错误类型	错误情境	错误反馈文本示例
压力或角度影响图像的比对	需要更多的手指区域接触扫描器	"用力" "降低手指的角度"
手指探测	没有检测到所有的手指	"不是四个手指都被检测到了" "手指伸展过宽，请将你的手指都置于盒子范围内"
手指移动	垂直和水平未对齐	"手指向左移动" "手指向前移动"
手指转动	手指放置位置不直	"顺时针转动你的手" "逆时针转动你的手" "手的方向不正确，请把四个手指垂直放在中央"

图 10.8 显示了 7 种最常见的错误。四指（左手、右手都包括）没有施加足够的压力是最常见的错误：右手四指的此类错误出现了 214 次，左手四指的此类错误出现了 101 次。所有的四指没有同时检测到的情况发生了很多次，表明参与者在把手指均匀地放置在扫描器上存在困难：右手四指的此类错误出现了 132 次，左手四指的此类错误出现了 51 次。

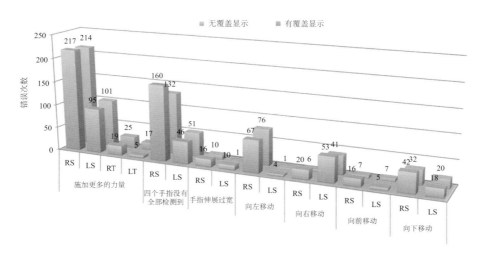

图 10.8　最常见的校正错误。

指纹图像的质量

我们利用 NIST 的指纹图像处理软件来为每一个指纹计算 NFIQ（图像质量得分）（Tabassi 等，2004）。指纹图像质量的分值范围从 1 到 5，依次代表质量最好到质量最差。图 10.9 中显示了每个指纹图像质量得分的中位值。

由于在生物测量技术领域内，就如何确定四指图像的质量方面还没有达成共识，我们使用 US-VISIT 团队在考虑使用的一个质量评分方法来评估图像的整体质量。如果食指和中指的 NFIQ 分值是 1 或 2，并且无名指和小指的 NFIQ 分值是 1、2 或 3，那么四指的指纹是可接受的。拇指指纹图像的 NFIQ 分值如果是 1 或 2，则其是可以接受的。应用这个标准得到的结果也显示在图 10.9 中。接受率分别是：右手拇指，78.8%；右手四指，67.5%；左手拇指，76.3%；左手四指，68.4%。

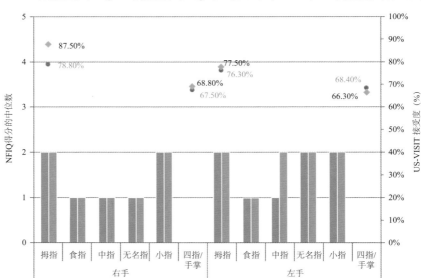

图 10.9　指纹图像质量。

效率

与自我采集系统的效率相关的两个因变量是：尝试时间和任务完成时间，如表 10.3 所示。

表 10.3　不同情境下的时间

	平均值 /s	标准差 /s	最小值 /s	最大值 /s
右手四指（尝试时间）	28.66	28.66	0.05	153.80
右手拇指（尝试时间）	5.87	5.87	2.23	28.14
左手四指（尝试时间）	17.14	17.14	2.56	113.13
左手拇指（尝试时间）	5.54	5.54	2.172	55.02
任务完成时间	94.71	94.71	32.61	270.47

尝试时间

尝试时间是从参与者伸出手开始计时，到指纹图像采集结束为止所经历的时间。不出所料，采集四个手指的时间比拇指长很多。尝试时间的均值以秒（s）为单位，依次是：右手四指，28.66；右手拇指，5.87；左手四指，17.14；左手拇指，5.54。

任务完成时间

任务完成时间是完成四种指纹图像采集任务花费的总时间。如表 10.3 所示，平均来看，参与者大约花费了 1.5 分钟完成一项自我采集任务（包括四种情境下的指纹图像）。

满意度

参与者在完成每个任务之后都填写一个问卷，以收集他们就自我采集任务方面的体验。该问卷由 6 个五分制语义距离标度的问题组成。表 10.4 呈现了所有参与者的平均评分。整体来看，参与者对自我采集任务的反应都是偏正面的。

表 10.4　任务后的满意度问卷与评分

	问题	平均评分	标度
Q1	在使用指纹采集设备时，你感觉有多舒服？	4.24	1——不舒服 5——非常舒服
Q2	和你预期的相比，完成指纹采集记录所用时间如何？	3.32	1——远超出预期 5——远低于预期
Q3	在自我校正以记录到指纹的过程中，你如何评估期间遇到的困难？	1.59	1——不难 5——非常难
Q4	指纹采集过程开始时是清晰的	3.51	1——不清晰 5——直观
Q5	指纹采集过程结束时是清晰的	3.94	1——不清晰 5——直观
Q6	当你按预期完成了指纹采集任务，你感觉有多自信？	4.24	1——不自信 5——确信

在测试之后的讨论期间，我们就"指纹覆盖显示是否对自我采集过程有帮助"询问每一个参与者。46 名参与者（占 57.5%）发现指纹覆盖显示在引导他们更好地在扫描器上放置好手指是有帮助的，其中有 6 人表示如果指纹覆盖显示直接置于扫描器上（而不是投射到监视器上）将会更加有帮助。28 名参与者（占 35%）没有发现指纹覆盖显示有帮助作用，其中有 9 人认为如果指纹覆盖显示直接置于扫描器上将会有帮助。另外 6 名参与者（占 7.5%）认为指纹覆盖显示不是一个影响因素，因为任务过程非常简单明了，其中有 1 人表示如果指纹覆盖显示置于扫描器上将会更有帮助。

10.2.2　讨论

在这项研究中，我们使用拟考虑的实时反馈系统来检测人们能否成功完成指纹自我采集任务。我们发现参与者可以非常有效且高效率地完成自我采集任务，并且满意度很高。

参与者的任务完成率很高（任务 1 中是 92.5%，然后提高到 100%），平均出错数量少于 11 个。如果只检查位置放置的错误（即排除与用力或角度相关的错误），平均错误数量则更少（均值为 5.94）。如果不是更好的话，那么本研究中的指纹图像质量至少比得上在有人协助的情况下所采集的图像质量。在一项需要有协助情形的研究中，Stanton 等（2012）发现基于 US-VISIT 接受标准的四指接受率从 55% 到 63%。在我们这项自我采集的研究中，四指接受率的范围从 67.5% 到 68.4%，与 Stanton 等（2012）的研究结果相比，接受率要高。

通过屏幕上的引导语，参与者可以相应地放置手的位置，并在需要的时候做出调整，用大约 1.5 分钟时间可以完成指纹图像的采集。任务后问卷的评分表明，参与者感觉到舒适、自信，在自我采集过程中与系统的互动没有遇到太多困难。参与者能明确感知采集过程的开始和结束状态。在测试后的交流中，参与者认为自我采集过程是容易、简单、直白和快速的。他们将体验过程称赞为"DIY"，因为该过程给予他们控制感和被信任感，正如一位参与者所说："自我采集过程非常灵活，容易到任何人都可以完成。这个过程简单，容易使用，甚至儿童都可以做到"。

我们研究的第二个问题是调查指纹覆盖显示是否可以使自我采集指纹过程更便利。与无指纹覆盖显示的实验情境相比，指纹覆盖显示情境没有对执行效果（也就是时间、错误和图片质量）表现出一致的优点或缺点。然而，更多的参与者（57.5%）能感知到指纹覆盖显示在放置手的位置以及提供视觉反馈方面有助于他们的操作。执行效果和主观偏好之间存在矛盾，实验设置是出现该现象的一个原因。实验设备要求参与者把手放在扫描器上（通常需要往下看），并仰视液晶显示器上的指纹图像和必要情形下出现的校正反馈信息。指纹覆盖显示的引导叠加显示在屏幕上，这就额外增加了手眼之间需要协调。参与者意识到需要根据屏幕上指纹图像相对叠加显示的视觉反馈来校正，但不得不在扫描器上移动手的位置来进行实际的校正。通过观察可以发现，在指纹覆盖显示的条件下，由于参与者想要确保他们的手恰好与指纹覆盖显示对齐，参与者在扫描器上放置手的位置时就会更加小心。然而，参与者在无指纹覆盖显示的条件下放置手的位置时则更加自由。16 名参与者认为如果把指纹覆盖显示置于扫描器上，将会非常有用，他们把手放在扫描器上的同时就可以将手和指纹覆盖显示区域对齐，而不是上下查看并不断尝试以达到一个恰好的对齐位置。

我们观察到参与者可以非常快速地学会如何使用这个系统。通过进行组内对比可以进一步测查该系统的易学性。在比较任务 1 和任务 2 的操作绩效时，发现任务 2 在右手四指（尝试时间和错误）、右手拇指（错误）、任务完成时间和总错误次数等方面表现明显更好。学习效应甚至在单个任务中也是明显存在的。

10.2.3 总结

指纹实时反馈系统是一个非常可用的系统，并且在自助采集指纹方面也显示出了巨大的潜力。根据屏幕上的实时引导，参与者在没有任何帮助的情况下能够快速学会使用该系统完成指纹的采集，而且他们对该过程也感到舒适和自信。接下来是要确定用户在不依赖语言的环境中是否也能够受益于该系统，这种环境中所有的引导语用图形形式展示（比如没有任何文本元素的符号或图标）。在这项研究发现的基础上，我们为回答这个问题正在计划将来的研究。尽管指纹覆盖显示引导设置并没有对操作效果显示出一致的优点或缺点，但我们认为它对正确放置手的位置是有帮助的，同时在用户的手相对于扫描器的位置提供视觉反馈方面有所帮助。因此，在自助采集指纹过程中建议使用指纹覆盖显示引导设置，然而，我们建议指纹覆盖显示可以直接置于扫描器上[3]。

致谢

这项工作得到了美国国土安全部科技署部门（Department of Homeland Security Science and Technology Directorate）的资助。

参考文献

Guan, H., Theofanos, M., Choong, Y. Y., & Stanton, B. (2011). *Real-time feedback for usable fingerprint systems*. International Joint Conference on Biometrics (IJCB), pp. 1–8.

International Organization for Standards (ISO)(1998). 9241–11 *Ergonomic requirements for office work with visual display terminals (VDTs)*. Part 11. Guidance on usability. Geneva, Switzerland.

Stanton, B., Theofanos, M., Steves, M., Chisnell, D., & Wald, H. (2012). *Fingerprint scanner affordances*, NISTIR (to be published), National Institute of Standards and Technology, Gaithersburg, MD.

Tabassi, E., Wilson, C., & Watson, C. (2004). *Fingerprint image quality*. NISTIR 7151, National Institute of Standards and Technology, Gaithersburg, MD <http://www.nist.gov/customcf/get_pdf.cfm?pub_id=905710>.

Theofanos, M., Stanton, B., Sheppard, C., Micheals, R., Zhang, N. F., Wydler, J., et al.

---

3 本章的材料来源于：Y.Y. Choong，M.F. Theofanos，and H. Guan，Fingerprint Self Capture: Usability of a Fingerprint System with Real-Time Feedback. IEEE Fifth International Conference on Biometrics: Theory，Applications and Systems（BTAS），September 23–26，2012. 请参考这篇文章的完整报告。

(2008). *Usability testing of height and angles of ten-print fingerprint capture*, NISTIR 7504, National Institute of Standards and Technology, Gaithersburg, MD.

作者简介

Mary Frances Theofanos 是美国国家标准与技术研究院的计算机科学家，她是可用性通用工业格式标准（Common Industry Format Standards，CIF）的项目经理，也是可用性与安全项目（the Usability and Security Program）的首席架构师（该项目旨在评估信息安全与生物测量系统中人的因素和可用性）。她曾在美国能源部的橡树岭国家实验室（the Oak Ridge National Laboratory complex of the U.S. DOE）从事了 15 年软件技术项目经理的工作，在弗吉尼亚大学获得计算机科学硕士学位。

Brian Stanton 在 Rensselaer 理工学院获得认知心理学硕士学位，是美国国家标准与技术研究院的可视化与可用性团队的认知科学家，他在 CIF 项目中负责可用性标准形成工作，同时也在开展从密码规则分析到隐私问题的可用性和安全问题相关的调查研究工作。Brian Stanton 在从事一些生物测量学项目，与指纹检查员一起为联邦调查局人质救援队工作。这之前，他曾在私人企业工作过，负责设计航空交通管控系统和 B2B 网络应用的用户界面。

Yee-Yin Choong 是美国国家标准与技术研究院的研究科学家。她的研究专注于将人的因素和可用性原则应用到技术中，包括图形用户界面设计、符号和图标设计、生物测量技术的可用性以及信息安全和可用性。Yee-Yin 分别拥有 Pennsylvania 州立大学和 Purdue 大学的工业工程研究生学位。

10.3 Web体验管理系统的再设计

作者：Tanya Payne、Grant Baldwin 和 Tony Haverda，Opentext

Web 体验管理系统是用来创建、编辑和管理网站的一个企业软件产品。一般来说，用该系统管理的网站有很多，也很复杂。例如，这些网站使用大型数据库来存储网站资源，也使用呈现规则或算法以决定呈现哪些动态内容。Web 体验管理系统同时具有一个控制台界面和一个预览界面（类似于所见即所得，WYSIWYG），以用于对网站内容的查看和操作。控制台界面的设计可用来管理内容列表和批量操作，而预览视图则可用来编辑内容和页面设计。

Web 体验管理系统之前版本的上下文（in-context）工具面板广受诟病，因为它们过大，而且总是很碍事。用户体验团队的任务是重新设计上下文工具，使其易于使用、变小，并且用起来不那么碍事。最初的"工具面板"如图 10.10 所示。

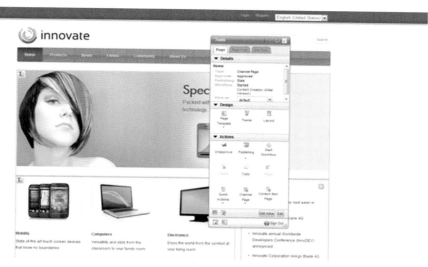

图 10.10 在网页顶部可以看到大型工具面板，容易看出工具面板挡住了页面上的很多内容。

设计团队专注于设计一个最小尺寸的"工具栏"，有效地使现有的大尺寸工具面板减小到一个菜单栏的尺寸。当用户点击新工具栏上的主要图标时，现有工具面板中的全部功能和选项都可以通过滑出式扩展栏获得。这种方法显著地减小了上下文工具面板的尺寸和整体呈现。

10.3.1 测试迭代

在设计阶段，我们使用 Axure 生成的 HTML 原型对工具栏一共进行了 6 轮可用性测试。在测试期间，我们同时进行迭代设计，随着需求的整合不断增加相应的功能。如果产品在某个特定区域的表现达不到我们的预期，我们通常会在后续的几轮测试中对其进行再测试。因为我们的重点是改善设计，如果测试数据的完整性与正确的设计相矛盾，那么我们通常选择设计。由于我们在敏捷的环境中工作，我们必须保证可用性测试周期非常短，通常每轮不到两周，一般以一周为目标。在实际编码工作进行之前，我们通常进行一次或两次迭代。

就本例研究的目的来说，我们进行了四轮测试，因为参与者要在四个不同的设计上重复相同的工作流任务，我们把这些称为第 1~4 轮。

我们借助了一家经常合作的服务资源以扩大团队规模，第 1 轮测试是现场测试（in person），由德克萨斯大学奥斯汀分校信息学院的一位研究生在副教授 Randolph Bias 的指导下进行。第 2、3、4 轮测试是通过电话会议和 WebEx 方式进行的远程测试。我们通过 WebEx 共享桌面，并让参与者自己控制鼠标和键盘（以进行相应的操作）。

共有 25 名参与者参加了四轮测试：第 1 轮 3 名，第 2 轮 9 名，第 3 轮 4 名，第 4 轮 9 名。在这 4 轮测试中，参与者群体各不相同，部分原因是预算的限制，同时由于 Web 体验管理产品的不同用户之间的确存在很大的差异。该系统的用户范围较广，可以是长期或专职用户，也可以是全新用户或偶尔使用的用户。第 2 和第 3 轮测试中的用户有该系统的现有用户，也有市场调研公司帮忙招募过来的竞争系统的用户。第 1 轮测试中的用户是来自德克萨斯大学的典型用户，第 4 轮测试的用户全部为现有客户。

10.3.2 数据收集

尽管所有的可用性测试本质上都是"形成式的"，但我们在每轮测试中同样也收集了一些可用性度量数据，这种方式类似于 Bergstrom、Olmsted-Hawala、Chen 和 Murphy（2011）所报告的方法。从我们的角度来看，可用性度量只是另一种用来沟通交流可用性测试结果的方式。当然，我们也收集定性数据，定性数据表述的是大量形成性的可用性测试结果和建议。但是，我们发现数量化的度量简单明了，符合管理者和开发人员的"口味"。同时，我们也发现这类数据能够快速和容易地被收集和分析。

在 OpenText 中，我们已经对一些度量指标进行标准化，并在这几轮测试中对这些度量指标进行了报告和追踪，这样便于向产品负责人就设计的改进问题进行沟通。根据 ISO 中对可用性的"有效性""效率"和"满意度"的定义，我们收集了任务完成率、任务完成时间、任务后 SEQ 评分（Single Ease Question；Sauro& Dumas 2009；Sauro & Lewis，2012）和在测试后 SUS 评分（System Usability Scale）。SEQ 只有一个问题，要求参与者在七点量表上对任务的难度进行评分，从 1（非常困难）到 7（非常容易）。

之前，我们用 Excel 设置了一个可以用公式对相应的度量指标进行计算的模板，用于每次开展的可用性测试，在这个案例中同样用这个 Excel 模板收集数据。因此，我们在完成一项研究后几乎可以立即报告出定量结果。因为我们有产品发布的目标，开发团队很希望能迅速知道我们是否离该目标越来越近了。

本研究中，数据表格方法带来的唯一不足是，其中一个主试在最初使用快捷键时遇到了困难。因此，我们失去了许多任务时间的测量值，在这里我们也没有足够的数据来呈现那些结果。但是，我们经常在任务时间上看到有趣的差异，即使是在测试模型（样机）的时候也能看到。

10.3.3　工作流程

基于本案例的研究目的，我们专注于项目的其中一个内容是：工作流程设计和结果。在4轮可用性测试中，工作流程任务实际上是相同的：接受分配给参与者的工作流程任务，审批正在编辑的页面，在工作流程中添加标注，完成分配的工作流程任务。给参与者的任务指导语是：

你已收到一个自动的工作流条目！当你更改主页时，工作流会自动触发并发送给你，让你审批页面。请完成工作流程并添加"修正错误，更换图片"的标注，这样你的编辑者就会知道你做了哪些更改。

从设计的角度来看，工作流对我们来说是一个困难的任务。在最新的设计里，我们基本无法交流复杂的任务需求，我们不得不限于现有系统开展相关工作。没有时间或资源允许我们对代码进行全部重写。图 10.11 至图 10.15 显示了设计的截屏以及 4 次测试迭代过程中的变化。我们以一种非常模块化的方法开始，要求用户找到工具栏上的每一个功能，以更"向导化"的方法结束，即引导用户遍历整个流程。在每个版本的设计中，工具栏都以灰色呈现在屏幕底部。"任务面板"（或者后来的"任务收件箱"）是蓝色的，在屏幕中间偏左部分工具栏的上方。早期版本（1 和 2）在"任务面板"中包括一些任务功能（"接受任务"），而后来的版本（3 和 4）把这些功能移到了二级的"任务编辑器"窗口里（设计 3 的右侧，以及设计 4 的第 2 屏）。图 10.11 到图 10.15 显示了这些设计，并对其进行一个简要描述。

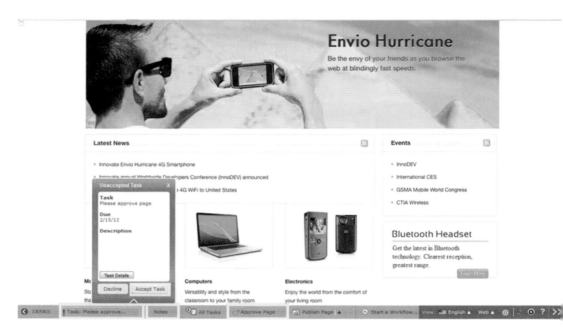

图 10.11　网页上方显示了新"工具栏"的早期版本。"未被接受任务"窗口可从"任务：请批准…"选项中滑出。黄色框表示接受工作流任务时需要执行选项。

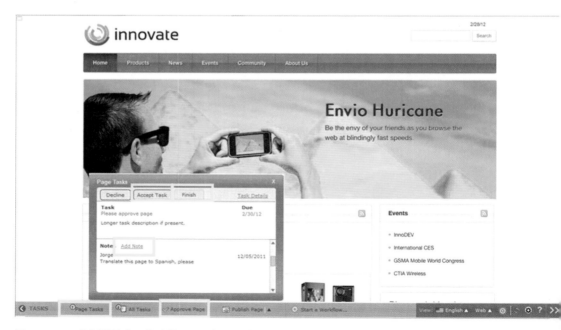

图 10.12　工具栏设计中工作流程功能的第 2 个迭代版本。黄色框表示接受工作流任务时需要执行的选项。

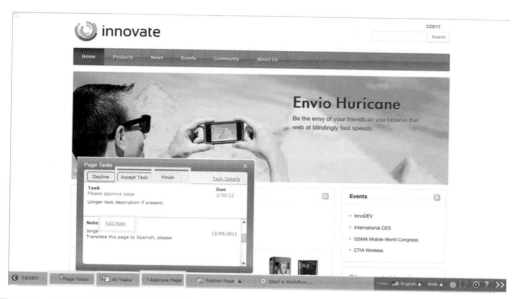

图 10.13 工具栏设计中工作流程功能的第 3 个迭代版本。黄色框表示接受工作流任务时需要执行的选项。

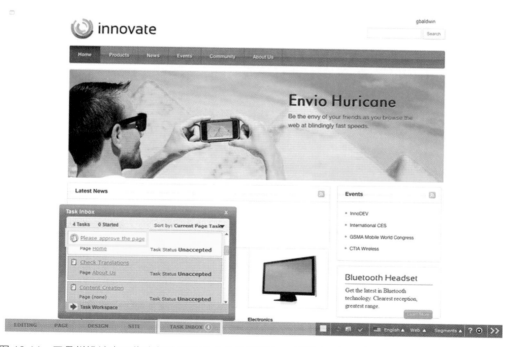

图 10.14 工具栏设计中工作流程功能的第 4 个迭代版本。采用了更加"模块化"或"向导化"的方法，所以用两个屏来描述迭代。黄色框表示接受工作流任务时需要执行的选项。

图 10.15　工具栏设计中工作流程功能的第 4 个迭代版本。采用了更加"模块化"或"向导化"的方法，所以用两个屏来描述迭代。当前页面显示的是实际任务屏，黄色框表示接受工作流任务时需要执行的选项。

工作流程设计 1

第 1 个设计聚焦于要与新工具栏的非常模块化的设计保持一致。在图 10.11 的底部可以看到左侧写着"任务"字样的工具栏。用户必须使用不同的按钮执行单个步骤：打开任务、接受任务，以及审批页面并添加标注，然后完成任务（选择之后，接受任务的按钮变成完成任务的按钮）。需要进行操作的按钮用黄色突出显示。

工作流程设计 2

第 2 个设计如图 10.12 所示，旨在改善接受任务和添加标注的使用体验，同时把"审批页面"按钮排除在工作流以外。此外，参与者需要选择任务、接受任务、添加标注、审批页面和完成任务。需要执行的任务按钮呈黄色突出显示。

工作流程设计 3

第 3 个工作流程设计撤掉了工具栏区域"任务"的概念，并把所有的操作都移到了内容"编辑器"里。自动接受的概念用一个"小旗"表示拒绝，也在这里进行了尝试，因为我们曾在一个客户网站上看到了这样的例子。在这个设计中，参与者被要求选择任务时选择正确的任务并接受任务、拒绝设计添加标注和完成任务（见图10.13）。需要执行的任务按钮呈黄色突出显示。

工作流程4——第1屏

第4个也是最后一个设计，进一步把工作流程的想法放进一个弹窗中，使弹窗更像是"向导化"的使用体验。参与者需要选择"任务"，并在弹窗弹出后选择正确的任务，如图10.14所示。

工作流程4——第2屏

在第2屏（见图10.15）中，参与者从屏幕顶部的"启动任务"按钮开始。然后参与者向下移动，在一个与项目相关联的绿色复选框上通过直接点击审批项目，并添加标注。当项目"批准"完成后，屏幕底部的"下一个"按钮被替换成"任务完成"按钮。

10.3.4 结果

根据SEQ和任务完成率的数据（见图10.16和图10.17），我们能够说明工作流程设计中的改善。

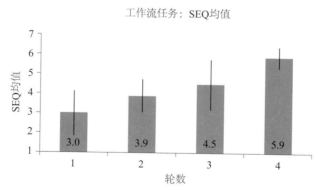

图 10.16 从第 1 轮迭代到第 4 轮迭代：SEQ 平均评分逐次提升。

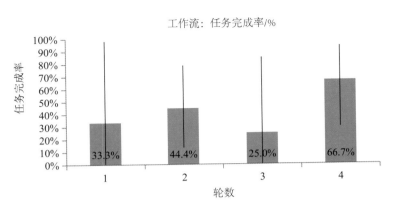

图 10.17　第 4 轮的任务完成率稍有提升。

SEQ 出现了我们最感兴趣的结果。工作流程任务的平均 SEQ 分数在每一轮的测试中逐渐增长，这表明随着设计的迭代，参与者发现任务也越来越容易。第 1 轮测试中工作流的平均 SEQ 分数是 3.0，第 2 轮平均 SEQ 分数增至 3.9，第 3 轮增至 4.5，第 4 轮增至 5.9。

从第 1 到第 4 轮中，工作流的任务完成率也提高了，但是和 SEQ 分值的增长方式不同。任务完成率从第 1 轮的 33% 增到第 2 轮的 44%，但在第 3 轮下降到 25%。第 4 轮的完成率最高，达到 67%。任务完成率在第 3 轮下降是有趣的，虽然成功完成任务的参与者变少了，但是 SEQ 分数却比第 1 和第 2 轮高。参与者认为第 3 轮的设计比前两轮要容易使用，尽管在实际操作上要困难一些。

由于我们使用的是形成性测试，没有过多地关注每轮测试是否存在统计上的显著差异。但是，为了评估数据的变化，我们仍然计算了 95% 的置信区间。即使每轮测试的样本量很小，而且也不规则，我们依然能够获知 SEQ 分数上的某些差异。SEQ 的置信区间（如图 10.16 所示的误差线）表明，参与者认为第 4 轮的工作流程明显要比第 1 或第 2 轮的容易。相反，任务完成率的置信区间（如图 10.17 所示的误差线）相当大，这可以表示（设计之间的）差异是较小的，正如我们看到的那样。

由于新工具栏的设计和之前的设计区别较大，我们试图查看了当前系统用户与第 2、3 轮中竞争系统用户在测试数据上是否存在差异。结果表明，我们看不到两组用户之间存在任何差异。

10.3.5　结论

就像 Bergstrom 及其同事（2011）所报告的那样，我们发现量化度量对快速迭代周期的形成性测试是也有用的。对我们来说，这种数据同样适用于我们自己执行和德克萨斯大学的合作者执行的测试。通过使用任务级的测量（比如任务完成率和 SEQ），我们可以对设计的某些方面（比如工作流程）在多轮测试中进行反复测试，这可以独立于产品的其他内容。这种处理允许我们追踪设计进度，同时，也允许添加或删除任务来测试产品的其他部分。

由于测试在每轮中都有变化，我们发现使用 SEQ 对我们来说非常有效。SEQ 提供了一个度量，使得我们在任务水平上可以获得参与者对易用性的主观印象。我们发现，SEQ 对解决不同设计间的差异足够敏感，即使每轮测试只有 3 或 4 名参与者。

参考文献

Bergstrom, J., Olmsted-Hawala, E., Chen, J., & Murphy, E. (2011). Conducting iterative usability testing on a web site: Challenges and benefits. *Journal of Usability Studies*, 7(1), 9–30.

ISO 9241-124. *Ergonomics of human-system interaction*.

Sauro, J., & Dumas, J. S. (2009). *Comparison of three one-question, post-task usability questionnaires*. Computer human interaction conference. <http://www.measuringusability.com/papers/Sauro_Dumas_CHI2009.pdf>.

Sauro, J., & Lewis, J. R. (2012). *Quantifying the user experience: practical statistics for user research*. Morgan Kaufmann.

作者简介

Tanya Payne 在用户体验领域大概有 17 年的工作经验。在这期间，她曾以承包商、咨询顾问和内部员工的角色从事相关工作。她在多种消费产品和商用产品方面都有过工作经验，包括手机、打印机、RISC600 服务器、儿童触摸屏绘画产品和内容管理应用程序等。Tanya 获得了新墨西哥大学的认知心理学博士学位。目前她是 OpenText 的一名高级用户体验设计师。

Grant Baldwin 作为一名用户体验专业人员在 OpenText 工作两年了，主要从事一系列企业软件应用相关的工作。Grant 获得德克萨斯大学奥斯汀分校的认知心理学硕士学位和俄亥俄州立大学的学士学位。目前他是 OpenText 的一名用户体验设计师。

Tony Haverda 有 23 年以上的用户体验领域的工作经验。过去四年内，他一直是

OpenText 的用户体验设计部门的高级主管。Tony 获得了德州农工大学的工业工程硕士学位（人因工程）和计算机科学的学士学位。目前他是 OpenText 的用户体验设计团队的高级主管。

10.4 使用度量来改善大学招生简章网站

作者：Viki Stirling 和 Caroline Jarrett，英国开放大学（Open Univeristy）

英国最大的大学是开放大学，拥有超过 20 万名学生，而且是唯一一个只做远程学习的大学，其在线招生简章网页每年大约有 600 万名访客。90% 的学生在线注册，每年约有 2 亿欧元（约 3 亿美元）的注册费。

开发开放大学网站的工作是由 Ian Roddis 领导的，他是交流学会通信团队数字组的负责人。他需要协调各利益相关方共同努力，包括开发人员、用户体验顾问、学者和其他许多人。团队多年来一直致力于以用户为中心的设计，使用诸如直接方法和间接方法，包括让用户直接参与的可用性测试、参与式设计和其他研究等，同时也有基于对不同的数据（如搜索日志和 Web 追踪等）进行分析的间接方法。但真正的价值在于使用几种不同的数据进行定位分析，如图 10.18 所示（源自 Jarrett 和 Roddis，2002）。

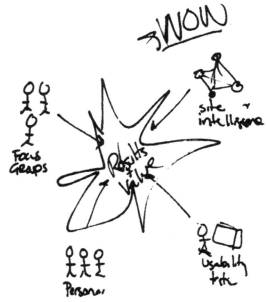

图 10.18　WOW：结果和值（选自 2002 年就"UX 度量与定位分析的价值"所做的报告）。

10.4.1 样例 1：可用性测试后决定行动

我们最早的一个定位分析示例始于可用性测试。招生简章首页由一个长长的专业列表组成（见图 10.19）。

大多数想上大学的人开始寻找他们感兴趣的专业。在可用性测试中，当我们要求参与者找出他们感兴趣的专业时，我们观察到他们中有一些人犹豫不决或感到困惑。

- 当浏览典型屏幕时，列表中的一些专业在"不明显的位置"（below the fold），用户看不到（见图 10.20）。
- 列表按字母顺序排列，这意味着一些相关的专业（如计算机和信息技术等）会被分开呈现。

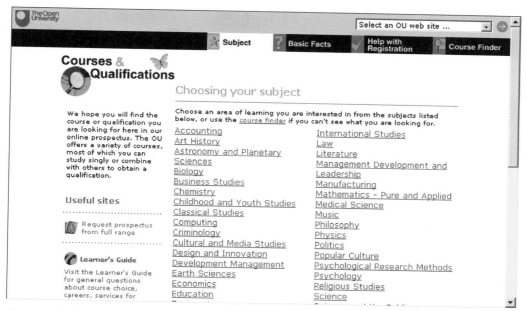

图 10.19 招生简章主页上专业列表的最初页面（这是可以看到的一个典型页面例子）。

我们本可以找更多的参与者做更多的测试，以便更准确地衡量出这样的问题有多少，但是我们决定使用 Web 分析对网站访问者的实际行为进行调查。

most of which you can
study singly or combine
with others to obtain a
qualification.

Useful sites

 Request prospectus
from full range

 Learner's Guide

Visit the Learner's Guide
for general questions
about course choice,
careers, services for
disabled students and an
overview of study with the
OU

Sciences
Biology
Business Studies
Chemistry
Childhood and Youth Studies
Classical Studies
Computing
Criminology
Cultural and Media Studies
Design and Innovation
Development Management
Earth Sciences
Economics
Education
Engineering
English Language
Environment
European Studies
French
Geography
German
Health and Social Care
History
History of Science, Technology
and Medicine
Humanities
Information Technology

Management Development and
Leadership
Manufacturing
Mathematics - Pure and Applied
Medical Science
Music
Philosophy
Physics
Politics
Popular Culture
Psychological Research Methods
Psychology
Religious Studies
Science
Science and the Public
Social Policy
Social Research Methods
Social Sciences
Social Work
Sociology
Spanish
Statistics
Systems Practice
Teacher Training
Technology

图 10.20　向下滑动才可以显示出"缺失的"专业，比如信息技术、社会工作和教师培训等。

开放大学的Web分析工具

　　开放大学使用商业化的 Web 分析工具，不时地评估对这些工具的选择。我们目前使用的追踪工具是 comScore 的 Digital Analytix。我们可以对每个我们想要追踪的页面进行标记，同时让网站访问者允许我们使用 Cookie 来追踪他们的访问。这个工具可以记录每个页面的访问日志，也可以获取每个访问者浏览该网站的路径。

　　我们也可以区分登录访客（学生和教师）和其他访客，还可以区分单次访问（在一次持续网络使用中"顺带"访问网站的浏览路径）和习惯性访问（在允许我们使用 Cookie 跟踪的计算机上进行的多次访问）。

　　因为很难区分不同类型的访问和访客，所以我们发现最好尽量关注总体情况，而不是细枝末节。

　　例如，我们发现，浏览"信息技术"专业的访客中有 37% 也浏览了"计算机"专业，但是浏览"计算机"专业的访客中只有 27% 浏览了"信息技术"专业。此外，我们发现"计算机"的访客比"信息技术"的访客要多 33%。这证实了我们在可用性测试中看到的：参与者更有可能点击"计算机"（明显位置），而不是"信息技术"（不明显的位置）。

我们查看了这两个专业的内容，发现想注册的学生在做选择前应该经过了认真考虑。在对整个专业列表进行了这类分析后，我们推荐了一个新的设计，根据实际用户行为设计一个更短的专业列表和用户更倾向于一起浏览的专业分类（见图 10.21）。

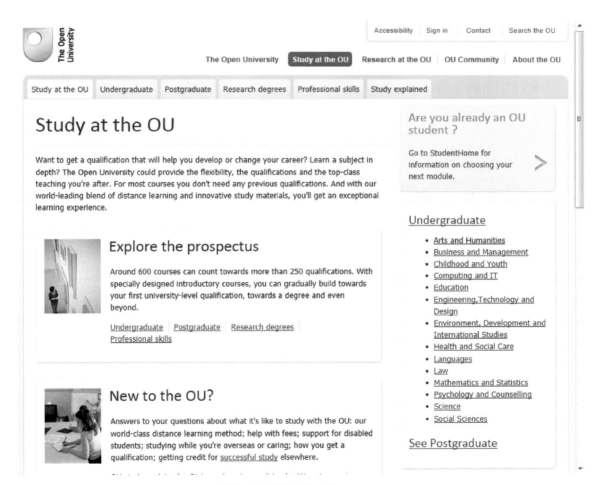

图 10.21 2012 年的招生说明主页：一个简短却有效的专业列表。

之前的专业列表的结构反映了当时大学的内部结构。例如，数学和计算机专业的教师教授计算机，而技术专业的教师教授信息技术。修改后的结构符合访客的预期和需求，并且从此之后效果一直很好（只进行过一些微调）。

10.4.2 样例 2：网站追踪数据

10.4.1 节中描述的可用性测试具有重要的开创性，它需要大量的数据来说服许多不同的利益相关方（对这样的事情，估计研究者只是想偶尔做一做）。

第 2 个例子是更典型的日常工作。一些利益相关方对负责网站分析和优化的 Viki Stirling 提出了一个问题：他们没有从网站上得到他们期望的转化。

Viki 调取出网站追踪数据，并从中把合适的追踪数据导到 NodeXL（一个可视化工具）中。

通过查看访问流程，问题就立即显现出来了：很多用户访问到一个特定的页面后，就很少继续访问（图 10.22 中以红色突出显示）。从节点到节点的大箭头应该连续，每一步应该只缩小一点。但在有问题的页面，我们明显看到大一点的箭头是向回指的，只有一个小箭头指向下一步。

当她调查有问题的页面时，很明显地知道如何修改它。不过 Viki 依然有疑虑：虽然这个任务并不常见，但对那些愿意访问它的少数访客来说却很重要。通过查看访客流进行进一步调查（见图 10.23），发现在这个过程中的前一步也有问题：在这一步上访客来来回回移动，很显然他们想要有所进展，但却失败了。同样，再次查看相关网页，也很快就能找出必须要改变的问题。

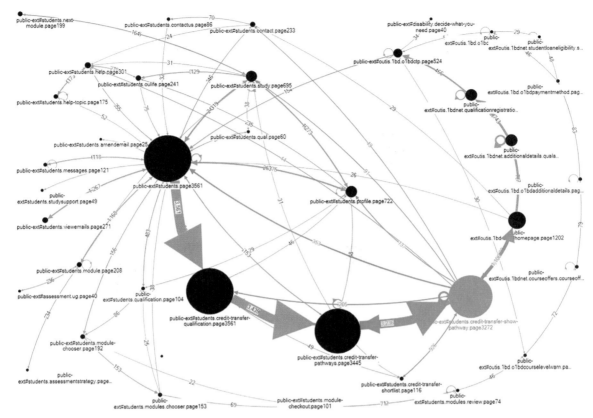

图 10.22 访问流视图显示：很多访问到达一个特定的页面之后，就很少继续访问下一个环节。

从用户体验的角度来看，我们可能立即会问：为什么相关利益方不做可用性测试以提前发现可能存在的这些问题呢？答案当然是英国开放大学做了大量的可用性测试，但是他们面临一个挑战，任何拥有大型复杂网站的组织都熟悉这个挑战，那就是优先级的问题。在这个例子中，有问题的任务是非常不常见的，而且只对少数用户在某个具体点的操作来说重要。

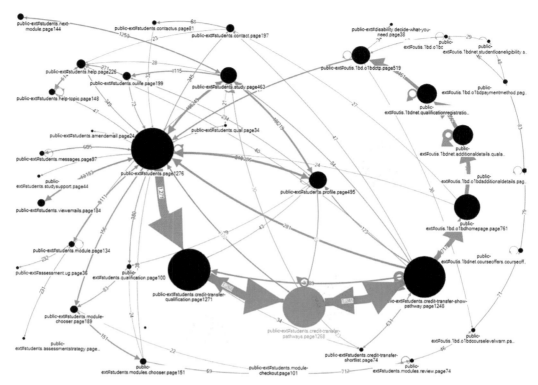

图 10.23　访问流视图显示这个过程的前一步也有困难。

10.4.3　样例 3：人物角色迭代的定位测量

前面的两个样例说明了度量技术在特定调整中的使用。第 3 个样例可用来说明对一个我们一直使用的 UX 工具所进行的度量：人物角色（Personas）。

Caroline Jarrett 在 2002 年的技术交流学会（Society for Technical Commu- nication）上从 Whitney Quesenbery 那里了解到了人物角色，从那之后，我们就开始使用人物角色。基于我们对可用性测试参与者的长期经验，我们对（开放大学用户的）人物角色进行了研究。自 1998 年以来，我们一直在做可用性测试，并且 Sarah Allen 根据各种内部数据源对这些人物角色进行了验证。在 Whitney 的帮助下，我们已经使用、更新并重新验证了这些人物角色。Pruitt 和 Adlin（2006）对我们在人物角色方面的经验做了一个简短的概述。

例如，开放大学引入了基础学位，它是为特定工作提供培训的短期学位课程，有点类似于美国的"大专学位"。为了帮助我们围绕基础学位而开展的设计活动，我们增添了一个人物角色"Winston",他对"材料加工与工程"专业的基础学位感兴趣。但是我们发现我们在可用性测试中遇不到"Winston"这样的人。Viki Stirling 的想法是做一些访问跟踪,看看我们设想的人物角色在网站的访问路径是否有充分的数据支持。结果是 Winston 的角色并没有得到数据印证,虽然她发现 Winston 的大多数访问路径确实如我们想的那样,但也有很多路径她压根就不会走。因此,人物角色最后由 Winston 变成了对早期教育的基础学位感兴趣的 Win(见图 10.24)。

Win, turn my job into a career

The Open University

Tell us a bit about yourself	I'm 32, I'm married with two children: Lewis, 10 and Florence, 7. We live in Cardiff. Since Lewis was a baby, I've been working as a registered childminder but my current kids are going to school next year so I'm really looking for a job now.
Have you got any qualifications?	National Childminding Association - Diploma for the Children and Young People's Workforce
What is your ambition?	I love working with children, but being a childminder at home doesn't pay well. I want to turn that into a career.
Why didn't you go to university?	Where I lived, you were pleased to survive school and we didn't come out with anything. It was hard enough to get any type of job, never mind uni.
What do you want to know?	How many hours per week? How long will it take? How will it help my career?
How did you find out about the OU?	I searched for 'early years distance learning'

Segment: Not Employed Adults (C2)
- 24-49
- Not employed
- Considering HE
- No OU experience
- No degree
- Progress career

Awareness/Exploration

图 10.24 人物角色"Win"学生旅程的开始。

Lindsay 的学习原因和 Win 的略有不同,她更关注成本和费用。但总体来说,她和 Win 非常相近,我们相信为人物角色 Win 做的设计也适用于像 Lindsay 那样真正有抱负的学生。

10.4.4 总结

大多数用户体验技术都是有价值的,我们很乐意单独使用它们,就像我们所示的日常案例那样(上面的样例 2)。

当我们把通过大规模定量技术获得的数据与通过小样本定性技术获得的数据进行比较时，我们才能发现用户体验的价值。后续我还会这样去做。

致谢

感谢开放大学的同事 Sarah Allen 和 Ian Roddis，我们也要感谢 Whitney 交互设计的 Whitney Quesenbery。

参考文献

Jarrett, C., & Roddis, I. (2002). *How to obtain maximum insight by cross-referring site statistics, focus groups and usability techniques. Web based surveys and usability testing.* San Francisco, CA: Institute for International Research.

Pruitt, J., & Adlin, T. (2006). *The persona lifecycle: Keeping people in mind throughout product design.* San Francisco: Morgan Kaufmann.

作者简介

Viki Stirling 在开放大学的数字团队（Digital Engagement）工作，作为"分析和优化"电子商务部的项目经理，她负责领导团队理解真实顾客的在站 / 离站（on/off-site）行为。她管理在线业务分析的整合和实施，包括定量（Web 分析）和定性分析（情感），进而为形成机构战略、实现大学商业目标和改善电子商务绩效等提供见解和建议。由于她对资料分析和用户体验之间的关系特别感兴趣，因此她会经常性地提出一些分析见解以支持可用性测试、人物角色开发和顾客旅程优化。

Caroline Jarrett 在做了 13 年的项目经理后，开创了自己的事业，成立了 Effortmark 有限公司。当她给英国税务及海关总署（英国税务机关）就如何处理大量的税务报表提供咨询时，她开始着迷于如何从用户那里获取准确的答案这一问题。她是一名报表设计专家，是 *Forms That Work: Designing Web Forms for Usability* 的联合作者。同时，她完成了开放大学的 MBA 课程，在这期间，她与人合著了教科书 *User Interface Design and Evaluation*，并给大量复杂的网站提供用户体验咨询。Caroline 是一名注册工程师，是技术交流学会（the Society for Technical Communication）会士（fellow），还是"Design to Read"项目的联合创始人，该项目旨在集合用户体验实践人员和研究者共同为阅读困难的人群进行设计。

10.5 利用生物测量技术测量可用性

作者：Amanda Davis、Elizabeth Rosenzweig 和 Fiona Tranquada，本特利大学设计与可用性中心

本特利大学设计和可用性中心（the Design and Usability Center，Bently Universiting）的研究人员想要搞清楚，与印刷教科书相比，电子教科书的情感体验怎么样。2011 年，DUC（设计和可用性中心）首席顾问 Elizabeth Rosenzweig 指导我们的研究生团队（Amanda Davis、Vignesh Krubai 和 Diego Mendes）创新性地结合情感的生物测量技术和定性的用户反馈，对这个问题进行了探索。本案例描述了这些技术可以被如何结合起来，对情感刺激和认知负荷进行度量。

10.5.1 背景

随着用户体验研究在商业机构中越来越被重视，我们经常被邀请去帮助对产品的情感体验和产品的可用性进行评估。可用性专业人员可以使用丰富的工具和可利用的技术来理解人的行为。然而，在参与者尝试完成任务时，对其情绪进行测量的常用工具，要么依赖于观察者对参与者感受的解读，要么依赖于参与者对自身感受反应的表述（例如，通过出声思考和任务后的评分）。这些解读受制于诸多情况，比如观察者效应和参与者取悦性倾向等，以及参与者的相关评分滞后于情绪反应等。其他一些工具，例如，微软的产品反应卡片，可以说明参与者对一个产品的响应方向（积极或消极），但是不能测量情绪体验的幅度（Benedek & Miner，2002）。

将生物测量学的测量方法引入用户研究中，可以为度量用户使用产品时的情绪唤醒提供一种思路。情绪唤醒可用于描述用户体验到的整体激活状态（情绪刺激或认知负荷），可以利用皮肤电活动（Electrodermal Activity，EDA）等生物测量学的度量方法对其进行测量。这些度量方法可以捕获与情绪状态共同出现变化的生理变化（Picard，2010），因为生物测量技术可以测量用户与产品互动过程中的实时反应。所以这些技术可以提供情绪唤醒状态的直接度量，而这些数据不会受到观察者或参与者如何解读情绪的影响。

本案例描述的是一项初始研究，讨论了生物测量这项新技术用于用户体验评测的有效性。我们认为通过结合生物测量数据和微软产品反应卡片的反馈，可以详细描述用户情绪的唤醒状态、能够激活唤醒状态变化的产品使用，以及对该交互情形的情感表达（积极的或消极的）。例如，如果我们看到在一次搜索任务中，用户的情绪唤醒程度大幅度

增加，这时选择使用的微软产品反应卡片反馈可以表明该情绪唤醒程度提升是由挫败还是由愉悦所致。这两种方法结合使用可以使从业人员快速确定在哪些产品元素上参与者或多或少地产生了愉悦或沮丧的情绪反应，即使参与者不善于表达他们的反应。

最近，我们本特利大学 DUC 与培生教育（Pearson Education）合作。作为教科书出版商，培生最近已经进入 iPad 的数字教科书领域。我们把这项新技术用于该领域的一个可用性研究，旨在确定电子教科书与纸质教科书在给用户带来情绪唤醒状态上是否存在差异。

10.5.2 方法

参与者

我们招募了 10 名自己拥有并使用 iPad 的本科大学生。在每个测试单元都是一对一的（即 1 名测试主持人和 1 名参与者），时长为 60 分钟。测试主持人来自本特利大学的 DUC。

技术

为了收集情感度量和用户反馈，我们使用了两个创新性的工具。采用 Affectiva 公司的 Q 传感器来识别情绪唤醒提升的时刻。而参与者从微软产品卡中选择的单词，使我们能够获知参与者的情绪方向（积极的或消极的）。

Affectiva 公司的 Q 传感器是一种可穿戴的无线生物传感器，可以通过皮肤电测量情绪唤醒状态。该技术测量的是皮肤电活动：当用户处于兴奋、关注或焦虑状态时，皮肤电活动增加；当用户体验无聊或放松时，皮肤电活动降低。由于 EDA 既可以捕获认知负荷，也可以捕获紧张状态（Setz, Arnrich, Schumm, La Marca, Troster, Ehlert, 2009），我们利用这项技术可以精确地定位用户电子书和纸质书使用的专注时刻。Affectiva 公司的分析软件所提供的标记可以用来表示数据中的兴趣域。根据研究，研究者感兴趣的区域可以包括任务开始时段和结束时段。可以在测试过程中进行标记，也可以在任务结束后进行标记设置。

为了更好地理解用户的情绪体验，我们也使用了微软研发的微软产品卡片这一工具。这些卡片提供给用户，进而可以形成基本的产品感受（Benedek & Miner, 2002）。这种方法的主要优点是不依赖于问卷或者等级评分量表，并且用户不需要自己生成词语。在这 118 张产品反应卡片中，有 60% 为积极词汇卡片，还有 40% 的中性词汇卡片用于平衡。乔治亚州南理工学院（Southern Polytechnic in Georgia）的研究发现，词卡可以鼓励用户就自身体验提供更丰富的描述（ Barnum & Palmer，2010 ）。这种用户反馈可以帮助 DUC 团队给 Q 传感器的记录结果赋予相应的特定情感。如果没有这些卡片，我们需要根据 Q 传感器数据中发现的峰值及间歇变化对具体情绪进行推测。

过程

每一次测试按以下过程活动予以组织：

1. 参与者到达后，我们给他们的双手都佩戴上生物 Q 传感器。参与者被要求在走廊来回步行，这样将会产生少量电解质（汗）。这些汗对皮肤表面和 Q 传感器之间建立连接是必要的。

2. 参与者用电子书和纸质书完成 7 个任务（作业问题）。一半参与者先使用电子书完成任务，而另一半参与者则先使用纸质书完成任务。第一组任务包括四个任务，第二组任务包括三个任务。参与者被要求在完成任务的过程中出声思维。

3. 使用电子书或纸质书完成任务后，参与者都要利用产品反应卡片来表示他们对使用体验的反应。

4. 当参与者用两种书都完成任务后，我们会就两种书的对比性体验询问一些开放式问题，他们最喜欢什么，最不喜欢什么，以及如果不得不选择一个，他们将选择哪种类型的教科书。

10.5.3 生物测量学的发现

Q 传感器数据结果

对 Q 传感器数据分析，我们按任务把 Q 传感器数据分开。由于每位参与者的两只手都佩戴有 Q 传感器手套，因此我们能够为每个任务收集两套不同的数据。在这 140 个任务数据点（10 名参与者各有两只手套，共完成 7 项任务）中，剔除采集质量差的生物测量数据及遗漏或未完成的任务数据，还剩下来自 9 名参与者的 102 个数据点。图 10.25 提供了 Q 传感器分析软件的一个示例。

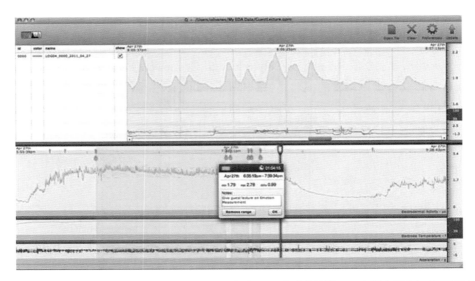

图 10.25　Affectiva 公司的分析软件展示了单个参与者的 Q 传感器结果。下半屏表示参与者测试时的皮肤电活动，上半屏右侧是某个特定的较短时段的放大。

　　然后，我们将每位参与者电子书任务中的每分钟峰值数量与纸质书任务中的每分钟峰值数量进行对比。结果显示，电子书与纸质书每分钟的平均峰值数量分别是 6.2 和 7.6。然而，使用配对样本 *t* 检验发现，该差异在 95% 的置信区间上不具有统计学上的显著性（*p* =0.23）（见图 10.26）。图 10.27 表示了不同参与者在不同任务中的平均峰值数。通过比较不同任务中每分钟的平均峰值数，可以看到：在 7 项任务中，有 6 项任务中的纸质教科书的平均峰值数要高于 iPad 教科书的平均峰值数。

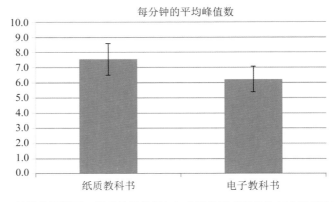

图 10.26　在 95% 的置信区间下，纸质教科书任务与电子教科书任务的每分钟峰值数。

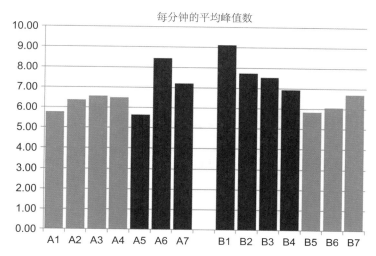

图 10.27　不同用户的组别在每个任务中的每分钟平均峰值数。A 组先使用电子教科书，B 组先使用纸质教科书。

10.5.4　定性结果

观察到纸质教科书平均每分钟的峰值数比电子教科书的要高之后，我们整理了根据微软反应卡收集到的定性反馈，以及任务后参与者对开放性问题的回答。参与者将电子教科书描述为"组织有序的""容易使用""有效率的"，而纸质教科书被描述为"缓慢的""耗时的"和"陈旧的"。图 10.28 与图 10.29 分别显示了纸质教科书和电子教科书的词云，字体越大，意味着该词卡被选择越频繁。词云中文本的词形没有任何意义。

根据 Affectiva 公司的 Q 传感器数据可以看出，参与者在使用纸质教科书时体验到了更大幅度的情绪唤醒。但是，结合通过微软产品反应词卡获得的定性结果，以及测试后的访谈发现，我们可以看出这种高水平的情绪唤醒是由于完成搜索和理解任务中碰到的某个困难到产生的负面情绪所造成的。

在测试结束时，主持人要求参与者在电子教科书和纸质教科书之间做出选择。令人惊讶的是，参与者明显可分为两类，其中五人偏爱电子教科书，另外五人偏好纸质教科书。尽管这不是我们研究的关注重点，但这种分化表明在电子教科书和纸质教科书之间做出的选择不仅仅取决于情感体验带来的差异。

图 10.28　根据微软产品反应词卡反馈而形成的纸质教科书的词云。

图 10.29　根据微软产品反应词卡反馈而形成的电子教科书的词云。

10.5.5　总结及给从业人员的建议

这项研究成功地测试了生物测量方法和定性用户反馈相结合的方法是可行的。结果表明，这种方式与标准可用性测试相比，有不少好处，包括：

- 可以直接测量参与者的情绪唤醒状态
- 三方面的数据可以更合理地解释和验证发现

尤其是，这项研究中 Q 传感器获得的其他信息有助于我们重新认识并澄清基于观察和出声思维而建立起来的印象。在这些测量的基础上，基于参与者对电子教科书的描述和使用，我们预计电子教科书会更加刺激。然而，Q 传感器数据却显示参与者在使用纸质教科书时的情绪唤醒程度更高。其他定性研究表明参与者在奋力完成任务的过程中也表现出负面情绪。在使用电子教科书的过程中，负面情绪比愉悦的情感更强烈。

如果想要知道参与者在使用一个产品过程中情绪反应的严重程度，对以此为目标的项目来说，这种方法将是理想的。通过把数据中的度量指标联系起来，研究人员可以精确地描述出任何时间点上参与者的情绪反应，以及是什么因素造成了这样的情绪反应。这种独特的组合式度量为了解参与者的情绪反应提供了新的视角，其结果要多于标准出声思维可用性研究的发现。

然而，这些技术需要额外的时间，以合理地搭建研究环境，结果分析也会耗时。例如，研究人员想要使用 Q 传感器的时间标记。在数据分析过程中，我们学会了在测试中如何给 Q 传感器数据尽可能地添加标记，这样可以显著节省后期分析投入。在这项研究中，研究团队差不多花了两周时间来整理、合并与分析这些数据。近期开展的一个项目中使用了相同的技术，但是，由于我们在测试期间更多地使用了 Q 传感器标记，相同的数据分析过程只用了 3 个工作日。对基本的形成式可用性研究来说，这种方法可能不会有什么意义，但我们相信内容范围更大的项目会因此受益。

我们正通过一些补充的项目来继续完善和扩充这些技术，并把它们应用到新领域。

致谢

感谢本特利大学设计与可用性中心的支持，感谢 Affectiva 公司在 Q 传感器使用和分析方面的支持，感谢培生教育提供电子教科书与纸质教科书。同时，也要谢谢 Vignesh Krubai、Diego Mendes 和 Lydia Sankey 对这项研究的贡献。

参考文献

Barnum, C., & Palmer, L. (2010). More than a feeling: Understanding the desirability factor in user experience. *CHI*, 4703–4715.

Benedek, J., & Miner, T. (2002). Measuring desirability: New methods for evaluating desirability in a usability lab setting. *Proceedings of Usability Professionals Association*, 8–12.

Picard, R. (2010). Emotion research by the people, for the people. *Emotion Review, 2*, 250–254.

Setz, C., Arnrich, B., Schumm, J., La Marca, R., Tröster, G., & Ehlert, U. (2010). Discriminating stress from cognitive load using a wearable EDA device. *IEEE Transactions on Information Technology in Biomedicine*, *14*(2), 410–417.

作者简介

Amanda Davis 是本特利大学设计与可用性中心的研究助理。Amanda 擅长应用眼动仪和生物测量学工具开展可用性研究。她从 Wellesley 学院获得经济学学士学位，那时候她主要关注行为经济学。目前她正在本特利大学攻读硕士学位，方向是"信息设计领域的人因工程"。

Elizabeth Rosenzweig 是本特利大学设计与可用性中心的首席可用性顾问，也是世界可用性日（World Usability Day）的发起者。她拥有四项智能用户界面设计的专利。她从事相关系统的设计、研究以及开发工作，包括数字成像、投票技术、移动设备，以及金融和健康保健系统等。

Fiona Tranquada 是本特利大学设计与可用性中心的高级可用性顾问，她领导的用户研究项目面向众多行业的客户，包括：金融服务、健康保健和电子商务。Fiona 在本特利大学获得"人因工程和信息设计"硕士学位。

第11章
通向成功的10个关键点

11.1 让数据活起来

我们所介绍的有些概念和方法对有的读者来说可能是第一次接触，甚至初看起来还有一些困惑，因此，我们打算把本书的重要内容提炼成 10 个有助于读者获得成功的关键性要素。这些都是我们汲取多年教训而总结出来的，有时为此付出了代价。

决定研究的影响程度的最重要的因素之一是让数据变得（对项目相关方而言）有趣且形象一些。当注视着一长串数字时，人会很容易陷入茫然的状态。然而，一旦通过呈现用户对某个产品的实际体验和感受来把数据变得形象化时，这一切都会变得大不相同。尽管这听起来有些夸张，但是这种方法对让他人明白研究意义有着巨大的作用。本质上就是给数据塑造一张生活化的形象。一旦人们对数据有了更深层次的理解，甚至产生了情感上的共鸣，就不会轻易忽视数据。Tomer Sharon 在他的著作 *It's Our Research: Getting Buy-in for User Experience Research Projects*（2012）中对用户体验专业人士将数据鲜活化的重要性做了精彩的阐述。

有几个方法对实现这个情况非常有用。第一，我们建议读者邀请能起到决定作用的决策者到实验室观察尽可能多的（可用性测试）单元。如果没有实验室，则可以安排借一个会议室用一整天。一个屏幕共享应用（screen-sharing application）和一个会议电话就可以搭建成为一个非常有效的临时性观察室。在首个测试单元活动开始前一天要向那些邀请过的人发出提醒通知，让他们实地观察用户的体验过程要远胜于大声地向他们介绍。

一旦起关键作用的决策者[1]开始观察到一个表现一致的结果模式，就无须再花大量的精力使他们相信改变设计的必要性。但是当有人只观察了一个可用性单元时，对此要多加注意。观察到一个参与者在"苦苦挣扎"的情况很容易被弃之为边缘性案例（例如，"我们的用户比那个人要聪明得多"）。相反，看到有一个人能轻松地完成任务，则能够造成虚假的安全感，即我们的设计没有可用性问题。现场观察与分析结果具有同样的作用。关键决策者参与了一次观察后，邀请他们来"至少再观察一次"，从而对结果形成一个整体的印象。

另一个极好的推销用户体验的方法是善用短小的视频片段。汇报中穿插一些小的视频片段可以起到完全不同的效果。阐述一个可用性问题最有效的方法是展示两三个不同的参与者碰到同样问题的视频片段。向受众说明可靠的结果模式是非常重要的。以我们的经验来看，更活泼的参与者更适合用来剪接成好的片段。但是要避免尝试呈现戏剧化或滑稽式的片段，因为这样的内容不能获得可靠数据的支持。要确保每个片段都简明扼要，少于 1 分钟最为理想，或者只有 30 秒。着重要避免的是因为视频片段拖延得太长而失去了视频片段的作用。在呈现片段前，提供一些适当的有关该参与者及其正准备做什么事情等方面的背景情况（不要展示任何隐私信息）。

如果将观察者带入实验室或给他们看视频片段也不奏效，可以尝试给他们看几个关键的体验指标。在一般情况下，仅任务成功完成情况、效率和满意度这几个基本指标就能起到很好的作用。最理想的是将这些指标与投资回报率（ROI）关联起来。比如，如果能说明新的设计方案会提高投资回报率，或与竞品相比，用户在使用产品时放弃率为何更高，就能吸引更高管理层的注意力。

小提示：邀请他人观察用户测试单元

- **提供观察的地方**。即使是远程测试单元，也可以提供一个带有投影或大屏幕的房间，以供观察者一起观察。观察可用性测试单元中一个重要的部分是与观察者之间的交互。

- **准备好餐饮**。因为一些临时原因，当测试单元安排在午餐时间前后时，不少观察者会出现，所以要给每个人提供餐饮。

---

1 在观察了多个用户后。——译者注

- **把测试单元排进他们的日程安排表中**。不少人以他们的在线日历（online calendars）来安排工作。如果不在他们的日历上，某件事就不会发生（对他们而言）。用公司的日程安排系统给他们发送会议邀请。首个测试单元的前一天要进行提醒。

- **提供信息**。观察者需要了解所发生的事情。无论是在测试单元前还是在测试过程中，都要确保测试单元的时间安排、主持人指南和其他相关信息等都已给观察者准备妥当。

- **使观察者参与进来**。除观察外，给观察者安排其他一些可做的事情。给他们准备好白板或便签便于他们记录一些问题。如果两个测试单元之间有休息，可以请他们快速回顾一下上一个单元的一些要点。

11.2　主动去度量

　　许多年以前，我们所做过的最棒的事情之一就是在没有被直接要求的情况下，收集了用户体验数据。在那时，我们开始对纯粹的定性发现产生一定犹豫甚至是怀疑。同样，项目组也开始有更多的疑问，尤其是关于设计喜好以及竞争格局（competitive landscape）等那些只能通过量化数据才能回答的问题。因此，为了确保我们正在进行的设计能成功，我们主动承担了收集用户体验度量的任务。

　　那么什么才是收集度量的最好方法呢？我们推荐从小的容易控制的事情着手。首次使用度量方法就能成功是至关重要的。如果试图在常规的形成性测试中进行度量，则可以从问题分类和严重性评定下手。通过记录所有的问题，将会有大量的数据可以使用。每一个可用性测试结束时，收集 SUS（System Usability Scale，系统可用性量表）数据也是很容易的。做这种调查只需要几分钟的时间，但如果长期坚持就可以获得有价值的数据。通过这种方式，可以用一个定量的指标来度量所有的测试继而能描述长期的变化趋势。随着对一些更基础的度量方法应用得得心应手，就可以在度量的阶梯上进阶了。

　　第二阶段可以包括一些效率方面的度量，比如完成时间和迷失度。同时也可以考虑一些其他类型的自我报告式的度量，如有用—知晓度差距（usefulness-awareness gaps）和期望。还可以探索一些表示任务成功的其他方法，如完成任务的水平。最后，可以着手把多个度量整合成一个总体性的用户体验度量，或者甚至确立起自己的用户体验积分卡。

随着时间的推移，你会逐步掌握全部的度量方法。从小事开始，会了解到哪些度量适合于项目情况，哪些不适合。会认识到每种度量的优点和缺点，从而可以开始尝试减少数据收集过程中的噪音。以我们的工作来看，我们用了很多年的时间才使度量工具包完善到现在这种状况。所以，一开始不要担心是否收集了所有想要的度量，最终你会得到它们的。同时，也要清楚受众也将需要有个调整或适应的过程。如果受众只习惯于看到定性的结果，则他们需要时间去适应理解度量。如果给他们灌输得太多太快，他们可能会抵制或者认为你刚从数学训练营回来。

11.3　度量比想的便宜

没有人可以以度量花费了太多时间或金钱作为借口而排斥度量。这种理由在 10 年前也许是真的，但现如今已经不再是了。对用户体验研究人员而言，有太多的新工具可以使数据的收集与分析变得容易与便捷，而且花费不会超出预算。事实上，在许多情况下，进行一个定量的用户体验研究所需费用要远远少于传统的可用性评估。

诸如 UserZoom 和 Loop11 这类在线工具，都是收集定量数据的极好途径，比如可以收集用户如何与网站或原型进行交互等方面的定量数据。研究可以在几分钟或几小时内安排好，而且花费也相当低，尤其是与花在传统可用性评估上的时间相比更是如此。这些工具也为我们提供了许多方法来分析点击路径、弃用率、自我报告式的度量和很多其他类型的度量。在 *Beyond the Usability Lab*（2010）一书中，我们列出了许多这类工具的重要内容或特点，并且针对如何使用这些在线工具进行可用性测试给出了详细的指导。

有时读者可能会更多地关注于对不同设计的[2]反应，而不太关注用户与设计的交互行为。在这种情况下，我们推荐读者利用许多网上调查工具，这些工具允许嵌入图像，并设置与之相关的问题。类似于 Qualtrics、Survey Gizmo 和 Survey Monkey 这类在线工具都具有可以嵌入图像的功能。另外，还有一些交互式的功能，如可以根据用户的问题，允许参与者在图像的不同部分进行点击。这些线上调查工具的价格都非常合理，尤其是如果注册了一年使用权的话。

还有许多其他价格合理又十分有效地收集用户体验数据的工具。例如，Optimal

2　比如视觉上的。——译者注

Workshop 就提供了非常强大的工具套装，可以构建和测试任何信息架构。如果买不起眼动追踪设备，EyeTrackShop 可以通过网络摄像头进行眼动追踪研究。这种技术可以让更多没有相关硬件的研究者们进行眼动追踪研究。代替传统的可用性测试，我们建议读者考虑把 Usertesting.com 作为快速获得产品反馈的方式，它可以在大约几小时之内就得到反馈。这个工具同样还能让用户将自己的问题嵌入现成的脚本文件，并根据人口统计资料分析录像。虽然必定还有一定的工作要由研究者去做，但是价格上的优势是无法否认的。

11.4   早计划

重视在收集任何度量之前做计划，这是本书所要传递的重要信息之一。我们强调这一点的原因是因为它很容易被忽略，而忽略它通常会带来负面的结果。如果着手一项用户体验研究而不知道自己想收集哪些度量，以及为什么要收集这些度量，可以肯定这项工作基本上将不会有所成效。

在研究前，要尽已所能彻底想清楚更多的细节。想得越具体，结果就越好。例如，如果准备收集任务成功方面的度量和完成时间，则一定要定义成功标准及结束测试的精确时间。但比较遗憾，我们不能提供一个单独而又全面的检查表以提前为每一个细节做好准备。每种度量和评估方法都需要有自己独特的一组计划。开发检查表的最好途径是通过经验来总结。

"逆向工程"（reverse engineering）式地对数据进行分析是一种很适用于我们工作的方法。这就意味着在执行研究前就要概略地描述出数据的形式。我们通常在报告中把它视为重要的胶片予以呈现。于是据此从后往前开始工作，规划出数据应以什么形式表现在图表中。接下来，我们开始设计研究使之以期望的形式产生数据。另一个简单的策略是创建一组虚拟的数据，并对其进行分析以确保可以进行研究者所期望的分析。这可能会占用一点额外的时间，但是当真实数据在跟前的时候，它会有助于节省更多的时间。

当然，进行预研究也是非常有用的。通过一两个预测试参与者把研究走查一遍，将能够发现一些突出的还没有在这个较大的研究中解决的问题。尽可能地使预测试真实及允许有足够多的时间来解决任何出现的问题，这两点都很重要。记住预研究不是先前计划的一个替代物。预研究最适合用于发现在数据收集开始之前可以极为快速地解决的问题。

11.5 给产品确定基线

用户体验度量是相对的。没有绝对的标准来判断什么是"好的用户体验"和"差的用户体验"。正因如此,给产品确定用户体验基线是必要的。在市场研究中经常要这么做。市场人员总在谈论"改变方针（moving the needle）"。但可惜的是，同样的事情在用户体验中不总是正确的。不过我们认为用户体验基线与市场研究中的基线是同等重要的。

确定一组基线不像听起来那么难。首先，需要确定随着时间的推移将要收集哪些度量。围绕用户体验的三个方面来收集数据是一种不错的做法：有效（如任务成功）、效率（如时间）和满意度（如易用性等级评估）。其次，需要确定收集这些度量的策略或方式。这可以包括收集数据的频率及分析与呈现数据的方式。最后，需要确定在基线化测试中参与者的类型（区分不同组、需要多少参与者及招募的方式）。可能最重要的事情是从这个基线到另一个基线这些方面都要保持一致。这就使得从一开始就要事事妥当，即从制定基线计划（benchmarking plans）开始。

确定基线并不总是需要做专门的活动才能做到。可以收集小规模的基线数据（任何可以在多个研究之间进行比较的数据）。例如，可以例行性地在每个研究单元后收集SUS 数据，这可以很容易地比较不同项目或产品设计的 SUS 得分。这不会直接奏效，但是至少可以提供一些参考信息，从一个设计迭代到下一个设计的效果是否得到了提高，及项目之间比较起来有什么不同。

进行竞争性用户体验研究可以使数据具有前瞻性。只看自己的产品时，一个很高的满意度分数可能会感觉很不错，但当与竞品比较后的结果可能没有这么好[3]。与商业目标相关的竞争性度量通常会很有意义。例如，如果产品弃用率（abandonment rates）远高于竞争对手的产品，这将有助于给未来的设计和用户体验工作取得预算支持。

---

3 竞品的满意度分数也很高甚至更高。——译者注

11.6　挖掘数据

挖掘数据是研究者可以做的最有价值的事情之一。卷起袖子投入原始数据中，对它们进行探索性统计分析。寻找那些不是很明显的模式或趋势。尝试以不同的方式整理和分割数据。让自己有足够多的时间及不畏惧尝试新事物或方法，这两点对探察数据来说是很重要的。

当我们探查数据时，特别是比较大的一组数据，首先要做的是确保我们正在处理的数据是整洁的。我们要检查是否有不一致的回答并要剔除极值。同时，我们应着手在原始数据的基础上设立一些新的变量。例如，我们可以计算自我报告式问题的前两个最高分和后两个最低分。我们也经常计算多个任务的均值，比如任务成功的总数。我们还可以计算专家绩效（expert performance）的比率及根据不同程度上的可接受的完成时间对时间数据进行分类。这样，可以设立许多新的变量。事实上，我们最有价值的度量中有许多都来源于数据的探索性分析。

不必总是必须具有创造性。我们经常做的一件事是进行基本的描述性和探索性统计（第2章有解释）。在统计工具如SPSS甚至Excel中，这是很容易操作的。通过进行一些基本的统计，很快就能看到数据所呈现出来的大趋势。

也可以尝试用不同的方式显示数据。例如，使用不同类型的散点图和回归线图，甚至还可以用不同类型的棒图。即使研究者从来没有用过这些图，它也有助于对所发生的事情有一个感性的认识。

不要仅仅拘泥于数据。尝试融入一些其他来源（可以证实研究者观点或甚至与研究者的观点有冲突，均可）的数据。从其他来源融入的数据越多，就越有助于增加研究者与利益相关方所分享的数据的可信度。当一组以上的数据表明同一件事情后，执行一个数百万美元的再设计项目时就要容易得多。可以把用户体验数据看作拼图游戏中的一片，片数越多，就越容易将其拼凑在一起，从而获得整个拼图的样子。

我们无法充分强调以第一手的方式查看数据所带来的价值。如果研究者与供应商或"拥有数据"的商业资助者一起工作，可以寻找新的数据。封装后的图表和统计很少能表明整个事情的情况。它们通常充满了问题。对于表面数值，我们无法获得任何总结性的数据；我们需要亲眼查看所发生的事情。

11.7 讲商业语言

用户体验专业人员必须说商业语言，这样才能发挥自己的作用。这不仅仅意味着只使用管理层可以理解和认同的术语及行话，而且更重要的是采用他们的观点。在商业世界里，这通常被聚焦在如何降低成本及／或提高收益这个中心上。因此，如果研究者被要求向较高管理层汇报其发现，则应该精减报告，集中报告该设计工作可以如何带来较低成本或增加收益。研究者需要把用户体验塑造成为通往目标的有效途径，需要传递这样一种观点，即用户体验是一种达成商业目标的高效方法。如果对话学术性太强或有过多的细节，研究者所说的一切可能不会产生研究者所期望的效果。

尽已所能采取一切可能的办法把度量和降低成本或增加销售额联系起来。这可能不适用于所有的组织，但一定适合用于绝大多数。拿着收集的数据，可以算算因为研究者的设计将会带来多少成本或／收益上的变化。有时这种方式需要基于几个假设条件才可以计算 ROI，但它依然是一个很重要的可以执行的做法。如果研究者对假设条件不放心，可以同时基于保守的或冒进的假设进行计算，这样涵盖的可能性就更宽泛。10.1 节的案例就是用户体验度量标准与业务目标之间的点连接很好的例子。

同时也要确认所用的度量应与研究者所在组织的大的商业目标相关。如果项目目标是减少呼叫中心的电话呼叫，则可以测量任务完成和任务放弃的可能性。而如果研究者的产品都是关于电子商务销售（e-commerce sales）的，则可以测量校验过程中的弃用率或返回的可能性。选择度量时多加注意，这将会带来更大的影响力。

11.8 呈现置信程度

在结果中标示置信程度，这将会有助于做出明智的决策和提高可信度。最理想的情况是，数据中置信水平非常高，这可以使研究者做出正确的决策。遗憾的是，情况不总是这样。有时由于样本量少或数据中的变异性相对较大，在结果中无法获得足够大的置信程度。通过计算和报告置信区间，在以多大程度的信心去处理或呈现数据方面，将会获得更好的想法。缺少置信区间时，要确定有些差异是否是真实的，这几乎是瞎猜，甚至对大的差异也会出现这种情况。

不管数据表现出来是什么样子，只要有可能，都需要标示置信区间。这对相对较小的样本（如小于 20）来说尤其重要。计算和报告置信区间的方法非常简单。唯一需要注意的是所报告的数据是什么类型。如果数据是连续的（如完成时间）或二分式的（如二分式的任务成功），则计算置信区间的方法也是不同的。通过呈现置信区间，可以（有希望地）解释结果如何才可以推广到较大的群体中。

不要仅仅通过计算置信区间展示置信程度。我们推荐研究者计算 p 值以帮助其决定是接受还是拒绝假设。例如，当研究者比较两种设计的任务平均完成时间时，用 t 检验或方差分析（ANOVA）来判断二者之间是否存在显著差异，这是很重要的。不进行合适的统计，就绝不可能真正地了解。

当然，研究者不应该以一种不合理或误导的方式呈现数据。例如，如果研究者呈现了基于小样本的任务成功率，则最好把数量表示为可与百分比进行比较的频率（如八分之六）。同时，可以用适当的精确程度表示数据。例如，如果研究者要呈现任务完成时间而这些任务多是几分钟才能完成的，那么就没有必要在呈现时保留小数点后三位数值。即便可以，也不应该这么做。

11.9　不要误用度量

用户体验度量（的使用）有其自身的时间和场合。误用度量会存在破坏整个用户体验项目的潜在危险。误用表现的形式可以是：在不需要度量的地方使用了度量、一次呈现了太多的数据、一次测量得太多或者过于依赖于某个度量。

在有的情境中，不涉及度量可能会更好。如果研究者只是想在项目之初查看一些定性的反馈，或者多半项目正在进行一系列快速的设计迭代，那么度量可能就不合适。这些情境下的度量可能只是一个干扰，而不能带来足够的价值。很清楚何时何地度量适合某种目的，这是很重要的。如果度量不能带来价值，就不要去碰它们。

一次呈现过多的用户体验数据，这也是有可能的。正如整理行装去度假，整理想呈现的所有数据，然后砍掉一半，这种做法或许是明智的。不是所有的数据都是均等的。有的度量比其他度量更令人信服。抵制呈现所有事情的愿望。这正是为什么会发明附录的原因。在任何呈现或报告中，我们都应当设法聚焦在少数几个重要的度量上。呈现太多的数据则会失去最重要的信息。

不要试图一次测量所有的东西。在用户体验的许多方面中，都可以在任何一次测量中予以量化。如果产品或商业资助者希望研究者测量 100 个不同的度量，则需要请他们证明每个度量为什么是必要的。选择少数几个关键的度量，对任何一个研究来说都很重要。执行研究和分析所需要的额外时间可以使研究者对一次包括太多度量进行三思。

不要过分依赖一个度量。如果尝试用一个度量去表示整体的用户体验，可能会遗漏一些重要的事情。例如，如果只收集满意度数据，就会遗漏实际交互方面的所有数据。有时满意度数据会考虑到交互方面的情况，但通常同样还会遗漏很多。我们建议研究者捕获少数几个不同的度量，而每个度量要能体现用户体验某个不同的方面。

11.10　简化报告

所有辛勤工作最后都要落于一点，即必须要报告结果。选择什么方式去沟通结果，这可以成就或毁掉一个研究。有几项关键性的事情应该予以特别注意。首先最重要的是，你的目标需要符合汇报对象的目标。

通常，研究者需要向不同类型的对象或受众报告可用性发现。例如，需要向项目团队（包括信息架构师、设计主管、项目经理、编辑、开发人员、商业赞助者和产品经理）报告结果。项目团队最关心详细的可用性问题和具体的设计建议。他们希望了解设计中的问题及如何修改它们，这是底线。

> **小提示：可用性结果的有效呈现**
>
> - **合理地确定阶段**。根据受众的不同，有针对性地解释或演示产品、说明研究方法或提供一些其他的背景信息。这些归根结底都需要了解受众是谁。
> - **不要对细节进行冗长的叙述，但是要有这些**。至少，受众通常想知道调研过程中参与者的一些情况以及他们被要求执行的任务。
> - **把正面发现放在前面**。几乎每个 UX 调研都能产生正面的结果。有许多人都喜欢听到设计中那些表现好的方面。
> - **使用截屏**。在多数情况下，图片真的比文字更有效。赋有可用性问题注解和说明的截屏会非常引人注目。

- **使用短的视频片段**。以前，录制一段说明重要内容的视频片段需要经过一个复杂的制作过程，谢天谢地，这样的日子几乎一去不返了。有了以计算机为基础的录像，把简短的片段直接插入报告中适当的位置，就容易得多，并且制作形式更加丰富多彩。

- **报告总结性的度量**。设法整理出一张可以清楚地显示出重要可用性数据的胶片，这样可以一目了然。这可以是下列这些可用性数据的概要汇总：任务完成时间、与目标的比较、可以表示总体可用性的综合性度量或可用性记分卡。

研究者也可能需要项目向商业资助者或产品团队汇报。他们关心的则是：是否符合他们的目标、测试参与者对新设计的反应，以及设计修改方面的建议将会如何影响项目进度和预算。可能还需要向高层管理者汇报。他们希望明确的是：在整体商业目标和用户体验方面，设计变化能带来预期的效果。当向资深经理汇报时，一般要限定在度量上，并将使用的事例和视频片断集中在用户体验的整体概貌等方面。过于详细通常也会适得其反。

大多数可用性测试会发现一大串问题。其中许多问题对用户体验并没有本质上的影响，例如，对于企业标准的小小的违反或者是屏幕上出现一个研究者认为是术语的条目。测试报告的目标应该是获得主要的问题，如你所见，并且解决好，而不是将所有的问题都予以修复。如果在汇报中呈现了一长串的问题，这或许会使研究者看起来有点吹毛求疵与不切实际。因此，我们建议考虑只呈现前 5 个或前 10 个主要的问题，而将小问题留到私下讨论。

在呈现和报告结果时使信息尽可能简洁，这很重要。避免行话、集中关注重要的信息及使数据简洁和直接。不管做什么，不要只描述数据，这是一个准会使受众睡觉的方式。给每个主要的点设置一个特定的情节。报告中所展现的每个表或图都给予一个由来或情节。有时设置的情节是关于任务难度的，则需要解释这个任务为什么难，即可以用度量、文字和视频片说明它难以操作的原因，甚至还可能突出一下设计上的解决方案。向受众描绘出一幅高清晰的图画。他们可能会专注或理解其中的两三个发现。当把所有的谜题碎片拼凑在一起后，就可以帮助他们推进相应的决策。

参考文献

Albert, W., & Dixon, E. (2003). Is this what you expected? The use of expectation measures in usability testing. *Proceedings of Usability Professionals Association 2003 Conference*, Scottsdale, AZ.

Albert, W., Gribbons, W., & Almadas, J. (2009). Pre-conscious assessment of trust: a case study of financial and health care web sites. *Human factors and ergonomics society annual meeting proceedings*, 53, 449–453. Also <http://www.measuringux.com/Albert_Gribbons_Preconsciousness.pdf>.

Albert, W., & Tedesco, D. (2010). Reliability of self-reported awareness measures based on eye tracking. *Journal of Usability Studies*, 5(2), 50–64.

Aldenderfer, M., & Blashfield, R. (1984). *Cluster analysis (quantitative applications in the social sciences)*. Beverly Hills, CA: Sage Publications, Inc.

American Institutes for Research. (2001). *Windows XP Home Edition vs. Windows Millennium Edition (ME) public report*. New England Research Center, Concord, MA. Available at <http://download.microsoft.com/download/d/8/1/d810ce49-d481-4a55-ae63-3fe2800cbabd/ME_Public.doc>.

Andre, A. (2003). When every minute counts, all automatic external defibrillators are not created equal. Published in June, 2003 by Interface Analysis Associates <http://www.usernomics.com/iaa_aed_2003.pdf>.

Bangor, A., Kortum, P., & Miller, J. A. (2009). Determining what individual SUS scores mean: adding an adjective rating scale. *Journal of Usability Studies*, 4, 3.

Bargas-Avila, J. A. & Hornbæk, K. (2011). Old wine in new bottles or novel challenges? a critical analysis of empirical studies of user experience, *CHI '11 Proceedings of the 2011 annual conference on human factors in computing systems*, 2689–2698.

Barnum, C., Bevan, N., Cockton, G., Nielsen, J., Spool, J., & Wixon, D. (2003). The "magic number 5": is it enough for web testing? 2003, April 5–10, Ft. Lauderdale, FL: *CHI*.

Benedek, J., & Miner, T. (2002). Measuring desirability: new methods for evaluating desirability in a usability lab setting. *Usability professionals association 2002 conference*, Orlando, FL, July 8–12. Also available at <*http://www.microsoft.com/usability/UEPostings/DesirabilityToolkit.doc*>. Also see the appendix listing the Product Reaction Cards at <http://www.microsoft.com/usability/UEPostings/ProductReactionCards.doc>.

Bias, R., & Mayhew, D. (2005). *Cost-justifying usability, Second edition: an update for the Internet age*. San Francisco: Morgan Kaufmann.

Birns, J., Joffre, K., Leclerc, J., & Paulsen, C. A. (2002). Getting the whole picture: Collecting usability data using two methods – concurrent think aloud and retrospective probing. *Proceedings of the 2002 Usability Professionals' Association Conference*, Orlando, FL. Available from <http://concordevaluation.com/papers/paulsen_thinkaloud_2002.pdf>.

Breyfogle, F. (1999). *Implementing six sigma: smarter solutions using statistical methods*. New York: John Wiley and Sons.

Brooke, J. (1996). SUS: a quick and dirty usability scale. In P. W. Jordan, B. Thomas, B. A. Weerdmeester & I. L. McClelland (Eds.), *Usability evaluation in industry*. London: Taylor & Francis.

Burby, J., & Atchison, S. (2007). *Actionable web analytics: using data to make smart business decisions*. Indianapolis, IN: Sybex.

Card, S. K., Moran, T. P., & Newell, A. (1983). *The psychology of human-computer interaction*. London: Lawrence Erlbaum Associates.

Catani, M., & Biers, D. (1998).Usability evaluation and prototype fidelity. In *Proceedings of the human factors and ergonomic society*.

Chadwick-Dias, A., McNulty, M., & Tullis, T. (2003). Web usability and age: how design changes can improve performance. *Proceedings of the 2003 ACM conference on universal usability*, Vancouver, BC, Canada.

Chin, J. P., Diehl, V. A., & Norman, K. L. (1988). Development of an instrument measuring user satisfaction of the human-computer interface. *ACM CHI'88 proceedings*, 213–218.

Clifton, B. (2012). *Advanced web metrics with Google analytics*. Indianapolis, IN: Sybex.

Cockton, G., & Woolrych, A. (2001). Understanding inspection methods: lessons from an assessment of heuristic evaluation. *Joint Proceedings of HCI and IHM: people and computers, XV*.

Cox, E. P. (1980). The optimal number of response alternatives for a scale: a review. *Journal of Marketing Research, 17*(4), 407–422.

Cunningham, K. (2012). *The accessibility handbook*. Sebastopol, CA: O'Reilly Media.

Dennerlein, J., Becker, T., Johnson, P., Reynolds, C. J., & Picard, R. W. (2003). Frustrating computer users increases exposure to physical factors. In *Proceedings of the international ergonomics association*, August 24–29, Seoul.

Dillman, D. A., Phelps, G., Tortora, R., Swift, K., Kohrell, J., Berck, J., et al. (2008). Response rate and measurement differences in mixed mode surveys using mail, telephone, interactive voice response, and the internet. Available at <http://www.sesrc.wsu.edu/dillman/papers/2008/ResponseRateandMeasurement.pdf>.

Ekman, P., & Friesen, W. (1975). *Unmasking the face*. Englewood Cliffs, NJ: Prentice-Hall.

Everett, S. P., Byrne, M. D., & Greene, K. K. (2006). Measuring the usability of paper ballots: efficiency, effectiveness, and satisfaction. *Proceedings of the human factors and ergonomics society 50th annual meeting*. Santa Monica, CA: Human Factors and Ergonomics Society.

Few, S. (2006). *Information dashboard design: the effective visual communication of data*. Sebastopol, CA: O'Reilly Media, Inc.

Few, S. (2009). *Now you see it: simple visualization techniques for quantitative analysis*. Oakland, CA: Analytics Press.

Few, S. (2012). *Show me the numbers: designing tables and graphs to enlighten* (2nd ed.). Oakland, CA: Analytics Press.

Finstad, K. (2010). Response interpolation and scale sensitivity: evidence against 5-point scales. *Journal of Usability Studies, 5*(3), 104–110.

Fogg, B. J., Marshall, J., Laraki, O., Osipovich, A., Varma, C., Fang, N., et al. (2001). What makes web sites credible? a report on a large quantitative study. *Proceedings of CHI'01*, *human factors in computing systems*, 61–68.

Foraker. (2010). Usability ROI case study: breastcancer.org discussion forums. Retrieved 4/18/2013 from <http://www.usabilityfirst.com/documents/U1st_BCO_CaseStudy.pdf>.

Foresee. (2012). ACSI e-government satisfaction index (Q4 2012). <http://www.foreseeresults.com/research-white-papers/_downloads/acsi-egov-q4-2012-foresee.pdf>.

Friedman, H. H., & Friedman, L. W. (1986). On the danger of using too few points in a rating scale: a test of validity. *Journal of Data Collection*, 26(2), 60–63.

Garland, R. (1991). The mid-point on a rating scale: is it desirable? *Marketing Bulletin*(2), 66–70. Research Note 3.

Guan, Z., Lee, S., Cuddihy, E., & Ramey, J. (2006). The validity of the stimulated retrospective think-aloud method as measured by eye tracking. In *Proceedings of the ACM SIGCHI conference on human factors in computing systems, 2006* (pp.1253–1262). New York, New York, USA. ACM Press. Available from <http://dub.washington.edu:2007/pubs/chi2006/paper285-guan.pdf>.

Gwizdka, J., & Spence, I. (2007). Implicit measures of lostness and success in web navigation. *Interacting with Computers*, 19(3), 357–369.

Hart, T. (2004). Designing "senior friendly" websites: do guidelines help? *Usability News, 6.1*. <http://psychology.wichita.edu/surl/usabilitynews/61/older_adults-withexp.htm>.

Henry, S. L. (2007). *Just ask: integrating accessibility throughout design*. Raleigh, NC: Lulu.com.

Hertzum, M., Jacobsen, N., & Molich, R. (2002). Usability inspections by groups of specialists: perceived agreement in spite of disparate observations. *CHI*, Minneapolis.

Hewett, T. T. (1986). The role of iterative evaluation in designing systems for usability. In M. D. Harrison & A. F. Monk (Eds.), *People and computers: designing for usability (pp. 196–214)*. Cambridge: Cambridge University Press.

Holland, A. (2012a). *Ecommerce button copy test: did 'Personalize Now' or 'Customize It' get 48% more revenue per visitor?* Retrieved on 4/18/2013 from <http://whichtestwon.com/archives/14511>.

Holland, A. (2012b). *Online newspaper layout test: should photos alternate sides or always appear to the right of stories?* Retrieved on 4/18/2013 from <https://whichtestwon.com/archives/18744>.

Hornbæk, K., & Frøkjær, E. (2008). A study of the evaluator effect in usability testing. *Human-Computer Interaction*, 23(3), 251–277.

Human Factors International. (2002). *HFI helps staples.com boost repeat customers by 67%.* Retrieved 4/18/2013 from <http://www.humanfactors.com/downloads/documents/staples.pdf>.

Hyman, I. E., Boss, S. M., Wise, B. M., McKenzie, K. E., & Caggiano, J. M. (2010). Did you see the unicycling clown? Inattentional blindness while walking and talking on a cell phone. *Applied Cognitive Psychology*, 24, 597–607.

ISO/IEC 25062 (2006). Software engineering – Software product Quality Requirements and Evaluation (SQuaRE) – Common Industry Format (CIF) for usability test reports.

Jacobsen, N., Hertzum, M., & John, B. (1998). The evaluator effect in usability studies:

problem detection and severity judgments. In *Proceedings of the human factors and ergonomics society.*

Kapoor, A., Mota, S., & Picard, R. (2001). Towards a learning companion that recognizes affect. *AAAI Fall Symposium*, November, North Falmouth, MA.

Kaushik, A. (2009). *Web analytics 2.0: the art of online accountability and science of customer centricity.* Indianapolis, IN: Sybex.

Kirkpatrick, A., Rutter, R., Heilmann, C., Thatcher, J., & Waddell, C. (2006). *Web accessibility: web standards and regulatory compliance.* New York, NY: Apress Media.

Kohavi, R., Crook, T., & Longbotham, R. (2009). *Online experimentation at Microsoft*, Third workshop on Data Mining Case Studies and Practice. Retrieved on 4/18/2013 from <http://robotics.stanford.edu/~ronnyk/ExP_DMCaseStudies.pdf>.

Kohavi, R., Deng, A., Frasca, B., Longbotham, R., Walker, T., & Xu, Y. (2012). Trustworthy online controlled experiments: five puzzling outcomes explained. In *Proceedings of the 18th ACM SIGKDD international conference on knowledge discovery and data mining (KDD '12).* ACM, New York, NY, USA, 786–794.

Kohavi, R., & Round, M. (2004). *Front line internet analytics at Amazon.com.* Presentation at Emetrics Summit 2004. Retrieved on 4/18/2013 from <http://ai.stanford.edu/~ronnyk/emetricsAmazon.pdf>.

Kohn, L. T., Corrigan, J. M., & Donaldson, M. S. (Eds.), (2000). *Committee on quality of health care in America, institute of medicine. "To err is human: building a safer health system.".* Washington, DC: National Academies Press.

Kruskal, J., & Wish, M. (2006). *Multidimensional scaling (quantitative applications in the social sciences).* Beverly Hills, CA: Sage Publications, Inc..

Kuniavsky, M. (2003). *Observing the user experience: a practitioner's guide to user research.* San Francisco: Morgan Kaufmann.

LeDoux, L., Mangan, E., & Tullis, T. (2005). Extreme makeover: UI edition. Presentation at Usability Professionals Association (UPA) 2005 Annual Conference, Montreal, QUE, Canada. Available from <http://www.upassoc.org/usability_resources/conference/2005/ledoux-UPA2005-Extreme.pdf>.

Lewis, J. (1994). Sample sizes for usability studies: additional considerations. *Human Factors, 36*, 368–378.

Lewis, J. R. (1991). Psychometric evaluation of an after-scenario questionnaire for computer usability studies: the ASQ. *SIGCHI Bulletin, 23*(1), 78–81. Also see <http://www.acm.org/~perlman/question.cgi?form=ASQ>.

Lewis, J. R. (1995). IBM computer usability satisfaction questionnaires: psychometric evaluation and instructions for use. *International Journal of Human-Computer Interaction, 7*(1), 57–78. Also see http://www.acm.org/~perlman/question.cgi?form=CSUQ.

Lewis, J. R. & Sauro, J. (2009). The factor structure of the system usability scale. *Proceedings of the human computer interaction international conference (HCII 2009)*, San Diego CA, USA.

Likert, R. (1932). A technique for the measurement of attitudes. *Archives of Psychology, 140*, 55.

Lin, T., Hu, W., Omata, M., & Imamiya, A. (2005). Do physiological data relate to traditional usability indexes? In *Proceedings of OZCHI2005*, November 23–25, Canberra, Australia.

Lindgaard, G., & Chattratichart, J. (2007). Usability testing: what have we overlooked? In

Proceedings of ACM CHI conference on human factors in computing systems.

Lindgaard, G., Fernandes, G., Dudek, C., & Brown, J. (2006). Attention web designers: you have 50 milliseconds to make a good first impression!. *Behaviour & Information Technology, 25,* 115–126.

Lund, A. (2001). Measuring usability with the USE questionnaire. *Usability and user experience newsletter* of the STC Usability SIG. See <http://www.stcsig.org/usability/newsletter/0110_measuring_with_use.html>.

Martin, P., & Bateson, P. (1993). *Measuring behaviour* (2nd ed.). Cambridge, UK, and New York: Cambridge University Press.

Maurer, D., & Warfel, T. (2004). Card sorting: a definitive guide. *Boxes and Arrows,* April 2004. Retrieved on 4/18/2013 from <http://boxesandarrows.com/card-sorting-a-definitive-guide/>.

Mayhew, D., & Bias, R. (1994). *Cost-justifying usability.* San Francisco: Morgan Kaufmann.

McGee, M. (2003). Usability magnitude estimation. *Proceedings of human factors and ergonomics society annual meeting,* Denver, CO.

McLellan, S., Muddimer, A., & Peres, S. C. (2012). The effect of experience on system usability scale ratings. *Journal of Usability Studies, 7*(2), 56–67. <http://www.upassoc.org/upa_publications/jus/2012february/JUS_McLellan_February_2012.pdf>.

Miner, G., Elder, J., Hill, T., Nisbet, R., Delen, D., & Fast, A. (2012). *Practical text mining and statistical analysis for non-structured text data applications.* Elsevier Academic Press. ISBN 978-0-12-386979-1.

Molich, R. (2011). *CUE-9: The evaluator effect.* <http://www.dialogdesign.dk/CUE-9.html>.

Molich, R., Bevan, N., Butler, S., Curson, I., Kindlund, E., Kirakowski, J., et al., (1998). *Comparative evaluation of usability tests. Usability professionals association 1998 Conference,* 22–26 June 1998 Washington, DC: Usability Professionals Association, pp. 189–200.

Molich, R., & Dumas, J. (2008). Comparative usability evaluation (CUE-4). *Behaviour & Information Technology, 27,* 263–281.

Molich, R., Ede, M. R., Kaasgaard, K., & Karyukin, B. (2004). Comparative usability evaluation. *Behaviour & Information Technology, 23*(1), 65–74.

Molich, R., Jeffries, R., & Dumas, J. (2007). Making usability recommendations useful and usable. *Journal of Usability Studies, 2*(4), 162–179. Available at <http://www.upassoc.org/upa_publications/jus/2007august/useful-usable.pdf>..

Mueller, J. (2003). *Accessibility for everybody: understanding the Section 508 accessibility requirements.* New York, NY: Apress Media.

Nancarrow, C., & Brace, I. (2000). Saying the "right thing": coping with social desirability bias in marketing research. *Bristol Business School Teaching and Research Review*(Summer), 3.

Nielsen, J. (1993). *Usability engineering.* San Francisco: Morgan Kaufmann.

Nielsen, J. (2000). Why you only need to test with 5 users. *AlertBox,* March 19. Available at <http://www.useit.com/alertbox/20000319.html>.

Nielsen, J. (2001). Beyond accessibility: treating users with disabilities as people. *AlertBox,* November 11, 2001. Retrieved on 4/18/2013, from <http://www.nngroup.com/articles/beyond-accessibility-treating-users-with-disabilities-as-people/>.

Nielsen, J. (2005). Medical usability: how to kill patients through bad design, Alertbox, April 11, 2005 <http://www.nngroup.com/articles/medical-usability/>.

Nielsen, J., Berger, J., Gilutz, S., & Whitenton, K. (2008). *Return on Investment (ROI) for usability* (4th ed). Freemont, CA: Nielsen Norman Group.

Nielsen, J., & Landauer, T. (1993). A mathematical model of the finding of usability problems. *ACM proceedings, Interchi* 93, Amsterdam.

Norgaard, M., & Hornbaek, K. (2006). What do usability evaluators do in practice? An explorative study of think-aloud testing. In *Proceedings of designing interactive systems*, pp. 209–218. University Park, PA.

Osgood, C. E., Suci, G., & Tannenbaum, P. (1957). *The measurement of meaning*. Urbana, IL: University of Illinois Press.

Otter, M., & Johnson, H. (2000). Lost in hyperspace: metrics and mental models. *Interacting with Computers*, *13*, 1–40.

Petrie, H., & Precious, J. (2010). Measuring user experience of websites: think aloud protocols and an emotion word prompt list. In *Proceedings of ACM CHI 2010 Conference on human factors in computing systems, 2010*. pp. 3673–3678.

Reichheld, F. F. (2003). One number you need to grow. *Harvard Business Review*, December 2003.

Reynolds, C. (2005). Adversarial Uses of Affective Computing and Ethical Implications. Ph.D. Thesis, Massachusetts Institute of Technology, Cambridge. Available at <http://affect.media.mit.edu/pdfs/05.reynolds-phd.pdf>.

Sangster, R. L., Willits, F. K., Saltiel, J., Lorenz, F. O., & Rockwood, T. H. (2001). *The effects of Numerical Labels on Response Scales*. Retrieved on 3/30/2013 from <http://www.bls.gov/osmr/pdf/st010120.pdf>.

Sauro, J. (2009). Composite operators for keystroke level modeling, *Proceedings of the human computer interaction international conference (HCII 2009)*, San Diego CA, USA.

Sauro, J. (2010). *Does better usability increase customer loyalty? The net promoter score and the system usability scale (SUS)*. Retrieved on 4/1/2013 from <http://www.measuringusability.com/usability-loyalty.php>.

Sauro, J. & Dumas J. (2009). Comparison of three one-question, post-task usability questionnaires, *Proceedings of the conference on human factors in computing systems (CHI 2009)*, Boston, MA.

Sauro, J., & Kindlund, E. (2005). A method to standardize usability metrics into a single score. *Proceedings of the conference on human factors in computing systems (CHI 2005)*, Portland, OR.

Sauro, J., & Lewis, J. (2005). Estimating completion rates from small samples using binomial confidence intervals: comparisons and recommendations. *Proceedings of the human factors and ergonomics society annual meeting*, Orlando, FL.

Sauro, J., & Lewis, J. R. (2011). When designing usability questionnaires, does it hurt to be positive?, *Proceedings of the conference on human factors in computing systems (CHI 2011)*, Vancouver, BC, Canada.

Schwarz, N., Knäuper, B., Hippler, H. J., Noelle-Neumann, E., & Clark, F. (1991). Rating scales: numeric values may change the meaning of scale labels. *Public Opinion Quarterly*, *55*, 570–582.

Section 508. (1998). Workforce Investment Act of 1998, Pub. L. No. 105–220, 112 Stat. 936 (August 7). Codified at 29 U.S.C. § 794d.

Shaikh, A., Baker, J., & Russell, M. (2004). What's the skinny on weight loss websites? *Usability*

News, 6.1, 2004. Available at <http://psychology.wichita.edu/surl/usabilitynews/61/diet_domain.htm>.

Smith, P. A. (1996). Towards a practical measure of hypertext usability. *Interacting with Computers*, 8(4), 365–381.

Snyder, C. (2006). Bias in usability testing. *Boston Mini-UPA Conference*, March 3, Natick, MA.

Sostre, P., & LeClaire, J. (2007). *Web analytics for dummies*. Hoboken, NJ: Wiley.

Spencer, D. (2009). *Card sorting: designing usable categories*. Brooklyn, NY: Rosenfeld Media.

Spool, J., & Schroeder, W. (2001). Testing web sites: five users is nowhere near enough. *CHI 2001*, Seattle.

Stover, A., Coyne, K., & Nielsen, J. (2002). Designing usable site maps for Websites. Available from <http://www.nngroup.com/reports/sitemaps/>.

Tang, D., Agarwal, A., O'Brien, D., & Meyer, M. (2010). Overlapping experiment infrastructure: more, better, faster experimentation. In *Proceedings of the 16th ACM SIGKDD international conference on Knowledge discovery and data mining (KDD '10)*. ACM, New York, NY, USA, 17–26.

Teague, R., De Jesus, K., & Nunes-Ueno, M. (2001). Concurrent vs post-task usability test ratings. *CHI 2001 extended abstracts on human factors in computing systems*, p. 289–290.

Teague, R., DeJesus, K., & Nunes-Ueno, M. (2001). Concurrent vs. post-task usability test ratings. *Proceedings of CHI 2001*, 289–290.

Tedesco, D., & Tullis, T. (2006). A comparison of methods for eliciting post-task subjective ratings in usability testing. *Usability Professionals Association (UPA) 2006 annual conference*, Broomfield, CO, June 12–16.

Trimmel, M., Meixner-Pendleton, M., & Haring, S. (2003). Stress response caused by system response time when searching for information on the internet: psychophysiology in ergonomics. *Human Factors*, 45(4), 615–621.

Tufte, E. R. (1990). *Envisioning information*. Chesire, CT: Graphics Press.

Tufte, E. R. (1997). *Visual explanations: images and quantities, evidence and narrative*. Chesire, CT: Graphics Press.

Tufte, E. R. (2001). *The visual display of quantitative information* (2nd ed). Chesire, CT: Graphics Press.

Tufte, E. R. (2006). *Beautiful evidence*. Chesire, CT: Graphics Press.

Tullis, T. S. (1985). Designing a menu-based interface to an operating system. *Proceedings of the CHI '85 conference on human factors in computing systems*, San Francisco.

Tullis, T. S. (1998). A method for evaluating Web page design concepts. *Proceedings of CHI '98 conference on computer-human interaction*, Los Angeles, CA.

Tullis, T. S. (2007). Using closed card-sorting to evaluate information architectures. *Usability Professionals Association (UPA) 2007 Conference*, Austin, TX. Retrieved on 4/18/2013 from <http://www.eastonmass.net/tullis/presentations/ClosedCardSorting.pdf>.

Tullis, T. S. (2008a). *SUS scores from 129 conditions in 50 studies*. Retrieved on 3/30/2013 from <http://www.measuringux.com/SUS-scores.xls>.

Tullis, T. S. (2008b). *Results of online usability study of Apollo program websites*. <http://www.measuringux.com/apollo/>.

Tullis, T. S. (2011). *Worst usability issue*. Posted July 4, 2011. <http://www.measuringux.

com/WorstUsabilityIssue/>.

Tullis, T. S., Mangan, E. C., & Rosenbaum, R. (2007). An empirical comparison of on-screen keyboards. *Human factors and ergonomics society 51st annual meeting*, October 1–5, Baltimore. Available from <http://www.measuringux.com/OnScreenKeyboards/index.htm>.

Tullis, T. S., & Stetson, J.. (2004). A comparison of questionnaires for assessing Website usability. *Usability Professionals Association (UPA) 2004 conference*, June 7–11, Minneapolis, MN. Paper available from <http://home.comcast.net/~tomtullis/publications/UPA2004TullisStetson.pdf>. Slides: <http://www.upassoc.org/usability_resources/conference/2004/UPA-2004-TullisStetson.pdf>.

Tullis, T. S., & Tullis, C. (2007). Statistical analyses of e-commerce websites: can a site be usable and beautiful? *Proceedings of HCI international 2007 conference*, Beijing, China.

Tullis, T. S., & Wood, L. (2004). How many users are enough for a card-sorting study? *Proceedings of Usability Professionals Association Conference*, June 7–11, Minneapolis, MN. Available from http://home.comcast.net/~tomtullis/publications/UPA2004CardSorting.pdf.

Van den Haak, M. J., de Jong, M. D. T., & Schellens, P. J. (2004). Employing think-aloud protocols and constructive interaction to test the usability of online library catalogues: a methodological comparison. *Interacting with Computers*, 16, 1153–1170.

Vermeern, A., van Kesteren, I., & Bekker, M. (2003). Measuring the evaluator effect in user testing. In M. Rauterber et al. (Eds.), *Human-computer interaction–INTERACT'03*. pp. 647–654. Published by IOS Press, (c)IFIP.

Virzi, R. (1992). Refining the test phase of the usability evaluation: how many subjects is enough? *Human Factors*, 34(4), 457–468.

Vividence Corp. (2001). Moving on up: move.com improves customer experience. Retrieved October 15, 2001, from <http://www.vividence.com/public/solutions/our+clients/success+stories/movecom.htm>.

Ward, R., & Marsden, P. (2003). Physiological responses to different WEB page designs. *International Journal of Human-Computer Studies*, 59, 199–212.

Wilson, C., & Coyne, K. P. (2001). Tracking usability issues: to bug or not to bug? *Interactions*, May–June.

Withrow, J., Brinck, T., & Speredelozzi, A. (2000). *Comparative usability evaluation for an e-government portal*. Diamond Bullet Design Report, #U1-00-2, Ann Arbor, MI., December. Available at <http://www.simplytom.com/research/U1-00-2-egovportal.pdf>.

Wixon, D., & Jones, S. (1992). Usability for fun and profit: a case study of the design of DEC RALLY, Version 2. Digital Equipment Corporation.

Wong, D. (2010). *The Wall Street Journal guide to information graphics: the do's and don'ts of presenting data, facts, and figures*. New York, NY: W. W. Norton & Company.

Woolrych, A., & Cockton, G. (2001). Why and when five test users aren't enough. In *Proceedings of IHM-HCI2001*, 2, pp. 105–108. Toulouse, France: Ce´padue`s-E´ditions.

反侵权盗版声明

　　电子工业出版社依法对本作品享有专有出版权。任何未经权利人书面许可，复制、销售或通过信息网络传播本作品的行为；歪曲、篡改、剽窃本作品的行为，均违反《中华人民共和国著作权法》，其行为人应承担相应的民事责任和行政责任，构成犯罪的，将被依法追究刑事责任。

　　为了维护市场秩序，保护权利人的合法权益，我社将依法查处和打击侵权盗版的单位和个人。欢迎社会各界人士积极举报侵权盗版行为，本社将奖励举报有功人员，并保证举报人的信息不被泄露。

举报电话：（010）88254396；（010）88258888

传　　真：（010）88254397

E－mail：dbqq@phei.com.cn

通信地址：北京市万寿路 173 信箱　电子工业出版社总编办公室

邮　　编：100036